CE QU'IL FAUT SAVOIR D'HYGIÈNE

68-08. — Coulommiers. Imp. Paul BRODARD. — 9-08.

R. WURTZ

Professeur agrégé à la
Faculté de médecine de Paris
Médecin des hôpitaux

H. BOURGES

Ancien chef du laboratoire
d'hygiène de la Faculté
de médecine de Paris

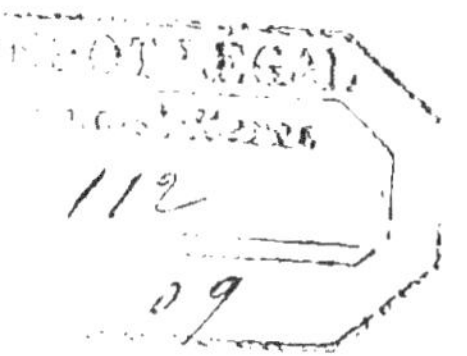

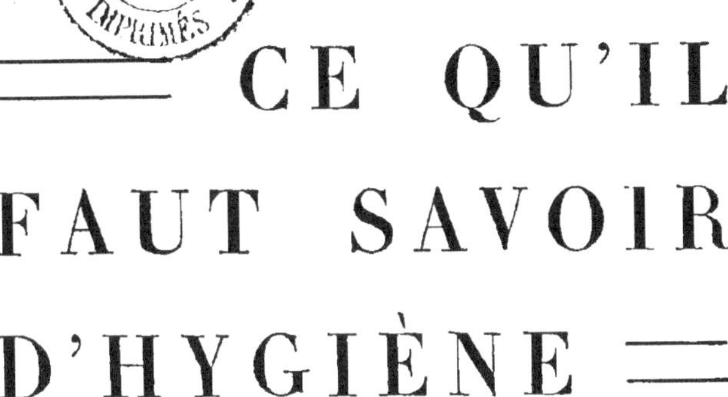

CE QU'IL FAUT SAVOIR D'HYGIÈNE

Avec figures dans le texte.

MASSON ET Cie, ÉDITEURS

LIBRAIRES DE L'ACADÉMIE DE MÉDECINE

120, BOULEVARD SAINT-GERMAIN, PARIS, VIe

1908

INTRODUCTION

Bien que le mot d'hygiène soit prononcé à tout propos en France, il est aisé de constater que l'éducation générale, en cette matière, est encore très incomplète, même sur les points les plus élémentaires.

Cependant il existe en France depuis le 15 Février 1902 une loi destinée à protéger la santé publique. Mais l'application de cette loi demeurera pratiquement vaine, tant que chacun n'aura pas été amené à accepter de bonne grâce les nouvelles obligations qui lui sont imposées, aucune sanction pénale, pour ainsi dire, n'ayant été prévue dans le but d'en assurer l'exécution.

Il faut donc, pour que cette loi ne reste pas lettre morte, que le public en saisisse l'utilité et soit bien convaincu qu'il doit en retirer un bénéfice considérable.

Il faut qu'il soit mis à même d'en apprécier les dispositions en toute connaissance de cause et qu'il soit conduit de plein gré à collaborer avec le législateur.

Le moment nous a donc paru bien choisi pour écrire un petit livre destiné à mettre les notions fondamentales de l'hygiène à la portée de tous, en les exposant avec le plus de précision et de clarté qu'il nous a été possible.

Nous avons écarté systématiquement les termes par trop scientifiques ou techniques et multiplié les figures et les croquis afin d'abréger les descriptions.

Enfin, ce sont seulement les questions d'hygiène qui se posent chaque jour, dans la vie courante, que nous nous sommes efforcés de rendre accessibles au public : les conditions hygiéniques du milieu naturel (atmosphère et sol), la façon de rendre une habitation salubre, de régler rationnellement l'alimentation, d'assurer le développement physique du corps, de mettre l'organisme à l'abri des maladies transmissibles. Si nous parvenons à intéresser nos lecteurs à l'observation des règles qui sauvegardent la santé, nous estimerons avoir atteint un but utile.

CE QU'IL FAUT SAVOIR

D'HYGIÈNE

CHAPITRE I

LE MILIEU NATUREL

L'ATMOSPHÈRE ET LE SOL

L'organisme humain est sous la dépendance immédiate du milieu naturel dans lequel il naît, se développe, puis disparaît. Le premier devoir de l'hygiéniste est donc d'étudier dans leurs rapports avec la santé de l'homme les éléments de ce milieu : l'atmosphère qui nous enveloppe, le sol sur lequel et par lequel nous vivons.

L'ATMOSPHÈRE

L'air atmosphérique introduit par le respiration dans les alvéoles pulmonaires fournit au sang l'oxygène rénovateur qui se fixe sur les globules rouges et pénètre avec eux dans tous les tissus anatomiques, où il permet la combustion des éléments fournis par la digestion ;

l'air est donc la source de l'énergie qui règle les phénomènes de la nutrition. Son action physiologique ne se
borne pas là ; il ne faut pas compter seulement avec
ses éléments constitutifs qui fournissent à la vie
humaine un de ses principes le plus indispensables ;
on doit encore faire état des modalités physiques de
l'air (température, luminosité, etc.), qui jouent un
rôle capital dans l'équilibre de nos fonctions.

Il est de croyance universelle qu'un air pur est
indispensable à l'intégrité de la santé. L'observation
confirme d'ailleurs de tout point cette notion. Mais si
l'on serre le problème de plus près, on éprouve quelque
difficulté à déterminer d'une façon précise et scientifique quels sont les caractéristiques de cette pureté de
l'air. Si en effet on étudie la question au point de vue des
éléments normaux qui constituent l'air atmosphérique
(environ 21 volumes d'oxygène et près de 79 d'azote
avec des proportions très faibles des autres éléments :
3 dix millièmes d'acide carbonique et 5 à 16 millièmes
de vapeur d'eau, sans compter l'argon et quatre autres
gaz rares), on constate que contrairement à toute pré-
vision la proportion d'oxygène n'est pas sensiblement
plus forte dans l'air libre des campagnes que dans celui
des villes les plus populeuses et qu'un excès d'acide
carbonique n'est pas chimiquement perceptible dans
les centres industriels eux-mêmes, malgré la multiplicité des sources de combustion qu'on y rencontre. Les
déplacements incessants et rapides des couches d'air
qui nous environnent suffisent à expliquer ces constatations d'apparence paradoxale.

Les variations peu sensibles des proportions d'oxygène ou d'acide carbonique de l'air ne paraissent donc pas être la cause effective de la viciation de l'atmosphère libre des milieux urbains. Il faut rechercher celle-ci dans la présence d'éléments étrangers à la constitution normale de l'air atmosphérique. Ces *impuretés* peuvent être de deux ordres : des gaz de différentes natures ou des particules solides (fumées et poussières).

Les hommes et les animaux agglomérés, les égouts et les fosses d'aisance déversent dans l'atmosphère des villes des matières organiques volatiles, de l'ammoniaque, de l'hydrogène sulfuré, de l'hydrogène carboné. Les usines de produits chimiques y répandent des vapeurs nocives d'acides sulfureux, sulfurique, chlorhydrique, nitrique, de l'ammoniaque, de l'hydrogène phosphoré. Tous les foyers de combustion, réunis dans le territoire restreint d'une ville, dégagent de l'oxyde de carbone dont la proportion, bien que minime, ne semble pas sans danger, car il s'agit là d'un gaz dont l'action toxique se manifeste aux plus faibles doses.

Ce sont aussi ces foyers de combustion, qu'ils soient domestiques ou industriels, qui souillent l'air de charbon et de cendres entraînées avec de la vapeur d'eau, sous forme de fumées ; celles-ci contiennent de l'aldéhyde formique.

Les poussières de l'atmosphère, toujours irritantes pour les muqueuses et les voies aériennes, sont constituées pour les trois quarts par des grains de sable, des fragments de matières calcaires et siliceuses provenant de l'usure des chaussées, ou de la désagrégation des matériaux de construction et aussi par des particules de charbon ou de métaux dans les centres industriels.

On y trouve encore des débris animaux ou végétaux

et enfin des *microbes*, organismes végétaux, dont quelques-uns peuvent déterminer des maladies graves chez l'homme. Le nombre des bactéries qui peut varier par mètre cube d'air à Paris de 500 (parc Montsouris) à 3 500 (rue de Rivoli) suivant la densité de la population, diminue considérablement à la campagne pour devenir à peu près nul sur les hautes montagnes ou en pleine mer.

L'écart devient bien plus considérable encore lorsque l'air a été recueilli dans des locaux habités des grandes villes ; on atteint alors les chiffres formidables de 35 000 et même de 80 000 bactéries par mètre cube d'air. Celles-ci pullulent encore davantage dans les lieux bas, sombres, humides pour diminuer considérablement dans les endroits exposés aux rayons solaires et battus par les vents.

Nous voyons donc maintenant combien de facteurs différents concourent à rendre l'atmosphère des villes moins salubre que celle des campagnes.

Dans les *locaux fermés*, où l'air ne se renouvelle que difficilement ou pas du tout, les modifications des éléments constitutifs essentiels de l'atmosphère sont bien plus rapides et bien plus sensibles. Un adulte emprunte chaque heure à l'air qu'il respire de 20 à 25 litres d'oxygène, tandis qu'il exhale dans le même temps de 15 à 20 litres d'acide carbonique. Ces échanges incessants ne tardent pas à modifier la proportion relative des éléments constitutifs de l'air d'un espace clos, surtout si plusieurs personnes restent longtemps réunies dans un local fermé et mal ventilé. En pareil cas la teneur en oxygène peut se trouver diminuée considérablement, en même temps que l'acide carbonique s'accumule. Si ces conditions se prolongent exceptionnellement longtemps, la mort par asphyxie peut en être la conséquence; telle fut la fin de 260 prisonniers autrichiens enfermés dans une cave après la bataille d'Austerlitz. Mais de pareils accidents sont forcément bien rares. Ce qu'il est plus fréquent d'observer, ce sont des malaises, des nausées, des vertiges, parfois des syncopes, qui incommodent les personnes entassées dans des salles de théâtre ou de réunion trop pleines. Il s'agit là de troubles légers et passagers qu'une simple exposition à l'air frais suffit en général à dissiper. D'ailleurs ici les modifications dans la proportion des gaz constitutifs de l'air ne sont pas seules en cause; il faut encore tenir compte dans le mécanisme de ces accidents : de la température trop élevée de la salle, de la surcharge de l'air en vapeur d'eau provenant de l'air expiré, de cette odeur incommodante des atmosphères confinées due aux éléments volatils divers que dégage l'organisme (ammoniaque, acides gras, hydrogène sulfuré, etc.)

Beaucoup plus graves sont ces désordres, lents à apparaître mais durables, qui sont la conséquence du séjour quotidien, quelquefois permanent, dans une atmosphère viciée telle qu'elle se rencontre en certains locaux dont le cube d'air est insuffisant : logements d'ouvriers, ateliers, bureaux, prisons. On a du reste observé que dans un air impur les inspirations deviennent moins profondes et que par suite l'hématose se ralentit. Dans ces conditions l'organisme s'affaiblit et s'anémie peu à peu, sa résistance aux maladies infectieuses diminue chaque jour et c'est particulièrement dans de pareils milieux que la tuberculose exerce le plus cruellement ses ravages, frappant les ouvriers en chambre, les employés de bureau, de préférence aux paysans et aux ouvriers de plein air, bien que ceux-ci soient fréquemment moins bien nourris que les premiers, plus exposés qu'eux aux intempéries et aux fatigues excessives. Encore est-il certain que dans les locaux insuffisamment aérés, où l'organisme perd peu à peu ses facultés de résistance aux infections, le développement de celles-ci se trouve singulièrement favorisé par la présence constante de poussières, qu'entretiennent trop souvent la négligence et la malpropreté des occupants. On connaît bien aujourd'hui le danger de ces poussières qui contiennent fréquemment les germes de maladies contagieuses, particulièrement ceux de la tuberculose. Par une coïncidence désastreuse il se trouve que ces locaux sont généralement sombres, humides, ne reçoivent que parcimonieusement les rayons solaires, toutes conditions éminemment propices à la conservation de la vitalité des germes nocifs et de leur virulence.

En présence de constatations pareilles, on se demande même comment il se fasse que l'homme, dans les villes au moins, puisse échapper aux multiples sources d'infection par l'air. De fait, le danger est toujours menaçant dans les locaux fermés, humides, insuffisamment aérés et éclairés, foyers habituels de la tuberculose. Mais ailleurs et surtout à l'air libre, les effets destructifs de la lumière et de la chaleur solaire, la purification de l'atmosphère par le vent et la pluie, qui chassent au loin ou abattent et fixent sur le sol les microbes, suffisent à réduire considérablement les chances d'infection. L'organisme humain ne reste d'ailleurs pas sans défense contre les poussières atmosphériques. Les cellules qui tapissent les premières voies aériennes sont munies de cils vibratiles, qui arrêtent les germes inhalés ; elles sécrètent du reste un mucus qui enrobe et détruit les bactéries. D'autres cellules de l'organisme, dites phagocytes, montent une garde vigilante et absorbent et détruisent les germes qui viennent en contact avec elles. Enfin les agents de contagion de nombre de maladies (syphilis, rage, rougeole, rubéole, coqueluche, etc.,) se montrent si peu résistants à l'action de l'oxygène, de la chaleur ou de la lumière des rayons solaires qu'en dehors de l'organisme ils ne survivent pas assez longtemps dans l'air pour que celui-ci les conserve et les transporte à distance à l'état d'agents nocifs.

Si la santé de l'homme reste fortement tributaire de la constitution même de l'atmosphère, elle ne saurait s'affranchir des influences des *propriétés physiques* de l'air : température, luminosité, pression, etc.

La *température* de l'atmosphère a une action extrêmement marquée sur l'organisme humain. Elle est réglée principalement par l'incidence sous laquelle les rayons solaires frappent la terre, qui s'échauffe d'autant plus qu'elle reçoit des rayons plus verticaux. C'est la terre en effet qui emmagasine la chaleur fournie par le soleil pendant le jour, et la cède peu à peu aux couches d'air venant en contact avec la surface du sol. Aussi la température de l'air, vassale de celle du sol, subit-elle des variations dépendant de la latitude, de la saison, de l'heure du jour; s'élevant surtout dans les régions équatoriales, pendant les mois de l'été (dans notre hémisphère) et au milieu du jour (de 2 heures à 4 heures de l'après-midi dans nos pays); s'abaissant au contraire au maximum dans les régions polaires, pendant l'hiver et à la fin de la nuit. C'est également cette influence de la température de la terre sur celle de l'atmosphère qui explique l'action refroidissante de l'altitude, les couches de l'air devenant d'autant moins chaudes qu'elles sont plus élevées, parce que plus distantes de la surface du sol.

Le voisinage de certains courants marins, servant de régulateurs thermiques, modifie parfois considérablement l'action de la latitude : les eaux chaudes du Gulf-Stream adoucissent singulièrement les hivers des côtes occidentales de l'Europe, tandis que le courant glacé de Humboldt rafraîchit le littoral du Chili et du Pérou. D'ailleurs toutes les grandes masses d'eau tendent à emmagasiner les chaleurs estivales, qu'elles restituent en partie à l'atmosphère pendant la saison froide. D'où des variations dans les oscillations saisonnières, qui sont bien moins marquées sur les côtes que dans l'intérieur des terres.

Enfin il y a encore lieu de tenir compte d'influences beaucoup plus locales et par suite de moindre portée : du refroidissement de l'air dû à la présence de forêts étendues, comme celles qui rendaient jadis le climat de la Gaule si rigoureux, ou de l'échauffement de l'atmosphère plus marqué dans les grandes villes sous l'influence de la multiplicité des foyers de combustion et de l'emmagasinement de la chaleur par les habitations agglomérées.

Quoi qu'il en soit, le facteur le plus important des écarts thermométriques de l'atmosphère est encore la latitude. C'est elle qui règle la distribution des climats, avec les corrections qu'impose l'influence des mers et des altitudes.

Pour se rendre bien compte des effets de la température atmosphérique sur l'organisme humain, il faudrait déterminer d'abord quelles sont les limites de chaleur ou de froid auxquelles il reste généralement insensible. On comprendra sans peine combien ces limites sont difficiles à déterminer ; combien elles dépendent du degré de susceptibilité individuelle ou d'un état hygrométrique ou électrique anormal de l'atmosphère. On peut dire cependant que dans notre climat tempéré un adulte doué d'une bonne santé ne se montre guère sensible à des températures ne s'abaissant pas au-dessous de + 7 ou 8° centigrades ou n'atteignant pas plus de + 25°, à la condition bien évidente qu'il n'ait pas à subir de brusques écarts ramenant tout à coup le thermomètre du degré le plus élevé de cette échelle au plus bas, ou inversement.

Quant aux températures maxima compatibles avec l'existence elles ne dépassent guère 120° centigrades en milieu sec et 50° en milieu humide. Encore ne faut-il pas prolonger l'expérience plus de quelques minutes. Par contre, l'homme a pu supporter des températures s'abaissant aux environs de — 60° centigrades.

Lorsque la température extérieure s'élève anormalement, l'organisme tend à mettre en jeu les moyens dont il dispose pour combattre les fâcheux effets de cette influence. La circulation s'accélère et les vaisseaux capillaires de la peau se dilatent de façon que la masse sanguine vienne se rafraîchir plus fréquemment et plus copieusement au contact de l'air extérieur. La respiration s'accélère, l'exhalation pulmonaire devient plus active, en même temps que s'établit une transpiration cutanée abondante, si bien que l'évaporation plus intense, qui se produit ainsi dans les alvéoles pulmonaires et sur toute l'étendue de la peau, abaisse la température interne que la chaleur extérieure tendait à élever. A noter que dans une atmosphère très humide, en même temps qu'elle est chaude, cette évaporation se trouve entravée et que l'organisme en perd le bénéfice, ce qui explique pourquoi nous supportons plus difficilement la chaleur, quand l'humidité de l'air est très marquée, que lorsqu'elle est faible ou nulle. Enfin la diminution de l'activité physique et de l'appétit contribuent à écarter des facteurs d'élévation de la température interne, tels que le mouvement ou une forte alimentation.

S'il s'agit au contraire de lutter contre le froid, les combustions internes augmentent, grâce à l'apport d'une plus grande quantité de comburant (l'air froid étant plus dense et par suite plus riche en oxygène en cède davantage au sang) et grâce à l'absorption d'une plus grande quantité de combustible sous forme d'aliments, le besoin de réparation croissant à mesure que le thermomètre baisse. D'autre part les vaisseaux capillaires de la peau se contractent pour exposer au refroidissement extérieur le minimum de sang possible. Mais on comprend combien ce dernier moyen de défense devient illusoire lorsque le froid s'accompagne de vent et que de nouvelles couches d'air glacé viennent incessamment emprunter du calorique à la surface cutanée.

De là la difficulté avec laquelle nous supportons un froid, même assez faible, s'il s'accompagne d'un vent un peu vif, tandis que nous souffrons beaucoup moins, alors que le thermomètre descend beaucoup plus bas, pourvu que l'atmosphère ne soit pas agitée.

L'élévation ou l'abaissement considérable et prolongé de la température de l'atmosphère peuvent déterminer chez l'homme des accidents graves ou de simples troubles de la santé.

Les températures excessives produisent dans certaines conditions des accidents aigus et rapides : le coup de chaleur et l'insolation d'une part; la congélation et l'asphyxie produites par le froid de l'autre. Mais ces faits relèvent plutôt de la pathologie. Ce qui nous intéresse ici ce sont les troubles organiques lents dérivant de l'influence prolongée des températures soit très élevées, soit très basses. C'est l'étude en un mot des conditions d'existence dans lesquelles se trouvent placés les habitants de nos pays lorsqu'ils sont appelés à faire un séjour prolongé soit dans les climats torrides, soit dans les climats très froids.

Dans les régions tropicales l'hématose est moins active par suite de la diminution de la teneur en oxygène de l'atmosphère dépendant de la moindre densité de l'air échauffé et de sa surcharge en vapeur d'eau. Il y a atonie de la musculature du tube digestif, qui ne tarde pas à fonctionner paresseusement et irrégulièrement. La sécrétion urinaire, incomplètement suppléée par l'exagération de la sudation, diminue sensiblement. Par contre le foie fonctionne exagérément et il y a une véritable surproduction de bile. Au bout d'un certain temps l'appétit languit, les forces morales s'épuisent, l'activité physique et intellectuelle s'amoindrissent. Dans de pareilles conditions le colon peut devenir d'un moment à l'autre une proie toute prête aux maladies endémiques. A la longue les conditions climatériques suffiraient, d'après certains auteurs, à le plonger dans un état anémique spécial, auquel on a donné le nom d'anémie tropicale; mais il faut faire des réserves sur l'exactitude de cette dénomination, car la part que prend l'impaludisme au développement de ce genre d'anémie, semble de plus en plus considérable. Il faut aussi tenir compte de l'action anémiante de quelques autres maladies des pays chauds notamment de la dysenterie et des affections de l'intestin.

Les climats chauds, même ceux qui ne sont pas très éloignés du nôtre (celui de l'Égypte par exemple) sont en général très meurtriers pour l'enfance du premier âge chez les Européens. Il est extrêmement difficile à ceux-ci d'y faire souche et d'y élever des enfants. D'autant que dans ces pays les grossesses et les accouchements des Européennes sont généralement traversés d'accidents, et que la lactation y est presque toujours insuffisante.

Les climats froids sont le plus souvent bien supportés par nous. Dans toutes les expéditions polaires, les hommes, suffisamment prémunis contre le scorbut par une alimentation rationnelle, ont pu triompher non seulement des rigueurs du climat, mais encore de fatigues et de privations considérables. Les basses températures sont plutôt favorables à la santé, d'autant que les maladies épidémiques sont rares dans les régions polaires. On y a par contre signalé la mortalité considérable de l'enfance dans le premier âge. En Islande, la population scandinave a beaucoup diminué, principalement de ce fait.

Après la température de l'atmosphère, sa *luminosité* paraît avoir une influence sensible sur l'organisme humain. On s'accorde à attribuer à la lumière solaire une action bienfaisante sur le développement des animaux comme des végétaux, et ses propriétés sont utilisées dans certaines stations de la Suisse où l'on soumet les anémiques à des bains de soleil. Mais il est assez difficile de préciser le mécanisme de cette influence. Ce seraient surtout les rayons chimiques qui agiraient sur la nutrition. On attribue aux rayons rouges un pouvoir excitant sur le système nerveux, tandis que les rayons bleus et violets auraient une action sédative. Les hommes qui vivent en général dans l'obscurité ont tous le teint très pâle. Il est cependant à remarquer que les mineurs ne sont guère plus fréquemment malades que les ouvriers qui travaillent à la lumière.

Les mouvements atmosphériques provoqués par les variations d'échauffement des différentes couches d'air produisent les *vents*, qui ont une influence sanitaire favorable quand ils tendent à répartir plus également sur la surface terrestre la sécheresse ou l'humidité, la chaleur ou le froid, qu'ils renouvellent et purifient l'atmosphère souillée des grandes villes. D'autre part, en frappant la surface cutanée, ils activent l'évaporation et refroidissent le corps, influence souvent bienfaisante par les hautes températures, dangereuse par les temps froids. On connaît l'action tonique et vivifiante des vents qui battent le littoral maritime; les enfants scrofuleux et débilités en bénéficient particulièrement.

A mesure qu'on s'élève au-dessus de la mer la *pression atmosphérique* décroît d'un centimètre par 105 mètres. Cette diminution de la densité de l'air s'accompagne d'une diminution parallèle des proportions d'oxygène. Aussi, aux altitudes élevées, l'organisme tend-il à s'adapter à ces conditions nouvelles : la respiration et la circulation s'accélèrent ; en même temps il se produit une augmentation considérable du nombre des globules rouges du sang, destinée à compenser la diminution de l'oxygène de l'air par l'augmentation de la surface d'absorption de ce gaz dans les poumons et par son utilisation plus complète. Cette surproduction de globules rouges est presque instantanée ; elle est manifeste au bout de quelques heures et il est si vrai qu'elle n'est provoquée que par les nécessités d'adaptation au milieu, qu'on la voit disparaître au bout de quelques jours, chez les sujets qui ont regagné la plaine. Cette influence spéciale de l'altitude sur les éléments du sang a été exploitée pour la cure des anémiques, qui éprouvent d'excellents effets du séjour dans les montagnes. L'altitude est également appliquée avec succès au traitement de la tuberculose pulmonaire, mais la diminution de la pression atmosphérique ne semble pas en pareil cas jouer le rôle spécifique qu'on a voulu lui attribuer. Les bons effets obtenus paraissent dépendre surtout de l'augmentation du nombre des globules rouges du sang, de la pureté de l'atmosphère, de la sécheresse de l'air, qui favorise l'exhalation pulmonaire et cutanée, de la ventilation active et de l'action solaire.

Quand on s'élève brusquement à une forte altitude, soit en ballon, soit surtout en faisant l'ascension d'une montagne, il peut survenir des accidents qui se traduisent par une accélération de la respiration et du pouls, par du malaise, de la courbature, de la fatigue générale, un état nauséeux, de l'hébétude, de l'essoufflement, parfois des hémoptysies. Ces accidents (mal de montagne) se produisent à une altitude beaucoup plus faible à la montagne (entre 3 à 4 000 m.) qu'en ballon (6 à 7 000 m.); les efforts physiques en hâtent en effet singulièrement l'apparition. Aux hautes altitudes qu'on ne peut guère atteindre qu'en ballon ces troubles peuvent entraîner la mort, comme en témoigne la catastrophe où Crocé-Spinelli et Sivel succombèrent après s'être élevés au delà de 8 000 mètres.

Lorsque le séjour aux hautes altitudes devient habituel, l'organisme s'adapte aux conditions qu'il y rencontre. Chez les habitants des hautes montagnes et des hauts plateaux le diamètre thoracique est élargi, la respiration et la circulation restent normalement plus accélérées que chez les habitants des plaines.

Une augmentation sensible de la pression atmosphérique ne se rencontre pas dans les conditions habituelles de l'existence. Lorsque la pression, artificiellement provoquée, n'excède pas 1/2 atmosphère, elle facilite l'hématose et les fonctions respiratoires; aussi a-t-on utilisé les bains d'air comprimé avec quelque succès dans le traitement des affections pulmonaires, particulièrement de l'emphysème et de l'asthme. Avec une pression d'une ou deux atmosphères les mouvements respiratoires deviennent moins fréquents et plus profonds; la circulation se ralentit; les mouvements musculaires deviennent plus faciles. Seuls les ouvriers qui travaillent sous l'eau, soit dans des tubes de fonte, soit dans des scaphandres, sont soumis à de pareilles pressions. En pénétrant dans l'air comprimé ils éprouvent quelques troubles de l'ouïe, puis tout rentre dans l'ordre.

Des accidents sérieux (douleurs, paralysies), quelquefois la mort sont à craindre lorsque la pression atteint ou dépasse 5 atmosphères. Mais ils se montrent, non pas pendant la compression, mais surtout au moment de la décompression, particulièrement si elle est trop rapide. Aussi ne faut-il pas admettre à ces travaux les ouvriers dont le cœur ou les poumons ne sont pas parfaitement sains; on n'élèvera jamais la pression au delà de 5 atmosphères et on réglera la décompression, de façon à ce qu'elle soit extrêmement lente.

L'*état électrique* de l'atmosphère a assurément une action sur l'organisme et c'est à lui probablement qu'est dû le malaise dont souffrent par temps d'orage les nerveux, les débilités, les convalescents, les cardiaques et les asthmatiques. Mais c'est là tout ce que nous connaissons actuellement de la question.

L'*assainissement* de l'air serait un problème des plus attachants s'il était pratiquement réalisable. Mais il n'est pas en notre pouvoir de modifier directement la constitution de l'air libre lorsqu'elle est altérée. Dans les grandes villes où cet assainissement serait si utile, tout ce que nous pouvons faire c'est de faciliter la purification de l'atmosphère par de larges courants d'air, en remplaçant les rues étroites par de vastes artères; en multipliant les parcs et les plantations d'arbres, les végétaux dégageant la nuit de l'oxygène et absorbant de l'acide carbonique; en supprimant ou en éloignant les sources d'émanations malsaines (matières usées, usines); en diminuant les fumées, problème encore à l'étude, car on ne connaît pas pour le moment d'appareil fumivore réellement pratique; en évitant la diffusion des poussières par la proscription du balayage à sec des chaussées, par leurs lavages et leurs arrosages fréquents, et au besoin par l'épandage d'huiles lourdes de pétrole sur les voies macadamisées. Il y a d'ailleurs autant à compter pour cette œuvre de salubrité sur les ressources de la nature que sur l'industrie humaine. Les pluies et les neiges, en abattant les microbes de l'air; les vents, en les chassant au loin; le soleil, en les détruisant par la dessiccation ou par l'action de ses rayons chimiques; le froid, en arrêtant leur développement et leur multiplication, se montrent à toute heure nos auxiliaires bienfaisants.

Nous ne sommes guère mieux armés lorsqu'il s'agit d'assainir l'atmosphère restreinte des locaux fermés. On a bien proposé de régénérer l'air confiné au moyen du bioxyde de sodium attaqué par l'eau à froid. On libère ainsi de l'oxygène qui remplace celui qu'absorbe la respiration, tandis que la soude formée simultanément fixe l'acide carbonique de l'air expiré. Mais ces essais restent encore du domaine du laboratoire.

De même, on a tenté d'arrêter les poussières extérieures en n'introduisant l'air dans les habitations, qu'après l'avoir filtré à travers de l'ouate ou une étoffe à tissu plus ou moins serré. Mais il ne tarde pas à y avoir obstruction des pores du filtre, qui cesse de fonctionner.

En pareil cas c'est encore à la ventilation énergique et répétée qu'il faut recourir pour chasser les gaz impurs de l'air. Dans le but d'éviter les disséminations de poussières dangereuses on remplacera dans les locaux fermés le balayage à sec et l'époussetage par le nettoyage au moyen de linges humides. Au besoin on aura recours à la désinfection pour assainir l'atmosphère de l'habitation ; les vapeurs d'aldéhyde formique paraissent les plus aptes à détruire les germes flottant dans l'air ou déposés sur les parois.

Nous avons vu que l'atmosphère, par ses propriétés physiques, peut nous apporter une aide tutélaire. Mais la chaleur et le froid excessifs, les vents trop violents, sont autant de dangers menaçants pour l'organisme humain et nous demeurons impuissants à modifier l'état physique de l'atmosphère. Il nous reste la ressource de nous soustraire dans une certaine mesure à la rigueur des éléments en abritant l'organisme ou en le soumettant à des soins particuliers, destinés à le fortifier contre les intempéries. Ces questions seront traitées dans les chapitres suivants à propos de l'habitation, du vêtement, des soins corporels et de l'alimentation.

LE SOL

Les contacts incessants de l'homme avec la surface terrestre indiquent à priori l'intérêt sanitaire qui s'attache à l'étude du sol. De plus, c'est la végétation qui se développe sur le sol qui suffit, soit directement sous forme de céréales, légumes, fruits ou autres produits, soit indirectement en fournissant des fourrages et des graines pour les animaux comestibles, à la meilleure partie de notre alimentation.

La *configuration extérieure* de la surface du sol joue déjà un rôle sanitaire important. Ses reliefs et ses dépressions ne sont pas également salubres.

Les hauteurs sont le plus souvent saines. L'atmosphère, incessamment renouvelée par les vents, y est pure. L'imperméabilité et la pente du sous-sol généralement rocheux y empêchent la stagnation des eaux. De longue date on a remarqué que la malaria, la fièvre jaune ne s'y montrent pas, les moustiques n'y trouvant pas des conditions favorables à leur développement.

Dans les plaines et les vallées l'aération est moins efficace; mais la salubrité dépend ici surtout de la facilité plus ou moins grande de l'écoulement des eaux, l'existence de nappes stagnantes et de marécages offrant de grands inconvénients pour la santé de l'homme.

En dehors de sa valeur alimentaire, la présence de la végétation à la surface du sol a une réelle importance. Les petits végétaux favorisent l'absorption de la chaleur par le sol, en assèchent la surface et sont par suite très utiles dans les terrains plats trop humides. Les grands végétaux et surtout les arbres groupés en forêt maintiennent et régularisent l'humidité du sol. S'ils abaissent la température moyenne annuelle de l'atmosphère, ils empêchent les écarts trop grands de température entre les saisons opposées. Dans les régions montagneuses ils protègent la couche de terre végétale que sans eux le ruissellement déréglé des eaux de pluie ne tarderait pas à emporter. C'est ainsi que des pentes inconsidérément déboisées ne tardent pas à devenir d'une stérilité absolue. Nous verrons plus loin pourquoi et comment la culture du sol contribue à son assainissement en détruisant les impuretés qui le souillent.

C'est la constitution du *sous-sol* qui présente le plus d'importance au point de vue de l'hygiène; sa structure géologique, la profondeur des nappes d'eau qu'il renferme, sa perméabilité à l'humidité et à l'air, et surtout aux souillures, sont les véritables éléments de sa valeur sanitaire.

Nous ne passerons pas ici en revue toutes les variétés géologiques de terrains. Nous indiquerons seulement ceux qui présentent quelque particularité au point de vue qui nous occupe.

Les terrains granitiques sont généralement peu fertiles et peu habités. Le sous-sol rocheux et par suite imperméable facilite l'écoulement rapide des eaux, qui restent généralement pures grâce à la rareté des agglomérations humaines.

Les terrains calcaires forment quelquefois des couches absolument imperméables (craies marneuses), dont les dépressions retiennent les eaux pluviales et deviennent des marais ou des étangs; mais le plus souvent ils sont percés de fissures multiples dans lesquelles les eaux de surface s'engouffrent sans subir de filtration et vont émerger dans les vallées sous forme de sources très abondantes (sources vauclusiennes), mais n'offrant aucune garantie de pureté, car si les eaux ont été souillées à leur premier contact avec le sol, ce n'est pas en traversant les calcaires fissurés qu'elles peuvent s'épurer. C'est pour cette raison que l'Avre et la

Vanne, alimentées par des eaux qui traversent les terrains crétacés de la région parisienne, ont pu se contaminer à plusieurs reprises et introduire la fièvre typhoïde à Paris.

Les terrains tertiaires et les terrains d'alluvion constituent les plaines fertiles voisines des grands cours d'eau. Ils sont très peuplés et par suite soumis à toutes les souillures qu'entraîne le voisinage des agglomérations humaines. Leurs eaux seront donc suspectes, surtout si elles sont arrêtées par une couche imperméable non loin de la surface, car elles n'auront pas eu le temps de se purifier par une filtration suffisante à travers une grande épaisseur de terrain.

On voit par les exemples qui précèdent que ce qui distingue surtout les différents terrains entre eux au point de vue de leur salubrité, c'est leur plus ou moins grande perméabilité.

L'eau des pluies, lorsqu'elle atteint le sol, ne suit pas une voie unique. Une première partie ruisselle à la surface et va grossir les cours d'eau. Le reste, à la condition que le terrain ne présente pas une imperméabilité absolue (roche granitique par exemple), pénètre dans les couches superficielles du sol. Mais là, différentes causes, l'évaporation dans l'atmosphère, l'absorption par les végétaux, ne tardent pas à en retenir une bonne partie. Tout ce qui n'a pas été ainsi soustrait, descend peu à peu à travers les pores du sol, jusqu'à ce que l'eau se trouve arrêtée et collectée par une couche imperméable. Tel est le mécanisme de la formation des nappes d'eau souterraines, auxquelles nous nous alimentons au niveau des sources, ou par l'intermédiaire des puits.

Lorsque la couche imperméable qui forme le fond de la nappe est tout près de la surface, c'est une cause d'insalubrité à la fois du sol et de l'eau, car alors le sol marécageux reste toujours infiltré d'eau et celle-ci est contaminée par toutes les souillures de la surface. Si la nappe d'eau reste à une certaine distance de la surface, mais qu'elle ne soit pas séparée de celle-ci par une couche suffisamment épaisse, c'est l'eau seule qui est malsaine, car son trop court passage à travers les pores des terrains qu'elle traverse n'a pu la débarrasser des souillures qu'elle a recueillies à la surface; la filtration est insuffisante. Enfin, alors même qu'il existe un éloignement considérable entre la nappe souterraine et la surface du sol, les couches intermédiaires peuvent encore ne pas assurer l'épuration, si elles donnent un large accès à l'eau par des orifices qui les percent de part en part, comme cela se présente dans les calcaires fissurés.

Pour qu'il y ait filtration suffisante, pour que les terrains débarrassent complètement l'eau des souillures superficielles avant qu'elle atteigne la nappe souterraine, pour qu'en un mot le sol et l'eau donnent également des garanties de salubrité, il faut que la nappe souterraine soit profonde, que le terrain soit suffisamment perméable pour qu'il soit convenablement drainé, mais il faut aussi que les particules constitutives du sol ne soient pas trop distantes les unes des autres et que cette pénétration soit lente, pour laisser aux différents phénomènes, qui règlent l'épuration par destruction des souillures de surface, le temps d'intervenir.

Parmi ces phénomènes la pénétration de l'oxygène de l'air joue un rôle capital. Les roches compactes comme le granit sont aussi imperméables à l'air qu'à l'eau. Au contraire les terrains dont les éléments sont divisés, les terres meubles se laissent pénétrer par l'air, auquel ils empruntent l'oxygène nécessaire à la décomposition par oxydation des impuretés du sol.

Lorsque l'air du sol, par suite d'une diminution de sa pression, est rejeté dans l'atmosphère, il est privé d'une partie de son oxygène, mais aussi, du fait des oxydations qu'il a provoquées, il contient une proportion beaucoup plus forte d'acide carbonique et encore, de l'ammoniaque, de l'hydrogène carboné et de l'hydrogène sulfuré. Ces dégagements gazeux du sol peuvent devenir dangereux lorsqu'ils se font dans un espace clos ; c'est ce qui rend insalubre l'habitation des caves ou des locaux qui communiquent avec elles.

Nous avons déjà fait allusion à plusieurs reprises aux *souillures* du sol. Nous avons laissé entendre qu'elles peuvent infecter non seulement celui-ci, mais encore la nappe d'eau souterraine, danger permanent pour la santé de ceux qui s'y alimentent. Nous devons maintenant étudier la nature de ces souillures.

Le séjour de l'homme est une menace constante pour le sol, sur lequel il se fixe, par le fait qu'il y répand constamment tous les déchets de la vie organique (déjections, matières organiques en décomposition, débris végétaux, eaux sales, etc.), et c'est justement sur les points où les hommes se trouvent accumulés en plus grand nombre que la contamination du sol augmente proportionnellement.

Ces souillures incessantes sont d'autant plus dangereuses qu'elles contiennent une infinité de *microbes* et parmi eux, dans certaines conditions, des germes de maladies transmissibles. La surface du sol est le lieu d'origine et de conservation de la majorité des espèces microbiennes connues. Les boues des rues contiennent encore plus de microorganismes que les excréments : des centaines de millions et même des milliards par gramme. L'air au contraire en contient beaucoup moins que le sol; la proportion est à peu près de 1 à 100 000 (Pasteur).

Parmi les germes des maladies humaines quelques-uns (bacille du tétanos, bacille de la gangrène gazeuse) vivent normalement dans le sol et s'y trouvent d'une façon à peu près constante; ou bien persistent pendant des années dans les terrains où ils ont été déposés (bacille du charbon). Mais le sol est un milieu très inégalement favorable à la survie de la plupart des germes des maladies humaines. Tandis que certains agents pathogènes ont une vie toute éphémère et ne survivent guère en dehors de l'organisme humain, d'autres microbes, non moins dangereux, se montrent beaucoup plus résistants et vivent des semaines et même des mois dans les milieux extérieurs, notamment à la surface du sol, tels les germes de la tuberculose, de la diphtérie. Ceux de la dysenterie, de la fièvre typhoïde et du choléra y présentent aussi une assez longue survie, bien que les expériences de laboratoire semblent montrer qu'ils ne paraissent pas trouver dans la terre des conditions très favorables à leur végétation. Mais d'une part les observations épidémiologiques assignent à la persistance de ces microbes dans le sol des limites de temps infiniment plus étendues que celles qu'ont pu déterminer les expérimentateurs dans leurs recherches, et de l'autre il n'est pas dit que ces microbes ne revêtent pas dans le sol des formes différentes de celles qui s'observent dans l'organisme, formes que nous sommes incapables d'identifier dans l'état actuel de la science.

La flore microbienne diminue rapidement dans le sol à mesure qu'on pénètre dans sa profondeur. A un mètre de la surface cette diminution est déjà très marquée, alors qu'entre 3 et 5 mètres, l'oxygène faisant défaut, la terre ne contient plus aucune des espèces microbiennes dont l'existence est subordonnée à la présence de ce gaz. Il faut donc que la nappe d'eau souterraine soit très près de la surface du sol, ou que la nature du terrain lui assure de larges communications avec l'extérieur, pour que les microbes dangereux, la plupart très avides d'oxygène, puissent venir la souiller, entraînés par les eaux de surface. Ces conditions se trouvent encore trop souvent réalisées, puisque c'est là l'origine de nombre d'épidémies de fièvre typhoïde, de choléra ou de dysenterie.

Existe-t-il réellement des *maladies telluriques*, c'est-à-dire dépendant de la terre elle-même? Cela n'est plus guère admissible au sens où on l'entendait autrefois, quand on supposait que le paludisme, la fièvre jaune étaient provoqués par des émanations, des miasmes produits par certains terrains, généralement marécageux.

Aujourd'hui on admet couramment que le germe de l'une et l'autre de ces maladies est prélevé dans l'organisme humain malade, transporté, puis inoculé à l'homme sain par les moustiques, et que la terre ne doit plus être considérée comme la cause directe de ces maladies. La nature marécageuse des terrains incriminés n'agirait plus que comme milieu essentiellement favorable à la reproduction des moustiques. L'éclosion soudaine, la multiplication extraordinaire de cas de paludisme ou de fièvre jaune, coïncidant avec de grands travaux de défrichement ou de terrassement, ne sont plus considérées par la plupart des auteurs comme une preuve de l'action nocive de la terre elle-même, mais peuvent être expliquées par ce fait que les bouleversements du sol favorisent la stagnation des eaux et par suite la reproduction des moustiques. Si en même temps, parmi les ouvriers employés, quelqu'un, provenant de contrées infectées par la malaria ou la fièvre jaune, en apporte le germe, les conditions nécessaires à l'explosion et à la rapide dissémination de la maladie se trouvent réunies. C'est incontestablement ce qui se passe dans l'immense majorité des cas. Nous pensons toutefois qu'il ne faut accepter cette opinion, peut-être trop absolue, que sous certaines réserves, au moins pour le paludisme. Les vastes affouillements du sol semblent bien en effet dans quelques cas avoir créé des épidémies de paludisme dans des pays où la malaria n'existait pas auparavant (creusement des fortifications et du canal Saint-Martin à Paris, etc.). Beaucoup de ces faits ne paraissent pouvoir s'expliquer que par la pluralité des modes d'infection de l'homme par l'hématozoaire du paludisme, en dehors de la transmission par les moustiques.

Par contre, les épidémies de dysenterie, de fièvre typhoïde, d'ictère qu'on a fréquemment signalées au moment de travaux analogues, remuant profondément la terre, s'expliquent sans doute par l'exhumation et la diffusion de germes pathogènes, qui, sans cela, seraient restés enfouis et n'auraient pas trouvé l'occasion d'infecter l'organisme humain.

Cependant les microbes du sol sont loin d'être toujours aussi redoutables, la plupart sont inoffensifs, quelques-uns même sont bienfaisants et servent à *l'assainissement du sol*. Nous avons vu que les germes des maladies de l'homme ne trouvent pas le plus souvent dans la terre ni à sa surface de conditions favorables de multiplication, ni même d'existence. C'est qu'en effet ils sont étouffés par la végétation plus puissante de microbes très répandus, très résistants, tels que ceux de la putréfaction, sans compter qu'à la surface du sol ils ont à subir des influences atmosphériques défavorables (insolation, dessiccation, congélation). De même si les déchets de la vie (cadavres, excréments, détritus de toutes sortes) viennent souiller le sol et menacent de l'empoisonner, des microbes bienfaisants s'y rencontrent à point pour transformer cette matière organique encombrante et dangereuse, en matière inorganique essentiellement nutritive pour les végétaux.

A une première étape, les microbes de la surface du sol, et particulièrement ceux de la putréfaction font subir une première modification à la matière organique. Ils la digèrent pour ainsi dire, comme le suc gastrique fait des aliments, la liquéfient d'abord ; puis lui font subir une série de transformations chimiques qui donnent finalement comme résultat de l'acide carbonique et de l'ammoniaque. Cette ammoniaque qui dérive de l'azote albuminoïde n'est utilisable que pour quelques végétaux supérieurs. Aussi la transformation passe-t-elle par une seconde étape dans des couches plus profondes du sol. Là se rencontrent des microbes spéciaux, dits nitrificateurs (nitro-bactéries), doués d'un énergique pouvoir d'oxydation ; ils transforment l'ammoniaque qui fait place à des nitrites, puis à des nitrates, forme fertilisante sous laquelle l'azote est facilement assimilable pour les végétaux.

Ce rôle protecteur des microorganismes, qui détruisent par oxydation les souillures durant leur passage à travers le sol, est heureusement complété par une action mécanique de filtration et par des réactions chimiques. La terre retient en effet une partie des matières organiques solides et des microbes qui la traversent, soit par fixation aux parois des pores, soit par suite de combinaisons chimiques résultant du contact des bases des matières organiques avec les silicates doubles du sol.

En résumé, l'assainissement du sol est spontanément réalisé, surtout par le travail des microorganismes et, principalement, des bactéries nitrifiantes qui détruisent sans relâche les microbes et les matières organiques qui s'accumulent à sa surface. Partout où ce travail biologique ne pourra s'accomplir, le sol restera insalubre, quand l'homme s'y fixera et par suite y multipliera les sources de souillures. L'industrie humaine doit donc s'efforcer avant tout de favoriser par tous les moyens cette épuration spontanée. Celle-ci n'est possible qu'à la condition que l'oxygène de l'air ait un facile et abondant accès dans le sol. Il faut donc d'abord obvier à la stagnation des eaux de surface, par des drainages judicieux, l'humidité trop prononcée du sol formant obstacle à la pénétration de l'oxygène. Il faut aussi, lorsque la terre est suffisamment asséchée, l'ameublir, l'aérer par des travaux de culture. C'est ainsi qu'on est arrivé à rendre véritablement salubres des contrées jadis désolées par la maladie.

Dans les grandes agglomérations humaines, où il est impossible d'exploiter sur place le pouvoir épurateur du sol, et où d'ailleurs l'accumulation des souillures est hors de proportion avec l'étendue du terrain, l'imperméabilisation et le lavage des chaussées, la déri-

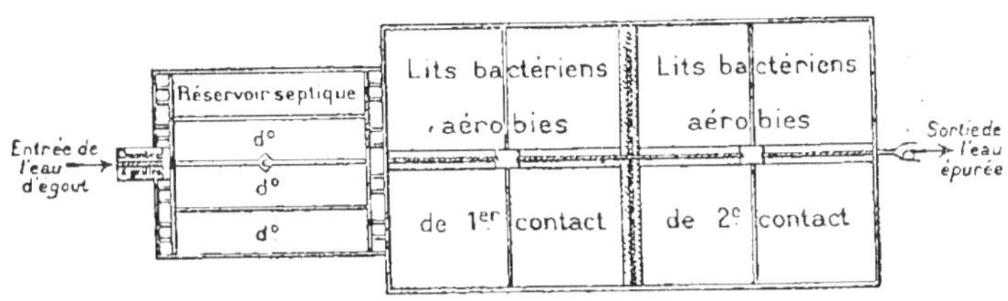

Fig. 1. — Bassins d'épuration biologique.

vation hygiénique par les égouts des eaux sales et des matières usées tendent à protéger le sous-sol contre les contaminations. Mais il ne suffit pas d'éloigner les déchets d'une grande ville. Pour compléter l'œuvre hygiénique d'assainissement on ne doit pas transporter le péril ailleurs, comme on le fait lorsqu'on déverse le contenu des égouts dans les cours d'eau voisins; il est nécessaire d'obtenir la destruction complète des matières usées. Pour cela on a de plus en plus recours à l'épuration par les microbes : soit qu'on épande, comme à Paris et à Berlin, les eaux d'égout sur de vastes terrains cultivés où se réalise l'assainissement biologique spontané tel que nous l'avons décrit; soit qu'employant des méthodes plus récentes, on opère artificiellement en faisant passer ces eaux résiduaires dans des bassins (fig. 1) où elles subissent d'abord une fermentation à l'abri de l'air (réservoirs septiques ou septic tanks), destinée à liquéfier les matières solides (1er stade); ensuite, en passant au travers de couches de scories bien aérées (lits bactériens aérobies), une fermentation à l'air, réalisant une épuration microbienne de la matière organique (2e stade), analogue à celle que produisent dans le sol les bactéries nitrifiantes [1].

En somme, dans la question de l'assainissement du sol, l'homme ne peut guère agir qu'en favorisant l'action de la nature ou en l'imitant. On a bien songé à recourir à la désinfection du sol des villes; mais les tentatives n'ont eu aucune portée pratique, lorsqu'elles ont porté sur une certaine étendue. C'est tout au plus si l'on a réussi, en déversant des désinfectants sur des surfaces limitées, à assainir le sol de pièces d'eaux, de fossés, de fosses, de puits mis à sec; ou encore les terrains de maisons en démolition, d'écuries ou d'étables.

---

1. Sous une influence microbienne semblable, celle des microbes retenus dans la membrane filtrante, il se fait une diminution considérable de la matière organique et par suite une augmentation très marquée des nitrites et des nitrates dans les eaux qui traversent un filtre à sable.

CHAPITRE II

HYGIÈNE DE L'HABITATION

Pour se garder contre les rigueurs du milieu naturel,
l'homme a de tous temps recherché des abris. Mais
qu'il ait choisi le creux des rochers et les cavernes,
comme les bêtes, ou que, plus affiné, il ait édifié des
huttes, puis de véritables habitations, il a ainsi créé,
à côté du milieu naturel, un milieu artificiel, celui de
l'habitation. Dans ce nouveau milieu l'homme n'a pu
acquérir des avantages qu'au prix d'inconvénients et
de dangers multiples. Si l'habitation le met à l'abri des
froids excessifs, du soleil trop ardent, de la pluie et du
vent, trop souvent elle lui mesure parcimonieusement
l'air respirable, qui y pénètre et s'y renouvelle difficilement, qui s'altère sous l'influence de la concentration
des produits de la respiration, des gaz de combustion
provenant des appareils de chauffage ou d'éclairage, qui
est souillé du fait de l'accumulation des poussières;
enfin elle ne lui dispense qu'insuffisamment la lumière
solaire. Par nécessité, ignorance ou incurie, trop souvent l'homme ne peut se débarrasser des déchets de

son existence même; il en encombre et en souille le sol et le voisinage de l'habitation qu'il rend ainsi de jour en jour plus insalubres. Ne voyons-nous pas nombre des habitations de nos paysans ou de nos ouvriers des grandes villes réunir toutes ces fâcheuses conditions?

Pour rendre l'habitation saine, l'hygiéniste doit donc tendre à corriger les imperfections de ce milieu artificiel, à en réduire les inconvénients au minimum. De là un certain nombre de règles à observer que nous allons passer en revue.

EMPLACEMENT

Le choix de l'emplacement d'une habitation est très important au point de vue sanitaire, bien que dans la pratique ce soient bien rarement des considérations hygiéniques qui le déterminent.

L'expérience a montré que les bords immédiats de la mer, des lacs et des cours d'eau, le fond des vallées rétrécies, le pied des montagnes et des coteaux, les dépressions en contre-bas des plaines sont trop humides. Par contre les hauts plateaux, les sommets des élévations de terrain sont battus par les vents et en conséquence trop froids. Il vaut mieux dans une région peu mouvementée choisir le sommet d'un dos de selle, dans les terrains accidentés construire à mi-flanc de coteau, à l'abri des vents violents et froids, en un point convenablement ensoleillé; dans la plaine, surélever l'habitation en l'édifiant sur un tertre artificiel d'un mètre environ.

L'humidité du sol est défavorable à la salubrité de

l'habitation. Il faut donc éviter les terrains imperméables, surtout les sols argileux, qui ne se laissent traverser que par une quantité extrêmement faible des eaux pluviales et retiennent l'humidité au maximum Si la nécessité commande de construire dans des terrains par trop humides, on aura recours à des drainages préalables qui assécheront le sol, l'aéreront et y faciliteront l'oxydation des matières organiques. Les roches granitiques fournissent en général une pente assez prononcée pour que les eaux s'écoulent aisément et ne soient pas retenues sur place ; elles peuvent donc, dans ces conditions, malgré leur imperméabilité, convenir à l'emplacement d'une habitation. Les terrains très perméables, comme le sable, le grès, le calcaire non marneux sont les meilleurs, à la condition qu'une couche imperméable trop voisine de la surface n'y retienne pas les eaux, car cette nappe d'eau souterraine, trop superficielle, entretiendrait forcément de l'humidité dans les premières couches de terrain. Ces faits montrent combien il est nécessaire, avant de s'arrêter à un emplacement, d'y déterminer la profondeur de la première nappe d'eau souterraine. C'est qu'en effet les matériaux de construction usuels sont plus ou moins perméables à l'eau, et lorsque le sol de l'habitation est humide, les murs s'imprègnent d'eau par capillarité. Ce pouvoir d'ascension de l'eau du sous-sol varie beaucoup suivant la nature du terrain ; il est favorisé par les calcaires, réduit au minimum par le sable et le gravier.

L'expérience a montré que pour que le terrain des caves et les murs de fondation restent secs, il faut que le niveau le plus élevé de la première nappe d'eau souterraine reste toujours à 5 mètres au-dessous de la surface du sol. Ce chiffre n'est suffisant que lorsque les fondations ne descendent pas au-dessous de la profondeur habituelle et qu'il n'y a qu'un étage de caves.

Il importe encore d'éviter de construire sur un emplacement qui a été contaminé par des souillures antérieures ou qui est exposé à en recevoir. Lorsqu'on se propose d'édifier une habitation sur un terrain où s'élevaient auparavant des constructions, on recherchera avec soin s'il n'y existait pas des dépôts de fumier ou d'ordures, des fosses recevant les excréments et les matières usées, et on n'hésitera pas à pratiquer la désinfection du sol. On arrosera les terrains souillés avec du lait de chaux ou une solution de sulfate de cuivre à 5 p. 100. Pour les parties les plus polluées (fosses, puisards, caniveaux) on peut employer les mêmes désinfectants ou mieux encore une solution contenant de 2 à 5 p. 100 d'un mélange à parties égales d'acide phénique impur du commerce et d'acide sulfurique du commerce; puis on enlèvera ces terres au bout de quelques jours, lorsque le désinfectant aura bien pénétré, avant d'y porter la pioche. Cette mesure devrait être appliquée systématiquement à tout terrain avant une reconstruction, comme l'exigent les règlements de police de la Seine. De plus on n'oubliera pas que les souillures peuvent être entraînées plus ou moins loin de leur origine par les eaux de surface, et on recherchera avec soin s'il n'existe pas quelque voisinage dangereux (cimetière, dépotoir, usine insalubre), placé de telle façon que la pente entraîne leurs eaux vers l'emplacement choisi.

Les dimensions du terrain devront autant que possible être telles que l'habitation soit entièrement entourée d'espaces libres (cours et jardins), la séparant des maisons voisines, de façon à permettre la libre circulation de l'air et l'insolation maxima des façades. De plus, la quantité de souillures se multipliant avec le nombre des habitants, il y aura avantage à ce que l'habitation n'abrite qu'une seule famille.

Ces conditions de salubrité sont aisément remplies à la campagne et dans les centres urbains de moyenne étendue, mais dans la plupart des grandes villes le terrain fait défaut. Non seulement il faut renoncer aux espaces libres autour des habitations, qui sont accolées côte à côte de chaque côté des rues et adossées à des maisons donnant sur des rues différentes ; mais encore on en est réduit à accumuler les étages les uns au-dessus des autres ; on construit des immeubles de 6 à 8 étages à Paris, de 14 à 16 en Amérique ; enfin chaque étage, divisé en appartements, comprend souvent le logement de plusieurs familles. Cet encombrement diminue pour chaque habitant sa part d'air et de lumière, accumule les souillures de toutes sortes, multiplie les occasions de contact et favorise par suite la dissémination des maladies transmissibles.

Aussi dans les grandes villes est-on amené à recourir à la réglementation pour maintenir les constructions dans des limites qui ne soient pas tout à fait inconciliables avec les principes de salubrité les plus élémentaires. D'une façon générale l'hygiène exigerait que la hauteur d'un bâtiment n'atteignît jamais la largeur de l'espace libre qui s'étend devant lui (rue, cour ou jardin). En France, les règlements sanitaires municipaux, comptant avec les nécessités locales, se montrent sensiblement moins exigeants.

ORIENTATION

Lorsqu'on est fixé sur le choix de l'emplacement, on doit examiner quelle orientation on donnera à la maison. Dans les villes cette orientation est généralement imposée par la direction des rues. Ailleurs elle peut être influencée par la configuration du terrain, par le paysage, par des considérations esthétiques ; mais il est le plus souvent possible de tenir compte dans une certaine mesure des indications que nous allons donner.

L'habitation peut être éclairée et aérée par ses quatre façades, ce qui est le plus avantageux. Dans des conditions moins favorables elle recevra la lumière et l'air par les ouvertures de trois ou de deux de ses façades ; ce dernier cas est celui qui se rencontre le plus fréquemment dans les grandes villes. On évitera de n'ouvrir des orifices que d'un seul côté de la maison, car si l'éclairage peut encore être assuré d'une façon satisfaisante dans ce cas, on ne pourra réaliser la ventilation par des fenêtres opposées, qui est la seule complètement efficace.

Deux principes doivent surtout régler le choix de l'orientation :

1° Dans les régions autres que les parties très chaudes de notre pays, la façade du nord ne recevra que des ouvertures peu nombreuses et d'importance secondaire. Elle n'est exposée en effet aux rayons solaires que pendant l'été et encore trois ou quatre fois moins que les autres façades ; elle est donc mal éclairée pendant les deux tiers de l'année et, durant la saison froide, non seulement elle n'est chauffée à aucun moment par le soleil, mais encore elle est battue par les vents les plus glacés.

On réservera la façade nord aux locaux où peuvent se dégager des odeurs importunes, diffusant d'autant plus que la température est plus élevée, les cabinets, les cuisines, (qui sont toujours trop chaudes); on y placera les vestibules, les escaliers, les paliers, les couloirs, où on ne fait que passer. Les ateliers de peinture ou de photographie, les laboratoires, qui ont besoin d'un éclairage uniforme sans que les rayons solaires y pénètrent d'une façon prolongée, seront avantageusement exposés au nord. Par contre, dans certaines parties du midi de la France, où les étés sont très chauds et les hivers doux, l'orientation du nord donne pendant l'été une fraîcheur délicieuse à des pièces qui restent encore habitables pendant l'hiver.

2° Dans les localités mal abritées et, principalement, sur le littoral et les territoires qui ne sont pas éloignés de la mer, il y a grand intérêt à ne pas exposer l'une des façades principales aux vents pluvieux (vents de sud-ouest en général chez nous). Une façade battue par la pluie reste en effet toujours humide, à tel point que dans les régions exposées, on est obligé de n'ouvrir aucun orifice sur cette façade et d'en recouvrir la surface d'enduits imperméables, de tuiles de bois, d'ardoises ou de briques vernissées.

Ces principes étant posés, examinons maintenant les avantages et les inconvénients respectifs des autres orientations. La façade sud reçoit beaucoup plus de chaleur en hiver (cinq fois plus) et pendant les saisons du printemps et de l'automne (deux fois plus) que les façades de l'est ou de l'ouest, qui s'en partagent en toute saison sensiblement la même quantité l'une que l'autre. En été la proportion est renversée et la façade sud ne reçoit plus que les quatre cinquièmes de la chaleur distribuée à la façade est ou ouest. Tout paraît donc à l'avantage de l'exposition sud : chaleur plus grande pendant les saisons froide ou fraîches de l'année, moindre pendant la saison chaude. On a fait cependant remarquer que pendant l'été les rayons solaires brûlants n'atteignent, à cause de la grande élévation du soleil sur l'horizon que les parties les plus extérieures des pièces exposées au midi, tandis que le fond, restant constamment dans l'ombre, n'en est que plus froid et plus humide. Cet argument n'a de valeur que dans les régions particulièrement humides où la fraîcheur présente des inconvénients, même en été. Partout ailleurs l'orientation au midi paraît présenter des avantages très appréciables sur les autres.

Enfin on a fait valoir en faveur de l'exposition à l'est qu'elle assure toute l'année l'insolation si gaie et si salubre du matin.

Envisageons maintenant le problème suivant le nombre de façades libres de l'habitation. Avec quatre façades il sera facile de concilier toutes les opinions. Il nous paraît rationnel d'adopter dans les pays, qui ne sont pas trop humides, l'orientation nord-sud pour les façades principales et est-ouest pour les façades secondaires. On bénéficiera ainsi de tous les avantages de l'orientation au midi et on remédiera aux inconvénients de l'exposition au nord, en plaçant sur cette façade les locaux qui ne réclament pas une insolation vive et prolongée (cuisines, cabinets, etc.), la salle à manger, et la salle de bains, où on ne passe qu'un petit nombre d'heures de la journée; et enfin des pièces qui seront particulièrement agréables à habiter pendant la saison chaude et auxquelles on pourra donner un supplément d'éclairage et de calorique naturels, en y ouvrant une fenêtre donnant à l'ouest ou de préférence à l'est. Dans les contrées froides et très humides on adoptera plutôt l'orientation principale est-ouest et l'orientation secondaire nord-sud pour les raisons que nous avons indiquées plus haut. L'affectation des locaux donnant au nord restera la même.

Lorsque trois façades sont libres et à plus forte raison deux seulement, on n'a souvent pas le choix de l'orientation qui est imposée par les circonstances. On aura avantage, quand cela sera possible, à élever les façades principales à l'est et à l'ouest ou mieux encore peut-être au sud-est et au nord-ouest; dans ce dernier cas on bénéficiera partiellement des charmes de l'exposition au midi, sans avoir à sacrifier toute une façade aux rigueurs de l'orientation au plein nord.

DISTRIBUTION

La distribution de l'habitation est généralement réglée suivant les convenances personnelles et les nécessités économiques. Certains principes hygiéniques méritent cependant d'être pris en considération.

Quelque humble que soit le logis, ses habitants ne devraient jamais être obligés à coucher là où ils font la cuisine et prennent leurs repas. Pour comprendre cette règle de salubrité, il suffit d'avoir respiré une seule fois l'atmosphère de ces taudis, où toute une famille cuisine, mange et dort dans la même pièce, où les relents de la soupe, l'odeur forte des enfants malpropres se mêlent à la buée des linges et des hardes qui sèchent au-dessus du fourneau. Tout logement comprendra donc au moins deux pièces, l'une servant de chambre à coucher, l'autre de cuisine.

Autant que possible, les chambres à coucher seront placées au-dessus du rez-de-chaussée trop souvent humide du fait de son voisinage avec le sol. S'il est impossible de surmonter d'un étage le rez-de-chaussée, celui-ci sera surélevé dans le but d'atténuer l'inconvénient que nous venons de signaler. On ne doit pas non plus placer les chambres immédiatement au-dessous des toits, sans interposition d'un grenier, sinon elles seraient glaciales l'hiver et torrides l'été, parce qu'insuffisamment protégées des intempéries extérieures par la faible épaisseur de la toiture. Les chambres de domestiques, au faîte des maisons de rapport parisiennes, réalisent le plus souvent tous les inconvénients du logement dans les combles, d'autant qu'en général, par économie, on diminue l'épaisseur des murs aux étages supérieurs.

On réservera l'exposition la plus ensoleillée (midi et est) aux pièces où on séjourne le plus longtemps : chambres à coucher, salles de réunion et de travail. Dans les parties chaudes de la France, les pièces dont la principale façade est au nord, mais qui ont une ouverture à l'est ou à l'ouest, sont très habitables l'hiver et d'une fraîcheur délicieuse pendant l'été.

En général l'exposition au nord est réservée aux locaux qu'on ne fait que traverser et où on ne se tient qu'une faible partie de la journée. Nous les avons déjà indiqués en détail.

La *capacité des pièces* dans lesquelles on séjourne habituellement ne doit pas être inférieure à 25 mètres cubes. Leur hauteur sera au minimum de 3 mètres, car l'air vicié par la respiration et les combustions étant chaud et tendant toujours à s'élever, il vaut mieux qu'il séjourne le plus haut possible dans les locaux fermés pour qu'il n'incommode pas les habitants. D'autre part il ne convient pas d'élever le plafond au delà de 4 m. 50, car alors les pièces ne sont plus faciles à chauffer en hiver. En tout cas les pièces les plus vastes, les mieux exposées et les plus aérées devraient être réservées à l'habitation de nuit et non aux réceptions, comme on le fait trop souvent.

Pour déterminer la profondeur à donner aux locaux et la superficie à assurer aux ouvertures des fenêtres, il faut partir de ce principe que la lumière diffuse doit pénétrer aussi abondante que possible jusqu'au fond le plus reculé de chaque pièce. Or, la lumière diffuse a des propriétés différentes suivant la partie de la voûte céleste d'où elle descend. Les rayons qui tombent du zénith sont les plus intenses, mais ils n'atteignent dans les pièces que le voisinage immédiat des fenêtres ; ceux qui viennent de l'horizon pénètrent au contraire profondément, mais ils éclairent faiblement. Pour que les locaux reçoivent une lumière suffisante dans leurs points les plus reculés, il faut donc que les fenêtres laissent pénétrer jusqu'au fond des rayons provenant de la zone intermédiaire du ciel et atteignant le plancher sous un angle de 30 à 60°. On obtiendra ce résultat en faisant élever le haut des fenêtres aussi près que possible du plafond et en exigeant que la surface totale de leurs ouvertures égale au minimum le

sixième (le quart dans les salles de travail) de la superficie du plancher de la pièce à éclairer, à la condition
que la profondeur de celle-ci ne dépasse pas une fois et
demie sa hauteur. Encore faut-il, pour que la lumière
diffuse puisse pénétrer sous un angle de 30° à tous les
étages d'une maison élevée, que l'espace libre devant la
façade soit égal à une fois et demie la hauteur de la
maison, condition souvent irréalisable dans la pratique
et que n'ose imposer aucun règlement municipal.

Dans les grandes villes on admet que des locaux ne
servant pas à l'habitation, aient leurs ouvertures sur
des courettes, tellement réduites qu'elles ne sont en
réalité que des puits malpropres et insalubres. De
toutes façons il faudrait interdire que des cuisines
prennent jour et air sur ces courettes, ce qui est cependant toléré actuellement.

Toutes les *dépendances* où peuvent se dégager des
odeurs désagréables doivent, autant que possible, être
isolées de la maison. Il serait avantageux de placer
les cuisines au rez-de-chaussée dans un pavillon relié
à l'habitation seulement par un passage couvert; les
water-closets, dans une tourelle presque indépendante.
Le vestibule, l'escalier et les corridors servant de cheminée de ventilation pour l'habitation doivent être
bien éclairés et aérés.

On établira la buanderie, les écuries ou les étables de
façon que les ouvertures en soient aussi éloignées que
possible de l'habitation. Le sol en sera rendu imperméable et les pentes devront être suffisantes pour
assurer l'écoulement des liquides dans une canalisation qui les conduira dans la fosse à purin. Les
chiffres de 2 m. 80 pour la hauteur du plafond et de

25 mètres cubes pour l'espace réservé à chaque animal sont des minima indiqués par le règlement sanitaire de la ville de Paris. L'aération doit être assurée par de nombreux orifices et au besoin par des conduites spéciales partant du plafond des écuries ou des étables et s'élevant au-dessus des constructions voisines. Il est malsain et d'ailleurs interdit de loger un domestique dans l'écurie elle-même. On aura soin de construire une fosse à fumier bien étanche, suffisamment éloignée des murs.

Lorsque le plan est bien arrêté, on en entreprend l'exécution en préparant le terrain à recevoir la bâtisse. Nous avons indiqué déjà les mesures de désinfection à appliquer au sol, chaque fois qu'il peut avoir été souillé auparavant, s'il s'agit d'une reconstruction par exemple.

On drainera ensuite le sous-sol s'il retient trop l'humidité, s'il est argileux, et on entreprendra les travaux de nivellement et le creusement des tranchées pour les *fondations*. Celles-ci sont des assises de maçonnerie qui supportent tout le poids de la construction. Elles descendent au moins à un mètre au-dessous de la surface du sol pour rester à l'abri de la gelée et elles reposent sur un lit de béton pour éviter l'ascension de l'humidité par capillarité à travers les porosités de la maçonnerie. Cette humidité qui provient du sol est en effet redoutable pour la salubrité de l'habitation. Elle s'élève le long des murs, y forme des dépôts de salpêtre (nitrate de calcium), sel éminemment hygrométrique, qui entretient une humidité persistante aux points où il se dépose. De là une évaporation constante à la surface des murs, qui refroidit l'atmosphère intérieure, expose les habitants au rhumatisme et favorise la conservation des germes des maladies infectieuses. Sous la même influence, les parois finissent par se recouvrir d'une véritable flore de moisissures qui rongent les papiers, les boiseries et même la brique.

On ne saurait donc prendre trop de précautions pour assécher les murs de fondation. Ils doivent être construits en matériaux aussi peu perméables à l'humidité que possible tels que : la meulière, le granit, les gros cailloux siliceux ou le grès compact, et isolés du sol par un revêtement en ciment. Depuis quelques années l'usage des murs en béton moulé donne d'assez bons résultats. A défaut de ces matériaux, on peut user de la brique mais à la condition qu'elle soit très cuite; encore sera-t-il prudent de la séparer du sol par un lit de béton dans la profondeur et latéralement de dehors en dedans par du granit et une couche isolante de laine de scories, comme l'indique la figure ci-jointe (fig. 2). En Angleterre, on complète ces précautions en disposant dans les murs, un peu au-dessus des fondations, une couche isolante formée de matériaux imperméables (brique vitrifiée, ardoise, etc.), qui interdisent absolument l'ascension de l'humidité.

Nous avons déjà vu que l'air du sol présentait parfois des dangers et qu'il fallait éviter son ascension dans l'habitation. On empêchera l'air du sol de s'élever dans l'habitation en étendant sur toute la surface recouverte par celle-ci une couche de béton, revêtu de ciment ou d'asphalte.

On complète le système de défense contre l'humidité et l'air du sol en bâtissant sur *caves*. Quand on ne peut construire de cave, au moins doit-on laisser entre le plancher du rez-de-chaussée et le sol un espace qui pourrait rester vide à la condition de l'aérer par des soupiraux. Mais cet espace, impossible à nettoyer, deviendrait un réceptacle de poussières et de détritus.

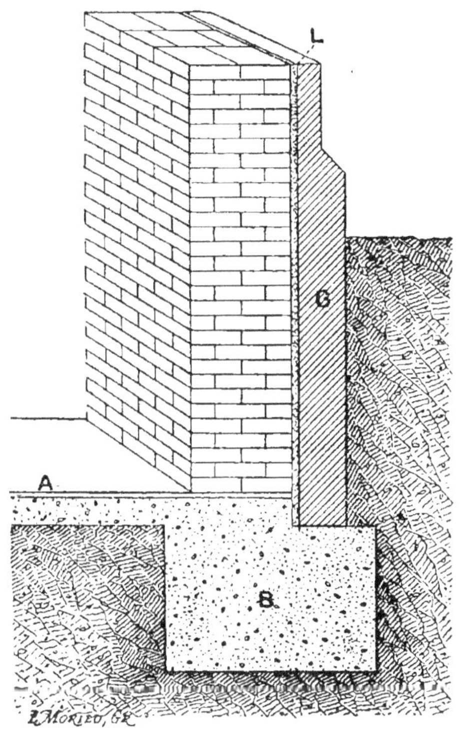

Fig. 2. — A, couche d'asphalte; B, béton; G, granit; L, couche de laine de scories.

On pourrait le combler avec des cailloux ou du gravier.

S'il y a des caves on les aérera au moyen d'ouvertures communiquant avec l'extérieur et disposées sur les façades opposées autant que possible. Malgré cette ventilation les caves restent encore trop souvent humides, car, surtout pendant la saison chaude, l'air extérieur est à une température plus élevée que les parois et il se fait à leur niveau une condensation de vapeur d'eau. Cet inconvénient, ainsi que le risque toujours possible de dégagements gazeux insalubres venant du sol, commande de ne jamais permettre un séjour prolongé et à plus forte raison l'habitation de nuit dans ces locaux. Pour les mêmes raisons il est imprudent de laisser coucher une personne dans une pièce communiquant librement et constamment avec les caves.

Le séjour habituel dans les caves n'étant pas salubre on ne peut les utiliser que comme magasins de réserves pour les boissons et les combustibles. Si toute la maison est bâtie sur caves, celles-ci couvrent souvent une superficie disproportionnée avec leur utilisation possible. Aussi a-t-on songé à modifier les caves, de façon à pouvoir y placer certains locaux, en les élevant au-dessus de la surface du sol de façon à pouvoir établir des ouvertures d'éclairage et d'aération suffisantes ; on atténue ainsi l'obscurité et on diminue l'humidité froide du local, qui prend alors le nom de *soussol*. Celui-ci ne peut servir à l'habitation de nuit, mais on peut y placer une lingerie, une chambre à bains, une cuisine, à la condition de lui donner une hauteur suffisante (2 m. 60 au moins). Les cuisines en soussol ont fréquemment l'inconvénient, lorsqu'elles n'ont pas un tuyau spécial de ventilation, de répandre dans le reste de la maison leurs odeurs ; cela tient à ce que leur aération n'est jamais aussi complète que si elles se trouvaient au-dessus du sol.

Pour améliorer l'aération du sous-sol on peut, comme cela se pratique couramment en Angleterre, ménager tout autour de ses murs une large tranchée, « area », dont le fond, placé au niveau du bas du sous-sol, et la paroi sont recouverts d'un enduit de ciment.

Quoi qu'il en soit, les pièces placées en sous-sol ne seront jamais très salubres, et il vaut mieux renoncer à cette disposition, à moins de nécessité absolue.

Chaque fois qu'il sera impossible de compter sur une évacuation des excréments à l'égout (voir p. 129) et qu'on n'aura pas l'intention de les collecter dans des fosses mobiles, il sera absolument nécessaire de construire en annexe de la maison une *fosse fixe*. Celle-ci sera constituée par une excavation creusée autant que possible un peu en dehors de l'aire de l'habitation, et au nord de préférence, cette exposition étant la moins favorable au dégagement d'odeurs incommodantes ; c'est là qu'aboutiront le tuyau de chute et le tuyau d'évent des cabinets d'aisances. On n'hésitera pas à faire les frais d'une maçonnerie construite avec les matériaux les plus étanches, dont on pourra disposer, pour établir les parois de cette excavation. Cette maçonnerie sera doublée en dehors d'une couche de béton ou d'un épais corroi argileux. La capacité de la fosse doit être en général de 2/3 de mètre cube par habitant. Pour faciliter le nettoyage on donnera à la fosse une forme cylindrique, avec fond en cuvette, la hauteur restant toujours inférieure à la largeur. L'occlusion complète de la fosse sera assurée par une dalle en pierre ou une plaque de fonte.

MATÉRIAUX

Les matériaux de construction doivent être choisis de façon à mettre les habitants à l'abri des écarts de la température extérieure et à ne pas conserver d'humidité.

Ces deux conditions s'imposent surtout pour *la maçonnerie des murs*[1] qui servent de parois à l'habitation. On peut établir comme règle générale que les matériaux les plus poreux, grâce à l'air qu'ils renferment dans leurs pores et qui est un excellent isolant, ne laissent passer que très lentement la chaleur et le froid et conservent bien la température acquise. D'autre part ils se débarrassent d'autant plus vite de l'eau absorbée par eux, que leurs pores sont plus grands.

Cependant, il ne faudrait pas, dans la pratique, en conclure que des murs construits en moellons tendres ou en briques spongieuses seraient les plus hygiéniques, surtout sous des climats humides ou pluvieux. Mieux vaut, en somme, choisir des matériaux moins poreux que de s'exposer à emmagasiner dans les parois une humidité dont celles-ci ne se débarrasseraient que plus ou moins incomplètement dans la suite.

La pierre meulière, surtout la variété caverneuse, remplit bien les deux conditions requises ; car elle protège à la fois contre les intempéries et contre l'humidité. Aussi est-elle par excellence l'élément de choix des maçonneries bien faites, d'autant que, de plus, elle est presque indestructible. Malheureusement ses gisements font défaut dans beaucoup de contrées.

Les pierres de grès et de granit sont très peu perméables à l'eau, mais s'assèchent lentement et difficilement, si elles absorbent de l'humidité ; de plus elles se

---

1. Pour la construction des murs extérieurs, on emploie rarement des métaux (pans de fer, etc.), qui défendent mal contre les écarts de la température extérieure et on utilise de moins en moins le bois.

laissent aisément traverser par la chaleur et le froid. Il en est de même, mais à un moindre degré, de la brique de bonne qualité, c'est-à-dire celle qui est dense et bien cuite. Les pierres calcaires dures constituent d'excellents matériaux. Quand le calcaire est trop tendre, il retient l'humidité; c'est pour cela qu'on le voit si souvent s'effriter au bout de peu de temps ou bien se fendre à la gelée. Lorsque les murs seront construits en blocages de moellons ou de caillasses réunis par un mortier ou autre liaison, leur valeur hygiénique dépendra surtout de la nature des éléments qui les composent. Ces matériaux plus fractionnés apporteront aux murs ainsi construits les mêmes qualités ou inconvénients qu'ils présentent lorsqu'ils sont utilisés en blocs. Cependant l'effet de protection de ces murs sera notablement augmenté par l'emploi d'un bon mortier de chaux hydraulique, surtout si on a soin d'étendre à l'extérieur un enduit lisse au lieu de laisser la maçonnerie rugueuse.

Les éléments de la maçonnerie sont réunis et agglomérés au moyen de mortiers.

Les mortiers de terre ou de plâtre, très usités autrefois dans les petites constructions rurales, isolent bien des intempéries, mais ont le grave défaut de retenir l'humidité.

Le mortier de chaux hydraulique, le plus généralement employé actuellement, est très salubre, car il est mauvais conducteur de la chaleur et du froid et en durcissant devient à peu près impénétrable à l'humidité.

Le mortier de ciment est imperméable à l'eau, mais défend mal des écarts de température. Il est surtout employé comme revêtement dans les fondations et aux endroits exposés à l'humidité.

Pour défendre les assises de la maison contre les infiltrations de l'humidité extérieure on établira sur le sol, au pourtour des murs, un pavage bien étanche et convenablement penté d'environ 2 mètres de large; ou encore un épais revêtement de béton ou de bitume.

Il ne suffit pas d'employer des matériaux appropriés pour conserver une température égale à l'intérieur de l'habitation. Il faut encore donner une certaine épaisseur aux murailles, car leur pouvoir isolant est en raison directe de leur épaisseur et en réalité là est le principal facteur de protection . A ce point de vue, les vieilles maisons étaient bien mieux construites que les habitations actuelles : on ne ménageait pas les matériaux pour construire de larges murailles qui assuraient à l'intérieur une douce température en hiver, une agréable fraîcheur en été. Il serait temps de réagir contre l'erreur actuelle qui consiste à réduire, autant que cela est compatible avec le maintien de la solidité de la bâtisse, l'épaisseur des murs, par raison d'économie. On a bien essayé de satisfaire à la fois les intérêts du propriétaire et le confort des habitants, en élevant des murs doubles très minces séparés par une couche d'air; mais à l'usage ces parois n'ont pas montré les qualités isolantes qu'on en attendait, à cause de l'humidité qui se développe fatalement dans l'espace libre et des condensations qui se font sur les murailles qui le limitent. Il faut donc revenir aux murailles suffisamment épaisses (0 m. 45 pour les murs de briques et au moins 0 m. 50 pour les murs de pierres ou de moellons).

Lorsque la maçonnerie est terminée, il faut de toute nécessité la laisser bien sécher, avant de la recouvrir de revêtements. Cette précaution a une très grosse importance au point de vue de l'hygiène. Le mortier de chaux qui a servi à la construction renferme les 3/4 de son volume d'eau. Une partie de cette eau se combine à la chaux pour former de l'hydrate de chaux, mais le reste doit disparaître par évaporation. Il faut donc attendre que l'asséchement soit complet pour revêtir les murs d'enduits qu'on s'efforce de rendre aussi imperméables que possible. Sinon on enfermerait l'humidité dans les murailles et on rendrait par la suite le séjour de l'habitation aussi insalubre que possible. Rien n'est plus dangereux que d'habiter une maison neuve avant que les murs soient secs; l'atmosphère humide prédispose au rhumatisme et à l'éclosion de nombre de maladies infectieuses; il est d'ailleurs de notion populaire qu'il ne fait pas bon « essuyer les plâtres ».

Pour que la maçonnerie puisse sécher rapidement et dans de bonnes conditions, il faut entreprendre les travaux de façon à ce que la construction soit terminée au début de la saison chaude et que le soleil d'été et l'air sec puissent la débarrasser de son humidité. A défaut de ce moyen ou pour aller plus vite, on chauffe parfois artificiellement l'habitation, mais alors l'asséchement de la maçonnerie se fait souvent aux dépens de la solidité du mortier qui devient mou et friable.

Il est une cause qui empêche la maçonnerie de sécher rapidement, c'est la mauvaise confection du mortier pendant la construction des murs. Lorsque l'eau qui rentre dans la composition du mortier de chaux renferme une trop grande quantité de matière organique, les nitro-bactéries (voir p. 28) interviennent pour former des nitrates de chaux dont les efflorescences salpêtrent les murs et les laissent indéfiniment humides. De même si l'eau du mortier contient un excès de chlorures, ces sels essentiellement hygrométriques empêchent à leur tour l'assèchement des murailles.

Lorsque la maçonnerie est suffisamment sèche, on la protège par des *revêtements*. On n'en met pas extérieurement sur les murs de meulière ou de pierre de taille. Les revêtements extérieurs, aussi imperméables que possible, se font généralement en crépis au mortier de chaux hydraulique. On leur donne une coloration claire pour limiter l'absorption de la chaleur pendant l'été.

A la face interne des murs l'enduit est de règle. Dans beaucoup de logements d'ouvriers et surtout de paysans, on se contente d'étendre sur l'enduit de mortier de la face intérieure du mur un badigeon au lait de chaux, qui est un bon désinfectant et donne un aspect propre et riant aux locaux. Il est indispensable seulement de le renouveler dès qu'il se salit, tous les ans au moins et surtout chaque fois qu'un habitant aura été atteint d'une maladie transmissible. Habituellement l'enduit intérieur se fait en plâtre, excellent isolant contre les écarts de la température extérieure. Le plâtre sert aussi à recouvrir les plafonds. On aura bien soin de proscrire les moulures, corniches et macarons dont on ornait à profusion autrefois les plafonds : ce sont autant de dépôts de poussière. Pour la même raison on remplacera les angles des parois par des gorges arrondies.

Au-dessus du plâtre qui recouvre les murs, le mieux serait d'étendre un enduit lisse et imperméable, qu'on puisse laver fréquemment. Il a été démontré expérimentalement que les microbes ne survivent pas longtemps, lorsqu'ils sont déposés sur les enduits lisses, à la condition que le mur sous-jacent soit bien sec. Au contraire, un revêtement de simple mortier ou de peinture à la colle ne s'oppose pas à la longue persistance des germes. Les peintures à la colle contiennent de la gélatine, qui favorise la pullulation des germes; elles ne supportent pas d'ailleurs les lavages. Les peintures ordinaires à l'huile se détériorent vite lorsqu'on les lave souvent. Le mieux serait d'employer des peintures vernissées, d'un prix un peu plus élevé, mais qui sont réellement imperméables et se nettoient à l'eau très aisément.

On fabrique depuis quelque temps des toiles vernies, qui se collent aux murs, sont gracieusement colorées et ornementées comme les papiers peints, mais résistent bien aux lavages. Leur emploi est très recommandable, mais elles ont le défaut d'être d'un prix élevé.

Malgré tout, l'usage et l'économie conservent l'antique et insalubre papier peint sur la plupart des murs, bien qu'il devienne rapidement malpropre, qu'il absorbe l'humidité, que la colle, qui le fixe, soit un excellent milieu de culture pour les microbes, et qu'enfin on ne puisse pas même passer un linge humide à sa surface.

Les étoffes tendues sur les murs sont peut-être encore moins hygiéniques, car elles laissent entre leur tissu et la muraille un espace vide où se forment des amas de poussière; de plus les mailles de ces étoffes en emprisonnent déjà une assez grande quantité.

On fabrique des papiers vernis, dits papiers anglais, qui retiennent moins les souillures que les papiers peints ordinaires, mais ils sont plus chers et ne résistent guère à des lavages sérieux et répétés.

Dans les installations luxueuses il faut donc s'en tenir au revêtement total avec des peintures vernissées ou des toiles vernies. Mais, ailleurs, il faudrait pouvoir trouver une solution moins onéreuse, tout en restant hygiénique. Voici ce qui nous semble à la fois le plus efficace et le plus économique. De nombreuses recherches bactériologiques ont montré que ce sont surtout sur les planchers et à la surface des parties inférieures des murailles, que se déposent le plus grand nombre des microbes contenus dans une pièce; à une hauteur de 1 m. 50 ou 2 mètres ils deviennent rares, pour disparaître à peu près au niveau du plafond, à condition que celui-ci ne soit pas orné de moulures et de corniches (véritables nids de poussière) et que ses angles soient arrondis. Ces résultats expérimentaux s'accordent parfaitement avec ce que pouvait faire prévoir le raisonnement. Les parois doivent forcément être beaucoup moins souillées là où les habitants du local ne peuvent atteindre normalement, et cela doit être particulièrement exact pour les germes des maladies infectieuses qui ne peuvent guère être projetés par la toux ni déposés par les mains ou les objets souillés qu'à hauteur d'homme. Il semble donc suffisant d'appliquer sur les murs de la peinture vernissée jusqu'à la hauteur de deux mètres au-dessus du plancher, puis de tapisser le reste avec du papier verni et imperméable.

Dans les logements de la classe ouvrière, il faudrait

exclusivement adopter le badigeonnage à la chaux fréquemment renouvelé que son aspect de propreté et ses
qualités hygiéniques rendent spécialement recommandable.

Dans les pièces où les parois sont facilement
mouillées, comme dans les offices, les cabinets de toilette ou les salles de bains, ou encore dans les cuisines,
où les grands lavages quotidiens sont nécessaires, on
recouvre les murs à hauteur d'homme de carreaux de
faïence ou de grès émaillés. Le stuc est moins employé
parce qu'il se crevasse facilement; il en est de même
des enduits de ciment qui, de plus, sont d'une teinte
moins agréable.

Le bois intervient de moins en moins dans la construction des parois de l'habitation et il est fréquemment
remplacé par le fer dans la structure de la charpente.
C'est qu'en effet le bois « joue » sous l'influence de
l'humidité, se fend et se disjoint. De plus il est facilement envahi par des parasites, qui le détruisent (bois
vermoulu). En revanche le bois reste d'un usage courant pour l'établissement des *planchers*. Les plus résistants à l'humidité et aux parasites sont les bois de
teck (très dispendieux) et de chêne. Le pitchpin et surtout le bois de pin font un moins bon usage que le
chêne, mais coûtent près de moitié moins cher.

La figure 3 montre la disposition des différentes
parties d'un plancher ordinaire. On distingue de haut
en bas les frises, puis les lambourdes, qui reposent
sur des solives en fer (jadis poutres en bois). Un
hourdis en briques creuses rejoint les extrémités inférieures des solives; à sa face inférieure se trouve
l'enduit de plâtre du plafond. L'espace vide, qui s'étend

entre les lambourdes et le hourdis de briques creuses, s'appelle l'entrevous; il s'oppose aux échanges d'air, de calorique et de bruit avec l'étage inférieur. L'entrevous ainsi constitué ne tarde pas à devenir un véritable magasin de poussières. Celles-ci passent aisément à travers les fentes des planchers disjoints et se soulèvent au moindre choc pour envahir l'atmosphère de la pièce placée au-dessus. On conçoit aisément com-

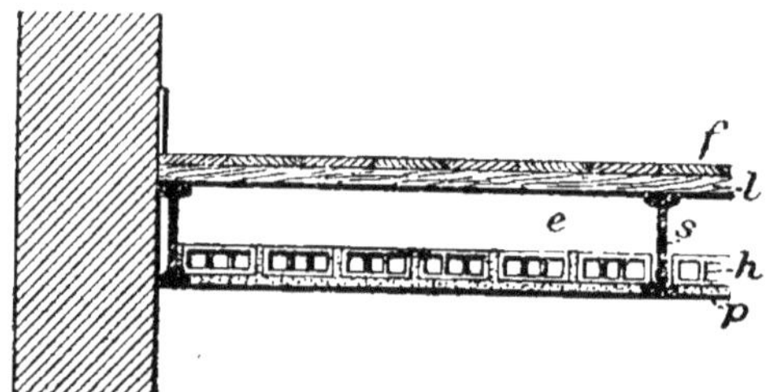

Fig. 3. — *f*, frises; *l*, lambourdes; *s*, solives en fer; *e*, entrevous; *h*, hourdis en briques creuses; *p*, enduit de plâtre.

ment un entrevous peut devenir une réserve de germes tenaces de maladies infectieuses (diphtérie, tuberculose, scarlatine, variole, etc.), réserve d'autant plus riche que les microbes y trouvent des conditions physiques de développement très favorables (obscurité, humidité, température élevée), et un milieu nutritif approprié, dû à l'abondance de la matière organique dans les poussières. Il est inutile d'aller chercher plus loin l'explication de l'insalubrité persistante de certains locaux, véritables foyers d'infection, où la même maladie frappe successivement, à intervalles plus ou moins éloignés, ceux qui viennent y demeurer : tels ces appartements où, chaque fois qu'il y a de nouveaux locataires, la diphtérie réapparaît; tels ces bureaux où le personnel est peu à peu décimé par la tuberculose, et cela malgré des désinfections répétées, mais impuissantes à agir sur le contenu de l'entrevous !

Pour se garder contre ces graves inconvénients il faut donc d'une part combler l'entrevous, de l'autre assurer le parfait assemblage et l'étanchéité des frises du plancher.

On remplit l'espace compris entre les lambourdes et le hourdis de briques de matériaux légers, imputrescibles, mauvais conducteurs de la chaleur et ne gardant pas l'humidité : aggloméré de liège ou d'amiante, laine de scories, terre d'infusoires, béton de pierre ponce ou de sable volcanique. Au rez-de-chaussée on peut remplir l'entrevous de béton, ce qui serait trop lourd aux étages supérieurs. Pour défendre le plancher contre l'humidité du sol il sera bon de placer les frises sur une couche imperméable d'asphalte ou de ciment.

Il est difficile d'obtenir un assemblage satisfaisant des frises ; les meilleurs matériaux pour cela sont le bois de teck et le bois de chêne. Il se fait généralement à la longue un écart sensible entre les lames, qu'on a proposé de combler au moyen de mastics, qui malheureusement ne tardent pas à s'effriter. Le mieux est d'imperméabiliser les planchers au moyen d'huile de lin bouillante ou de paraffine, ce qui permet de les laver fréquemment et de les nettoyer chaque jour à la serpillière humide.

On fabrique depuis quelque temps un aggloméré de magnésie et de sciure de bois ou d'autres substances (xylolithe, stucolithe, etc.) qui permet de remplacer le plancher par une matière qui donne une surface unie, imperméable et légère. Le prix en est aussi élevé que celui d'un plancher de chêne. Il a fallu renoncer à placer ce produit nouveau sur de vieux planchers, ce qui aurait été une solution très pratique dans beaucoup de cas; car, sous l'influence de l'humidité et de la chaleur, les bois, en jouant, déterminent de larges fentes dans toute l'épaisseur de l'aggloméré. Celui-ci ne tient réellement bien que s'il est placé sur béton. Les lavages répétés lui donnent à la longue une couleur terne, peu flatteuse.

Le ciment, les mosaïques et surtout le carrelage (plus élégants) se lavent très aisément et sont complètement imperméables; mais ils ont le défaut d'être plus froids que les planchers et aussi plus lourds. On les réservera pour les cuisines, les offices, les cabinets de toilette, les salles de bains et les water-closets.

Quels que soient les matériaux qui recouvrent le sol des pièces, ils ne doivent en aucun cas rejoindre les murailles à angle droit; les poussières trouveraient en ces points un asile presque inviolable. On arrondit les angles de raccord au moyen de gorges en grès céramé ou en xylolithe, qui remplacent les plinthes de bois.

Les *portes* et leurs chambranles, les châssis et les croisillons des *croisées*, sont généralement en bois. Leur surface sera aussi lisse que possible, dépourvue de moulures, rainures ou ornements qui pourraient emmagasiner la poussière. Il est bon de les recouvrir de peintures vernissées, car toutes ces boiseries ont besoin d'être fréquemment lavées; on peut utilement placer des plaques de propreté en verre sur les parties des portes que l'on touche et que l'on salit habituellement avec les doigts.

Il vaut mieux disposer les croisées de façon à ce qu'elles affleurent à la paroi interne du mur. On supprime ainsi les recoins des embrasures.

Si l'étage le plus élevé de l'habitation est directement placé sous le toit sans interposition de grenier, les chambres qu'il comprend ne sont protégées des intempéries extérieures que par la faible épaisseur de la couverture. Pour rendre ces locaux habitables, on les isole plus complètement en appliquant entre les chevrons de la charpente du toit une couche suffisante de matériaux appropriés, tels que la terre d'infusoires, la laine de scories, des agglomérés de liège ou d'amiante, mauvais conducteurs de la chaleur et du froid.

La *toiture* est formée d'une charpente qui supporte les matériaux de couverture. Pour faciliter l'écoulement des eaux de pluie ou de neige, on donne une inclinaison plus ou moins forte aux pans de la toiture et on ne la recouvre que de matériaux bien lisses. On a renoncé avec raison aux toits de chaume des habitations de la campagne. Le chaume protège mal de l'humidité, est très inflammable et devient rapidement un repaire de vermine. Les meilleurs matériaux de couverture sont les tuiles, qui isolent mieux l'habitation de la température extérieure que les ardoises et surtout que les revêtements métalliques.

L'eau des toits s'écoule au bord libre des pans dans des chéneaux ou des gouttières métalliques, qui les déversent dans des tuyaux de décharge bien étanches. Les gouttières doivent avoir une pente suffisante et ne pas laisser stagner l'eau, sinon les moustiques pourraient y pulluler. C'est là une cause fréquente et peu connue de la présence dans une maison de ces hôtes désagréables, à Paris en particulier. Une canalisation souterraine amène les eaux de pluie loin de l'habitation ; on évite ainsi l'écoulement direct de ces eaux sur le sol qui entoure la maison et, en complétant de cette façon la précaution déjà prise de recouvrir le sol au pourtour des murs d'un pavage ou d'un revêtement imperméable, on préserve le sous-sol de l'habitation d'une des principales sources d'humidité.

CHAPITRE III

HYGIÈNE DE L'HABITATION

AÉRATION; CHAUFFAGE; ÉCLAIRAGE

La maison est construite, voyons maintenant comment l'aérer, la chauffer et l'éclairer d'une façon hygiénique.

AÉRATION

Nous avons déjà dit que l'atmosphère des espaces clos s'altérait rapidement, lorsque des êtres vivants y séjournaient, du fait des échanges indispensables à la vie elle-même. Il est nécessaire de renouveler par la ventilation l'air des habitations, de façon à ce que les occupants puissent y subsister sans inconvénient pour leur santé.

L'aération a donc pour premier but de fournir un renouvellement d'air suffisant pour que les habitants puissent respirer continuellement une atmosphère salubre. Quelle est la quantité d'air nécessaire pour atteindre ce but? Comment dans la pratique peut-on déterminer que l'air d'un espace clos est vicié et a besoin d'être renouvelé?

Des chiffres fournis par les différents hygiénistes,

il ressort qu'on peut estimer à peu près à 75 mètres cubes par tête et par heure la quantité d'air frais à introduire dans un espace clos.

D'autre part on peut déterminer le degré d'impureté de l'air par la quantité d'acide carbonique qu'il contient, ce gaz ne devant pas dépasser la proportion de 0,6 p. 1 000. Mais cette évaluation exige une analyse chimique. Empiriquement on peut dire que quand l'atmosphère d'une pièce commence à prendre l'odeur de renfermé, elle n'est plus salubre et doit être renouvelée.

Pour que la santé des habitants n'en souffre pas, il faut que ce renouvellement d'air se fasse sans abaisser trop fortement la température du local, et sans provoquer des courants d'air assez rapides pour devenir incommodes. Pour réaliser ces deux conditions il faut que la ventilation soit lente, que l'air extérieur ne fasse pas une brusque irruption dans la pièce, qu'il n'y pénètre que par petites quantités à la fois. De plus la consommation d'air restant toujours la même pour un individu, plus l'espace dans lequel il est enfermé sera étendu, moins la viciation de l'atmosphère sera rapide et moins son renouvellement aura besoin d'être fréquent. Par suite la ventilation s'opérera plus favorablement pour les occupants, dans les pièces suffisamment spacieuses, que dans les locaux d'une capacité très réduite.

Mais le rôle hygiénique de la ventilation est-il limité à un simple apport d'air pur?

Nous avons indiqué dans un chapitre précédent l'heureuse influence des vents sur l'atmosphère libre des villes, dont les impuretés sont de la sorte emportées au loin. N'en est-il pas de même dans les espaces clos et la ventilation ne suffit-elle pas encore ici à débarrasser leur atmosphère des poussières qui la souillent?

L'expérience a montré que dans un local fermé les poussières les plus ténues et les plus légères restent suspendues dans l'atmosphère sous l'influence des moindres agitations de l'air (poussières flottantes); tandis que les particules les plus volumineuses et les plus lourdes restent déposées sur les meubles, la partie inférieure des parois et les planchers (poussières dormantes). On a pu déterminer par une série d'expériences que pour entraîner hors d'une pièce une faible partie des poussières flottantes, il faut y renouveler l'atmosphère au moins six ou sept fois par heure; que pour évacuer la presque totalité de ces poussières flottantes, il faut établir une violente chasse d'air, en laissant portes et fenêtres grandes ouvertes pendant deux minutes.

Par contre, la ventilation la plus énergique n'a pas d'influence sensible sur la quantité des poussières dormantes.

Or, les microbes de l'atmosphère paraissent adhérer surtout aux particules qui constituent les poussières dormantes. Si en effet dans une pièce on soulève toutes ces poussières en masse en pratiquant un énergique balayage à sec, en battant les meubles et les tentures, on constate bien par l'analyse bactériologique de l'air que c'est à ce moment qu'il est le plus riche en microbes. Mais après cette opération le nombre des microbes de l'air diminue rapidement à mesure que les poussières dormantes se déposent. On ne peut donc compter sur la ventilation pour débarrasser l'atmosphère d'une pièce des germes des maladies contagieuses qu'elle peut contenir. C'est tout au plus si de violents courants d'air auraient quelque efficacité à ce point de vue, au moment même où on vient de soulever mécaniquement toutes les poussières en masse. Un nettoyage à la serpillière humide reste toujours beaucoup plus efficace, car il enlève les poussières dormantes qui se fixent au linge, et cela sans exposer la personne, qui opère, au danger d'absorption par les voies respiratoires d'un nombre incalculable d'impuretés de l'air.

Après avoir indiqué quelle est l'étendue et quelles sont les limites du rôle sanitaire de la ventilation de l'habitation, nous allons passer en revue les divers moyens qu'on emploie pour la réaliser.

Le moyen le plus simple, qui en même temps n'est pas le moins efficace, consiste à ouvrir largement les fenêtres de la pièce qu'on veut aérer. On sait en effet que l'air extérieur et celui de l'intérieur d'un local clos présentent pendant presque toute l'année un écart de température sensible, qui détermine une différence de densité proportionnelle. Mais l'équilibre tend à se rétablir entre les deux milieux, par échange de courants d'air, à la condition qu'il y ait communication entre les milieux et d'autant plus rapidement que ces communications sont plus larges.

Lorsque dans une pièce on entr'ouvre une seule fenêtre, il est facile de s'assurer au moyen d'une bougie allumée que la flamme s'incline vers le dehors quand on la présente en haut de l'ouverture, et qu'elle s'incline vers l'intérieur lorsqu'on la place en bas, à la condition que la température du local soit plus élevée que celle de l'air extérieur. Cela signifie que l'air chaud de la pièce plus léger tend à sortir à la partie supérieure de l'ouverture, tandis que l'air froid du dehors plus lourd pénètre à la partie inférieure. Les résultats seraient inverses si la température était moins élevée au dedans qu'extérieurement. Il suffit donc d'une fenêtre entr'ouverte pour produire déjà une ventilation très appréciable, qui renouvelle rapidement l'air d'une pièce.

Avec un vent ne parcourant pas plus d'un mètre par seconde et par conséquent très faible, il entre, par deux croisées de deux mètres carrés de surface chacune, placées sur la même façade, 66 mètres cubes d'air par minute. Si les mêmes ouvertures sont opposées, c'est-à-dire placées vis-à-vis l'une de l'autre, il pénètre dans la pièce 240 mètres cubes d'air par minute. Ces chiffres indiquent combien il faut peu de temps pour renouveler complètement l'atmosphère d'un local dont les fenêtres sont largement ouvertes; ils font ressortir en même temps la puissance et l'efficacité toutes particulières de la ventilation par des fenêtres opposées. Aussi cette disposition est-elle plus hygiénique; elle est particulièrement recommandée pour les habitations collectives (casernes, écoles, etc.).

Mais de pareilles chasses d'air extérieur ne tardent pas à ramener la température de la pièce au niveau de celle du dehors, ce qui n'est pas sans inconvénients, surtout lorsqu'il fait froid. On ne peut donc pratiquer ce mode de ventilation que durant quelques minutes et de préférence lorsque le local n'est pas occupé. De plus son efficacité n'est que temporaire, et il faut renouveler cette *ventilation intermittente* plusieurs fois par jour. Dans les casernes et les écoles on prescrit avec raison de laisser les fenêtres ouvertes pendant le temps que les locaux ne sont pas occupés.

Le désir de fournir constamment de l'air pur aux tuberculeux a conduit les médecins à recommander pour ces malades l'aération permanente des pièces où ils se tiennent. Les résultats ont été très satisfaisants chaque fois que cette méthode a été appliquée d'une façon rationnelle. Aussi est-il devenu de mode d'adopter l'aération nocturne même pour les personnes bien portantes. La difficulté est d'arriver à doser convenablement la quantité d'air qu'il faut laisser pénétrer dans la pièce, de façon à éviter le refroidissement trop prononcé de l'atmosphère intérieure, soit que l'air extérieur reste trop froid pendant toute la nuit, soit qu'il se produise à certaines heures un abaissement brusque de température trop marqué. A notre avis il n'est pas prudent de laisser en permanence une fenêtre entr'ouverte pendant toute la nuit, même lorsqu'on prend la précaution indispensable d'en masquer l'ouverture au moyen d'un rideau léger. La quantité d'air, ainsi introduite est trop considérable, pour éviter des écarts très marqués de température en hiver lorsque l'air extérieur est constamment froid, au printemps et en automne lorsqu'il se fait un refroidissement brusque de l'atmosphère vers le matin. Ce n'est guère qu'en été que cette pratique pourrait subsister sans inconvénient. Il vaut donc mieux n'utiliser pour l'aération nocturne des chambres à coucher que des entrées d'air, dont on pourra régler la capacité, comme nous en décrivons plus loin à propos de l'aération permanente. Nous ajouterons, pour épuiser cette question de l'aération nocturne, qu'il ne faut l'appliquer qu'avec une grande circonspection aux personnes âgées, très sensibles aux refroidissements, ainsi qu'aux arthritiques, sujets aux douleurs et aux névralgies. En résumé la ventilation des locaux au moyen des fenêtres ouvertes est un moyen excellent de renouveler l'air de l'habitation qui ne peut être appliqué, en général, que d'une façon intermittente et ne peut être répété assez fréquemment pour assurer constamment la pureté de l'atmosphère intérieure.

Comment est-il donc possible d'établir une *ventilation permanente* convenable dans les conditions habituelles d'habitation? Supposons d'abord le cas, de beaucoup le plus fréquent, d'une pièce munie d'un appareil de chauffage (cheminée ou poêle) qui s'ouvre d'une part dans l'intérieur du local et communique de l'autre avec l'air extérieur au moyen du tuyau de fumée qui le surmonte. L'aération continue y est réalisée naturellement, d'une façon plus ou moins suffisante, il est vrai, mais sans dispositif spécial et le plus souvent à l'insu des habitants. Nous avons déjà vu en effet que chaque fois que la température du dehors présente un écart sensible avec celle de la pièce, ce qui est la règle, et qu'il y a communication entre les deux atmosphères, il s'établit un double courant d'air qui tend à équilibrer les températures extérieures et intérieures et à renouveler l'air du local. Cette communication reste toujours assurée, alors même que tous les orifices sont fermés, par les joints des fenêtres et des portes d'une part, par le tuyau de fumée de l'autre. La température étant plus élevée dans les habitations qu'au dehors pendant la plus grande partie de l'année, (sauf pendant les chaleurs de l'été), l'air extérieur pénétrera d'une façon continue dans les pièces par les orifices inférieurs (joints des portes et des fenêtres) et remplacera un volume égal d'air intérieur plus chaud qui sortira par l'orifice du foyer et par le tuyau de fumée aboutissant au-dessus du toit de la maison. Ce courant sera considérablement accéléré, si on produit un appel énergique vers le foyer, en y faisant du feu. Il deviendra inverse si la température de la pièce s'abaisse au-dessous de celle de l'air extérieur, comme cela peut arriver en été. L'air intérieur sortira alors par les joints des portes et fenêtres et sera remplacé par l'air extérieur, qui pénétrera par le tuyau de fumée.

De toutes façons il se produira une ventilation d'autant plus énergique que les joints seront mal clos et l'orifice du foyer plus large. La ventilation produite par une cheminée sera donc considérablement plus efficace que celle que détermine l'étroite ouverture d'un poêle. Elle est des plus actives dans les vieilles demeures aux fenêtres et portes mal jointes et aux vastes cheminées, mais non sans inconvénients, car elle produit en même temps des courants d'air froid qui traversent incessamment la partie inférieure de la pièce et ne laissent pas d'incommoder les habitants. Ceux-ci n'ont d'autre ressource que de se placer devant le feu, mais s'ils se grillent d'un côté, ils restent glacés de l'autre. Dans les habitations modernes les orifices des foyers de chaleur (cheminées ou poêles) sont beaucoup plus réduits, les joints des portes beaucoup mieux fermés; aussi la ventilation, moins active il est vrai, s'opère-t-elle par ces voies sans trop d'incommodité pour les occupants. Il faut même éviter de la réduire encore

comme on le fait trop souvent en multipliant les bourrelets placés sur les joints des fenêtres et en obstruant
d'une façon hermétique les tabliers des cheminées
ou les portes des poêles lorsqu'on n'y fait pas de feu.

Ce mode si naturel et si simple de ventilation de
l'habitation est-il suffisant? On peut répondre affirma-
tivement lorsqu'il s'agit de locaux spacieux, munis
d'ouvertures nombreuses, occupés par un petit nombre
d'habitants, si, de plus, l'on a soin d'en ouvrir les
fenêtres largement pendant quelques minutes aux
heures les moins froides de la journée et de renouveler ainsi complètement toute l'atmosphère intérieure
à plusieurs reprises quotidiennement. Est-ce à dire
pour cela que la répartition de l'air pur se fasse également dans toutes les parties de la pièce avec ce mode
de ventilation qui n'utilise que les entrées et les sorties
d'air qu'on retrouve dans presque tous les locaux?
C'est ce que nous allons examiner maintenant.

Dans un local clos, habité, l'air vicié s'échauffe et se
charge de vapeur d'eau du fait des échanges respiratoires des occupants. Il devient plus léger que l'air qui
pénètre du dehors, et il a tendance à s'élever et à se
concentrer à la partie supérieure de la pièce. C'est donc
à ce niveau qu'il devrait trouver des orifices d'évacuation lui permettant de s'écouler au dehors.

Inversement l'air pur extérieur, qui vient remplacer
l'air vicié, étant plus froid et par suite plus lourd,
devrait pénétrer à la partie inférieure de la pièce, pour
prendre la place des gaz usés, qui s'élèvent, sans se
mêler à eux. Les orifices d'entrée de l'air neuf ont donc
leur place toute indiquée immédiatement au-dessus du
plancher.

Un pareil dispositif réalise la *ventilation ascendante*, la seule normale, puisqu'elle reste en accord avec les lois physiques des milieux qui interviennent.

De plus, pour que la ventilation soit complètement efficace, il faut que les orifices d'entrée et de sortie de l'air soient placés de telle façon qu'en allant normalement de l'un à l'autre, l'air nouveau diffuse également dans toutes les parties de la pièce. Il est donc indispensable de les établir sur des parois opposées. La figure 4 montre comment ils doivent être disposés.

Ces conditions se trouvent-elles réalisées lorsque la ventilation n'est assurée que par les courants d'air qui s'établissent entre les joints des portes et fenêtres

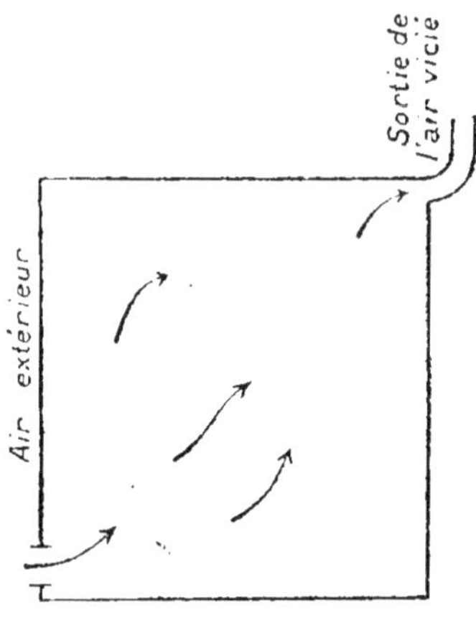

Fig. 4. — Ventilation ascendante.

d'une part et le tuyau de fumée de l'autre? L'air neuf passant par les mal-joints des cadres des portes et des fenêtres pénètre à la partie inférieure et moyenne de la pièce. L'orifice de sortie (foyer de la cheminée ou du poêle) se trouvant placé très peu au-dessus du plancher l'air neuf maintenu en bas par sa forte densité aura tendance à s'écouler directement par cette issue, avant d'avoir remplacé l'air vicié maintenu dans les parties élevées par sa légèreté (fig. 5). On obtiendra ainsi une *ventilation horizontale*, conservant dans la pièce une zone supérieure A, où l'air constamment impur ne pourra être renouvelé qu'aux moments où on établira une forte chasse d'air, portes et fenêtres ouvertes.

Dans la fig. 5 nous avons placé les fenêtres et l'orifice du foyer sur deux parois opposées de la pièce. Mais tel n'est pas toujours le cas. Supposons que, comme on peut le constater dans certaines des plus belles pièces d'habitations luxueuses, la cheminée soit placée entre les deux fenêtres, sur la même paroi qu'elles. Comment va se faire la ventilation ? L'air pur du dehors pénétrant par les joints des fenêtres tendra à gagner l'orifice de la cheminée par les voies les plus courtes et, loin de traverser la pièce, ne se répandra que dans un espace très limité. Ce sera l'air pénétrant par les portes, placées sur les autres parois, qui seul traversera toute la largeur de la pièce. Or, cet air provient de la cage de l'escalier, des vestibules et corridors, des pièces voisines ; il est déjà plus ou moins vicié et ne saurait à lui seul assurer une ventilation salubre. En résumé, pour que la chambre soit entièrement traversée par de l'air pur, venant directement du dehors, il est indispensable que les fenêtres d'une part, le foyer de chaleur de l'autre soient placés sur des parois opposées de la pièce.

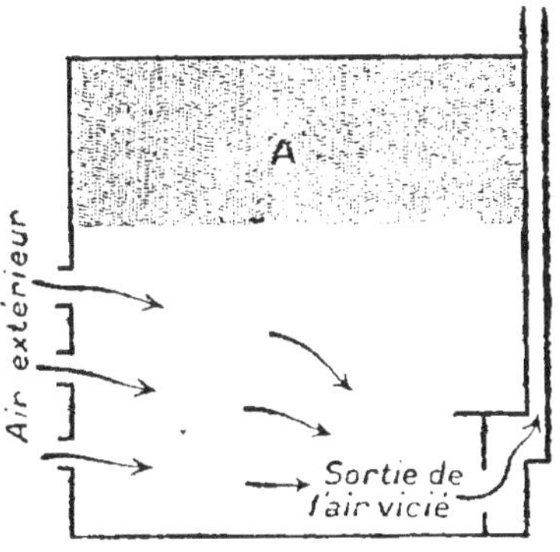

Fig. 5. — Ventilation par les joints des fenêtres et la cheminée.

D'autre part est-il possible d'éviter la formation à la partie supérieure de la pièce de cette zone stagnante d'air vicié, que nous avons signalée plus haut ?

Il semble qu'on puisse obvier à cet inconvénient au moyen d'un dispositif peu compliqué. On entoure le tuyau de fumée d'une gaine de sortie de l'air partant un peu au-dessous du plafond de la pièce, pour s'ouvrir au dehors au-dessus du toit de l'habitation. Des orifices font communiquer le bas de cette gaine avec la partie supérieure de la pièce (fig. 6). La différence de température du local et de l'extérieur suffit déjà à assurer la plupart du temps un courant ascendant qui entraîne l'air vicié accumulé sous le plafond. Ce courant sera bien plus énergique encore quand il y aura du feu dans le foyer et que la gaine d'air s'échauffera au contact du tuyau de fumée.

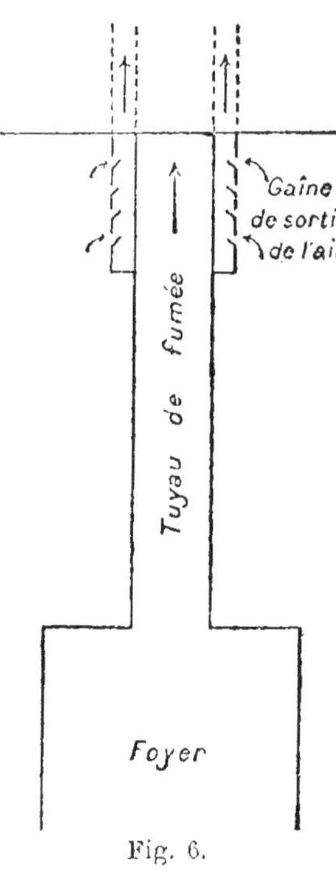

Fig. 6.

Plus simplement, on peut ouvrir dans le tuyau de fumée près du plafond une ventouse sur laquelle le courant chaud de la cheminée fait appel et, par suite, où s'écoule par aspiration l'air vicié. Pour éviter le refoulement de la fumée dans la pièce, on munit l'orifice d'évacuation d'un ventilateur Renard (fig. 7), dans lequel un rideau de soie formant clapet se soulève pour laisser passer aisément l'air de dedans en dehors, mais s'applique sur un grillage et fait occlusion dès qu'il y a refoulement de dehors en dedans.

Avec l'addition de l'un ou l'autre de ces dispositifs la ventilation devient bien plus efficace et plus complète. Une partie importante d'air neuf s'écoule toujours après avoir traversé la pièce, par l'orifice du foyer, où l'appel est de beaucoup le plus énergique ; mais l'air vicié de la partie supérieure de la pièce trouve un facile écoulement au dehors et est forcément remplacé par de l'air pur.

Dans le cas où on jugerait utile d'avoir un apport d'air neuf supplémentaire plus ou moins considérable suivant les besoins, on ferait aisément percer dans le mur de façade une ou plusieurs entrées d'air (ventouses), aboutissant au bas de la pièce,

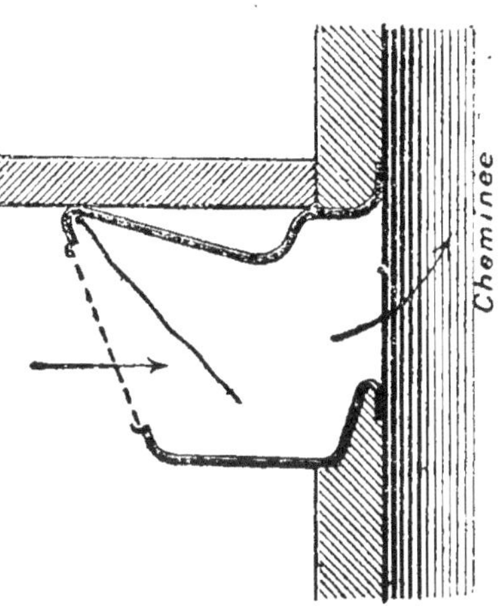

Fig. 7. — Ventilateur Renard.

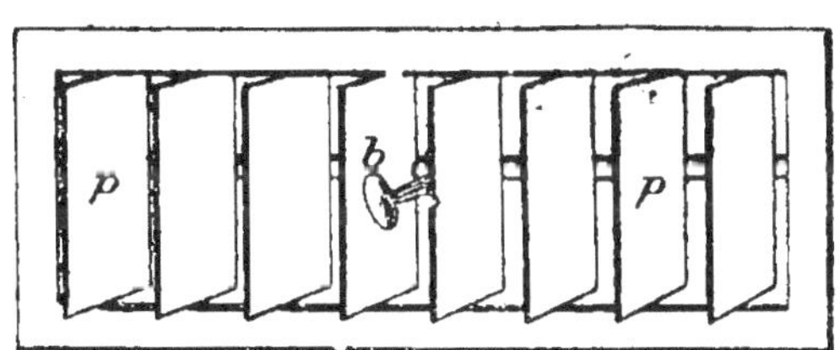

Fig. 8. — *b*, bouton permettant d'ouvrir ou de fermer les persiennes.

près du plancher (au rez-de-chaussée elles seraient placées non au ras du sol, mais un peu au-dessus). On dispose aux orifices des fermetures mobiles, à persiennes par exemple (fig. 8), et on peut ainsi régler l'admission d'air pur, en augmentant ou en diminuant l'aire des ouvertures.

Ces bouches d'air supplémentaires nous semblent indispensables dans les chambres où on désire pratiquer rationnellement l'aération continue. La facilité de régler l'apport d'air neuf suivant la température extérieure, suivant les susceptibilités individuelles, pendant la longue période de l'année où il pourrait être imprudent de laisser une fenêtre entr'ouverte, devrait en faire généraliser l'installation, partout où on traite des tuberculeux.

On a bien songé à placer différemment les orifices d'entrée de l'air et, puisque l'ouverture de sortie (foyer de cheminée) est immuablement fixée au bas de la pièce, on a systématiquement élevé les points de pénétration de l'air extérieur, en les plaçant en haut des fenêtres (imposes mobiles, vitres à persiennes, vitres parallèles à ouvertures contrariées, vitres perforées) ou à la partie supérieure de la paroi de la façade (corniches ventilatrices ou briques perforées). On a pensé obtenir ainsi une complète diffusion de l'air de la pièce qui, avec ce dispositif, traverserait la pièce à la fois dans sa profondeur et dans sa hauteur. Ce mode d'aération (fig. 9) a très justement reçu le nom de *ventilation renversée*, car il lui faut lutter contre les forces naturelles qui tendent au contraire à faire monter à la partie supérieure du local l'air usé, qui s'est échauffé du fait de son séjour prolongé dans la pièce et par suite des échanges respiratoires des habitants. Nous pensons qu'en forçant ainsi la nature, on ne peut que retarder l'expulsion de l'air vicié A' A', ce qui présente l'inconvénient de maintenir les occupants dans une atmosphère qui rencontre des obstacles à son renouvellement complet. Toutes nos préférences restent incontestablement à la ventilation ascendante.

Les conditions de la ventilation se trouvent sensiblement modifiées quand l'équilibre tend à se faire entre les températures extérieure et intérieure. A mesure que l'appel d'air diminue, l'aération devient de plus en plus insuffisante. Si la température de l'espace clos devient inférieure à celle de l'atmosphère libre, comme cela se voit dans les chaudes journées de l'été, il se produit même des refoulements dans le tuyau de fumée. Mais ces inconvénients ne se présentent que lorsque

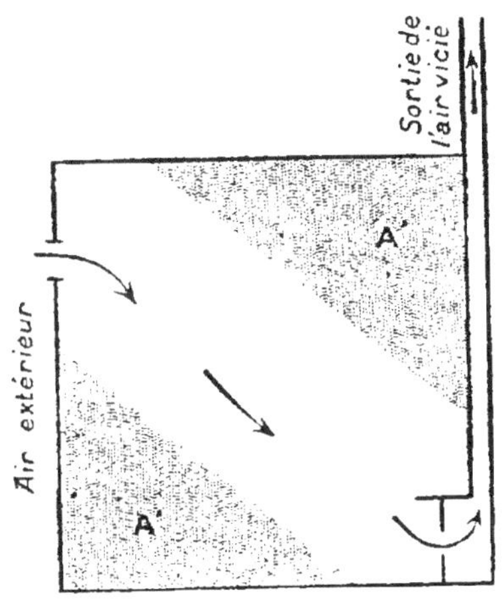

Fig. 9. — Ventilation renversée.

la température extérieure est élevée, et il est bien facile de remédier à l'insuffisance de la ventilation permanente en assurant le renouvellement de l'air par la large ouverture des fenêtres aux heures les plus fraîches de la journée. Si même cette ressource venait à manquer, dans une chambre de malade par exemple où on jugerait inopportun de pratiquer une ventilation intermittente trop énergique, il serait aisé de rétablir le cours normal de l'aération en laissant à demeure dans le foyer de la cheminée une simple lampe allumée. L'échauffement de l'air du tuyau de fumée, qui en résulterait, suffirait à ranimer ou à provoquer l'activité du courant ascendant d'air vicié et à rétablir normalement l'appel d'air pur.

On a songé à utiliser des systèmes spéciaux de cheminées ou de poêles (*cheminées ou poêles ventilateurs*) pour réaliser une ventilation très active de l'habitation, en établissant une aspiration directe de l'air neuf qu'ils puisent au dehors et de l'air vicié qu'ils rejettent au-dessus des toits. La figure 10 indique le mécanisme de cette ventilation. L'air extérieur est aspiré à travers une conduite, qui prend contact avec le foyer de chaleur. Celui-ci en échauffant l'air de la conduite produit l'aspiration. L'air neuf, ainsi chauffé, monte à la partie supérieure de l'appareil où il trouve des orifices qui lui permettent de se répandre dans la pièce. Le tuyau de fumée est entouré d'une gaine de sortie de l'air, qui s'ouvre à sa partie inférieure et qui par cet orifice aspire l'air vicié et le conduit au-dessus de la toiture, où il se mêle à l'atmosphère libre. La situation de l'orifice de sortie de l'air, tout près du plancher, est très défectueuse à notre avis, l'air vicié ayant toujours tendance à s'accumuler à la partie supérieure de la pièce. A dire vrai, il serait facile de remédier à cet inconvénient en plaçant l'ouverture de la gaine de sortie de l'air près du plafond, et de substituer ainsi la ventilation ascendante à la ventilation renversée. Mais l'aspiration directe de l'air neuf par un appareil de chauffage constitue une méthode encore défectueuse à un autre point de vue. L'air de la conduite d'entrée est surchauffé au niveau du foyer de combustion, l'enveloppe métallique brûle les poussières entraînées, ce qui donne une odeur désagréable et des propriétés irritantes pour les voies respiratoires à l'air qui peut de plus être souillé par le mélange des gaz toxiques du foyer, s'il se produit quelque fissure laissant communiquer celui-ci avec le tuyau d'air. La teneur en oxygène est d'ailleurs diminuée du fait de l'élévation de la température. Enfin ce mode de ventilation ne

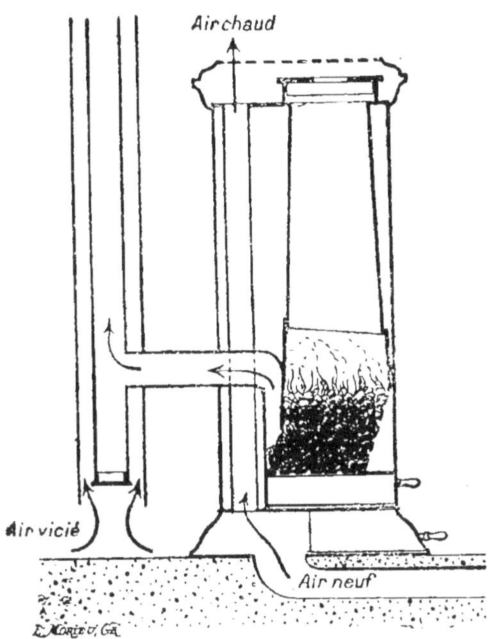

Fig. 10. — Poêle ventilateur.

fonctionne plus dès qu'on cesse de faire du feu.

Il faut donc ne pas trop se laisser séduire par ces prétendus perfectionnements et, dans les conditions habituelles de l'habitation, se contenter de la ventilation qui s'opère spontanément par les joints des portes et fenêtres et le foyer de combustion, en n'annihilant pas, bien entendu, leur influence salubre par l'adjonction intempestive de bourrelets trop hermétiques et quitte à y adjoindre quelques ouvertures accessoires pour l'entrée et la sortie de l'air, comme nous l'avons indiqué plus haut.

Dans les logements des ouvriers et surtout des indigents, bien que le cube d'air individuel se trouve en général très réduit, les dimensions du local étant le plus souvent restreintes et le nombre des occupants trop considérable, ces moyens d'aération pourraient encore ne pas être par trop insuffisants, si les habitants comprenaient qu'il est de l'intérêt de leur santé de renouveler fréquemment l'air par l'ouverture des fenêtres. Malheureusement le désir de conserver en hiver dans le local une température élevée, en brûlant le moins de combustible possible, les conduit en général à réduire l'aération au minimum en bouchant tous les joints et en n'ouvrant plus les fenêtres.

Envisageons maintenant les cas où il n'existe ni cheminée, ni poêle dans la pièce. Chaque fois qu'un local ne renferme pas de foyer de combustion, dont le tuyau de fumée puisse servir à écouler au dehors l'air vicié, il faut de toute nécessité établir des orifices d'entrée et de sortie de l'air, sans quoi la ventilation deviendrait impossible. Cette règle est cependant fréquemment méconnue, puisqu'on voit trop souvent encore des bouches de calorifère à air chaud s'ouvrir dans des locaux où il n'a pas été prévu d'orifice d'évacuation de l'air. De toutes façons d'ailleurs l'air introduit par un calorifère à air chaud est malsain. Il a été soumis à une température beaucoup trop élevée au contact des surfaces de chauffe et présente tous les inconvénients que nous avons signalés à propos de l'air qui a traversé un poêle ventilateur.

Avec les systèmes de chauffage par la vapeur ou l'eau chaude il est au contraire facile de réaliser une ventilation parfaitement salubre. En supposant des orifices d'entrée de l'air munis de fermetures mobiles un peu au-dessus du plancher et des bouches de sortie [1] (avec ventilateur Renard) au-dessous du plafond sur la paroi opposée, on obtiendra une ventilation ascendante régulière. De plus en plaçant les radiateurs au-devant des orifices d'entrée de l'air, on portera celui-ci à une température agréable sans être trop élevée, ce qui permet d'introduire une grande quantité d'air pur, sans refroidir la pièce. Lorsque les appareils de chauffage ne fonctionneront pas, l'aération continuera à se faire, moins active il est vrai, grâce à la disposition rationnelle des ouvertures laissant pénétrer et sortir l'air.

La ventilation n'est pas seulement utilisée pour fournir de l'air pur aux locaux fermés, elle peut servir aussi à l'évacuation de vapeurs et de gaz incommodes ou dangereux. Dans les cuisines on arrive, grâce à la chaleur du fourneau, à provoquer un courant d'air ascendant qui évacue les vapeurs odorantes, qu'on collecte sous une hotte (fig. 11) de façon à les diriger vers un orifice de sortie qui débouche soit dans une conduite engainant le tuyau de fumée, soit dans celui-ci même.

Dans les fosses d'aisances, la fermentation des

---

1. Les orifices de sortie de l'air communiquent nécessairement avec une conduite d'évacuation spéciale s'élevant au-dessus du toit de l'habitation et surmontée, au besoin, de mitres ou de capes à vent pour empêcher les refoulements provoqués par le vent.

matières dégage une énorme quantité de gaz méphitiques. Pour les évacuer au-dessus du toit, afin que leur odeur ne soit pas incommodante, on installe un tuyau de ventilation qui, partant de l'intérieur de la fosse, s'ouvre à l'air libre au faîte de l'habitation (tuyau d'évent). La température du contenu de la fosse reste élevée par suite de la fermentation et les gaz qui ont tendance à monter, s'évacuent généralement bien par ce tuyau. Mais quand la température extérieure

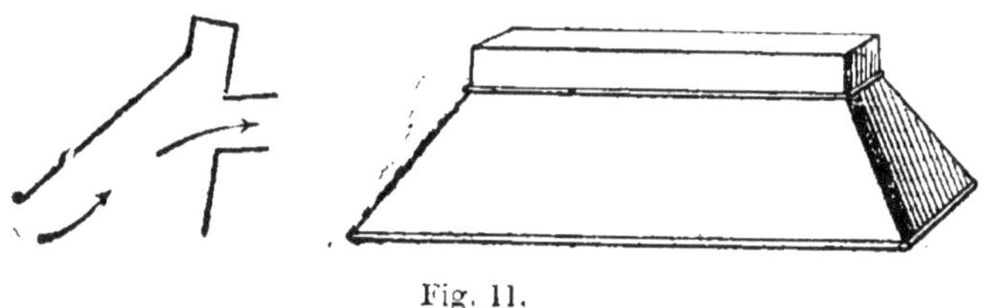

Fig. 11.

est très chaude, ce courant peut se renverser, refoulant les gaz dans les cuvettes des cabinets, après avoir forcé l'obturation incomplète de la soupape. Pour parer à cette désagréable éventualité, il sera bon d'adosser le tuyau d'évacuation des gaz de la fosse à la cheminée d'un foyer fonctionnant toute l'année, celui de la cuisine par exemple : la chaleur dégagée par ce voisinage assurera dans le tuyau de ventilation la régularité du courant ascendant.

CHAUFFAGE

L'organisme humain produit chaque jour une quantité de chaleur énorme, capable d'élever de 10° la température de 300 litres d'eau. Une faible partie de cette chaleur est transformée en travail mécanique, tout le reste est utilisé à maintenir le corps humain à une température constante voisine de 37°. C'est assez dire combien l'homme a intérêt à lutter contre toute déperdition de chaleur; aussi, physiquement moins bien protégé que les animaux, a-t-il dû faire appel à son industrie et recourir à des moyens artificiels : le vêtement, l'habitation, pour s'abriter des intempéries de l'atmosphère.

Pour augmenter l'efficacité de la protection que lui offrait l'habitation, il a peu à peu appris à lui choisir un emplacement abrité de la pluie et des vents froids, longtemps exposé aux rayons solaires; il a su reconnaître les qualités isolantes de certains matériaux, avec lesquels il a construit les parois extérieures de son abri; il a donné à celles-ci l'épaisseur nécessaire pour diminuer encore l'influence réfrigérante du milieu extérieur. Obligé de ménager des orifices, pour permettre à l'air et à la lumière de pénétrer dans sa demeure, il les a fermés de châssis mobiles garnis de verre, pour laisser entrer le jour en restant maître de la quantité d'air extérieur à introduire dans l'habitation. Dans certains pays il a dû même renforcer cette barrière contre les attaques de l'air glacé du dehors et établir des fenêtres doubles, au détriment, il est vrai, du renouvellement spontané du milieu atmosphérique intérieur.

Mais ces moyens de défense, tout précieux qu'ils soient, restent insuffisants pour assurer une température convenable et égale dans l'habitation, lorsque la température extérieure s'abaisse au-dessous d'une certaine limite. Il a fallu, pour ces cas, recourir à l'élévation de la température intérieure par le chauffage artificiel.

Le problème ainsi posé, on ne doit pas croire que sa solution soit simple et facile, à en juger par le temps qu'il a fallu à l'homme pour trouver des procédés de chauffage pratiques et efficaces et par les difficultés qu'on rencontre encore actuellement à établir des appareils répondant à la fois aux besoins de ceux qui les utilisent, aux moyens dont ils disposent et aux exigences de l'hygiène.

Pour faire face à toutes les nécessités, le chauffage de l'habitation doit fonctionner sous un certain nombre de *conditions hygiéniques* de première importance.

La température doit être maintenue dans des limites favorables à la santé humaine. L'adulte robuste et bien portant n'a pas besoin d'une température très élevée; 12 à 14 degrés lui suffisent. Les enfants, les vieillards, les malades réclament une moyenne plus élevée (16 à 18°). D'une façon générale les températures extrêmes de l'habitation ne devraient pas monter au-dessus de 20°, ni s'abaisser au-dessous de 10°.

La température doit être uniforme dans toutes les parties de la pièce chauffée. Cette condition est particulièrement difficile à remplir et on peut dire qu'on ne pourra jamais y satisfaire d'une façon absolue, si l'on songe que la température variera forcément : suivant le voisinage des parois échauffées par la contiguïté d'un local où brûle déjà du feu, ou au contraire refroidies par le contact de l'air extérieur; suivant l'élévation au-dessus du plancher (l'air chaud ayant toujours tendance à monter, l'atmosphère du bas de la pièce sera toujours plus froide que celle qui se trouve au-dessous du plafond); enfin suivant la distance du point où se trouve le générateur ou le distributeur de chaleur dans la pièce elle-même.

Il importe aussi que la température reste uniforme à toute heure du jour et de la nuit. Ce problème serait réellement insoluble, étant donnés les écarts considérables que subit la température extérieure dans les vingt-quatre heures, si les réserves de chaleur qu'accumulent les murailles épaisses, construites de matériaux bien isolants, ne contribuaient pas pour une bonne part à régulariser la température intérieure.

Il faut encore que les appareils de chauffage donnent la meilleure utilisation possible du combustible, c'est-à-dire qu'ils fournissent le maximum de chaleur avec le minimum de dépense. Nous verrons plus loin que la réalisation de cette condition ne se trouve pas aisément en accord avec les exigences de l'hygiène.

Enfin il est de toute importance que le chauffage n'altère pas les qualités de l'air contenu dans la pièce, qu'à aucun moment les gaz dégagés par la combustion (acide carbonique et oxyde de carbone), ainsi que la fumée ou les poussières du foyer, ne puissent se répandre dans le local.

Ce sont les *combustibles* solides : le bois, la houille, le coke, la tourbe (dans certaines contrées du Nord), qui sont le plus couramment employés dans notre pays. Le bois est assurément le plus hygiénique des combustibles. Il brûle en donnant de belles flammes dont la chaleur rayonnante exerce sur l'organisme une action stimulante et agréable. Malheureusement à poids égal il dégage près de trois fois moins de chaleur que le coke et surtout que la houille. S'il n'est pas parfaitement sec, un quart de la chaleur qu'il dégage est utilisée à la vaporisation de l'eau qu'il renferme. On voit donc que son rendement est extrêmement minime et qu'à cause de son prix élevé, il reste un combustible de luxe (sauf dans les páys de forêts).

Les houilles grasses, qui sont celles qui fournissent le plus de chaleur, dégagent trop de fumée pour l'utilisation domestique. Les houilles maigres et le coke (qui donne un peu moins de chaleur que la houille) sont les combustibles les plus pratiques pour le chauffage de l'habitation.

La tourbe ne donne guère plus de chaleur que le bois à poids égal et dégage en brûlant une odeur assez désagréable. Ce ne sont donc que des raisons économiques qui l'ont fait adopter comme combustible dans certains pays.

Le charbon de bois, qui dégage beaucoup d'oxyde de carbone, ne doit être employé qu'à la cuisine.

Dans les grandes villes, où le gaz d'éclairage est distribué par des services publics, on l'utilise de plus en plus comme combustible, malgré son prix élevé. Certains avantages qu'il présente expliquent cette vogue. Si sa combustion est bien assurée, il brûle sans produire ni cendres, ni suie, ni fumée. La mise en train des appareils de chauffage par le gaz est immédiate et n'exige aucune manipulation préalable; leur fonctionnement ne réclame aucune surveillance, tant que le gaz reste allumé; la combustion est instantanément portée à son maximum; l'extinction des feux ne demande que le temps de fermer un robinet. Mais le gaz présente de graves inconvénients : il forme avec l'air un mélange explosible des plus redoutables; il est toxique par suite de la forte proportion d'oxyde de carbone qu'il renferme; en brûlant il dégage des gaz dangereux. Il faut à notre avis le proscrire impitoyablement des chambres à coucher et de toutes les pièces dans lesquelles le séjour est prolongé. En revanche on l'emploiera utilement comme combustible dans les locaux où il est nécessaire d'élever la température rapidement et pour peu de temps (cabinets de toilette, chambres à bains). Son emploi est également très pratique dans les cuisines où il permet d'obtenir de l'eau bouillante en quelques minutes, de faire cuire, sans allumer le fourneau, des aliments de préparation rapide et d'éviter, dans bien des cas, des pertes inutiles de combustible et de temps.

Les combustibles liquides sont employés quelquefois au chauffage des locaux de faible étendue. Le pétrole a l'inconvénient de dégager trop souvent une odeur désagréable. Quant à l'alcool, il donne un rendement de chaleur trop faible. Les appareils dans lesquels on utilise les combustibles liquides ont été généralement mal compris au point de vue hygiénique; nous en reparlerons plus loin.

Passons maintenant en revue les divers appareils utilisés pour le chauffage de l'habitation.

Le plus répandu, sans conteste, est la *cheminée* ordinaire, dont le foyer ouvert est formé par une cavité adossée au mur ou creusée dans son épaisseur, audessus de laquelle s'élève le tuyau de fumée qui débouche à l'extérieur. Le combustible est placé dans le foyer, le bois élevé sur des chenets, le charbon dans une grille métallique, de façon à ce que l'air arrive audessous et traverse aisément le combustible pour le bien faire brûler; la fumée et les gaz de combustion sont entraînés au dehors par le tuyau qui surmonte le foyer. La chaleur émise est surtout rayonnante et par suite très agréable et très saine. De plus nous avons déjà vu que la cheminée constituait un appareil très actif de ventilation de la pièce. Mais la perte de chaleur avec ce mode de chauffage est énorme. Le foyer ouvert ne renvoie dans le local à chauffer que le quart environ de la chaleur rayonnée fournie par le combustible; le reste est entraîné par le tuyau de fumée et demeure inutilisé. De plus le rendement en chaleur rayonnée ne représente lui-même que la moitié de la chaleur totale dégagée par la houille ou le coke et le quart seulement de celle donnée par le bois. En résumé la cheminée ordinaire n'utilise qu'un huitième de la chaleur produite par la houille ou le coke et un seizième de celle que donne le bois. Encore ces chiffres ne sont-ils exacts que pour les cheminées du type courant qu'on construit actuellement. Les vastes cheminées des anciennes demeures ne permettaient guère à la chaleur de rayonner dans la pièce; elle était presque entièrement entraînée au dehors et il fallait s'installer sur des sièges placés dans l'intérieur même de la cheminée pour bénéficier réellement du feu.

Pour augmenter le très faible rendement des cheminées on a été conduit à en améliorer les dispositions. On place autour du foyer, pour accroître le rayonnement, des pans inclinés de faïence blanche qui renvoient à l'intérieur de la pièce la chaleur qui les frappe. En établissant les faces latérales du foyer de façon à ce qu'elles fassent un angle de 45° avec le tablier de la cheminée et en limitant la profondeur du foyer au tiers de la largeur de l'ouverture du chambranle, on renvoie dans le local une plus grande quantité de chaleur. Enfin en rétrécissant l'orifice par lequel le tuyau de fumée s'abouche dans le foyer, on diminue la vitesse du courant d'air provoqué par le tirage et on l'utilise mieux pour la combustion.

Mais les *cheminées dites « à la prussienne »* ou « cheminées-poêles » fournissent une utilisation sensiblement plus complète et plus économique du combustible. La caisse en tôle, qui contient le foyer, est indépendante de la muraille et fait entièrement saillie dans la pièce. Le tuyau de fumée, qui surmonte cette cheminée, peut être raccordé au conduit d'évacuation placé dans le mur, à la hauteur qu'on veut. La chaleur est donc fournie non seulement par le rayonnement du foyer, mais encore par les parois de la caisse et du tuyau de tôle, sur toute sa hauteur. Ce mode de chauffage peut rendre de grands services dans les habitations modestes, où l'on ne se laissera pas arrêter par le défaut d'esthétique du tuyau apparent. Mais il faut avoir bien soin d'isoler convenablement la caisse du plancher et ne pas se contenter de l'interposition d'une simple plaque de tôle, très insuffisante pour écarter tout danger d'incendie. De plus on fera placer à l'intérieur de la caisse un foyer en terre réfractaire, qui continuera à donner de la chaleur encore quelque temps après que le feu sera éteint et empêchera l'enveloppe métallique extérieure, en s'échauffant trop fortement, de brûler les poussières de l'atmosphère qui viennent en contact avec elle et de répandre cette odeur âcre et désagréable qui est la conséquence de cette combustion. On a pu déterminer en effet que les poussières de l'air commençaient à se décomposer au contact de surfaces de chauffe dont la température n'atteignait que 70°. Entre 76° et 80° cette décomposition devient très marquée et s'accompagne d'un fort dégagement d'ammoniaque ; elle semble plus active quand l'atmosphère de la pièce est chargée d'humidité.

On construit des *cheminées ventilatrices* établies d'après les principes que nous avons indiqués au chapitre de la ventilation et donnant beaucoup plus de chaleur que les cheminées ordinaires, parce qu'elles utilisent à la fois la chaleur du foyer et celle qui est fournie par les parois de l'âtre et par une étendue plus ou moins grande du tuyau de fumée. L'air extérieur est amené par une conduite dans une gaine qui forme manchon autour du foyer et du départ du tuyau de fumée et où il s'échauffe, pour passer ensuite dans la pièce à travers des bouches de chaleur ouvertes sous la tablette de la cheminée (appareil Joly, fig. 12), soit des deux côtés de la cheminée (appareil Fondet). Nous avons indiqué déjà les inconvénients de ce dispositif pour la ventilation de la pièce ; on peut les atténuer en pratiquant au haut de la pièce une ouverture pour la sortie de l'air vicié. A cette condition, les cheminées ventilatrices sont avantageuses, surtout dans les pièces vastes, où un chauffage plus intensif s'impose, tandis que les défectuosités de l'aération restent plus atténuées du fait même de l'étendue du cube d'air de ces pièces.

En terminant ce que nous nous proposions de dire sur les cheminées, nous devons ajouter quelques mots à propos d'un grave inconvénient, qu'elles présentent plus souvent que les autres appareils de chauffage : celui de fumer. Ce n'est pas d'ailleurs la pénétration de la fumée dans un local et la petite incommodité qui en résulte pour les habitants qui constituent le danger, mais bien la présence des gaz toxiques de la combustion qui sont refoulés en même temps que la fumée et mettent en danger la santé et parfois la vie des occupants.

Pour pouvoir remédier au mauvais fonctionnement

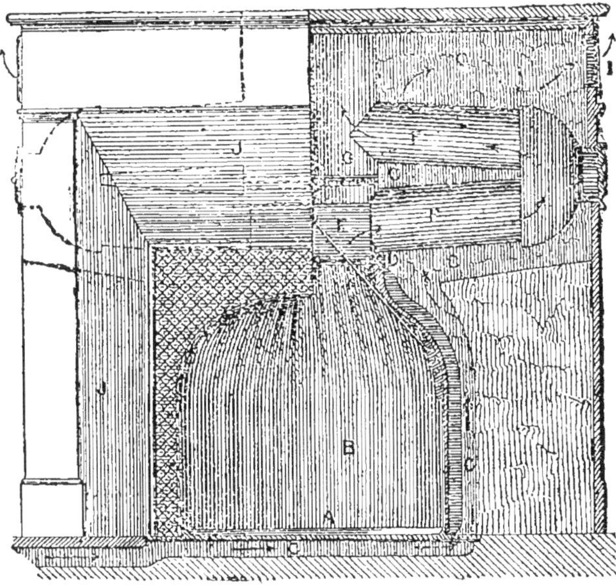

Fig. 12.

de ces appareils, il faut en déterminer les causes. Nous n'indiquerons que les plus fréquentes.

Dans le plus grand nombre des cas, les cheminées fument parce que la quantité d'air neuf introduite dans la pièce est notablement inférieure à celle qui serait nécessaire pour que le courant d'air passant par le foyer et y établissant le tirage, conserve une intensité suffisante et une régularité constante. Pour rétablir un fonctionnement normal de la cheminée, il suffira d'introduire dans le local un supplément d'air neuf au moyen de conduites venant de la façade extérieure.

Il faudra exhausser la partie supérieure du tuyau de la cheminée, si celle-ci fume pour l'une ou l'autre raison suivante : soit que le tuyau de fumée soit trop court (une longueur totale de 8 à 10 mètres est considérée comme nécessaire à un bon tirage), inconvénient que présentent souvent les cheminées de l'étage le plus élevé de l'habitation ; soit que l'extrémité du tuyau, étant dominée par une muraille plus élevée, le vent se réfléchisse en frappant celle-ci et s'engouffre dans la cheminée, en y exerçant un refoulement. Dans ce dernier cas il faut élever le tuyau de fumée jusqu'au-dessus du faîte de la muraille voisine.

Les vents violents en frappant l'extrémité de la cheminée de haut en bas peuvent également faire refluer la fumée dans la pièce chauffée. Les capes à vent sont ici le remède indiqué.

Enfin les gaz de combustion et la fumée peuvent pénétrer dans une pièce par sa cheminée, sans qu'il y ait de feu. C'est qu'alors il existe une communication accidentelle ou non entre la cheminée de la pièce et le tuyau d'une cheminée voisine, où on fait du feu à ce moment. Il s'est ainsi produit assez fréquemment des accidents mortels d'asphyxie. Aussi les règlements de police interdisent-ils qu'un tuyau de fumée desserve plus d'un foyer.

Faisons remarquer à ce propos que la construction des conduits de fumée demande beaucoup de soin et

qu'il est regrettable de constater combien souvent[1]
cette partie cachée de la construction est négligée,
alors qu'elle devrait être établie de façon à assurer
rigoureusement le bon fonctionnement des appareils
de chauffage et à se prêter à un ramonage facile. Du
foyer au faite le conduit de fumée doit monter le plus
droit possible en évitant les coudes ou déviations. La
brique bien cuite, les poteries dures, épaisses, lisses,
s'emboîtant bien l'une dans l'autre, la pierre bien
posée ou régulièrement forée sont les meilleurs matériaux à employer au point de vue de la durée. De plus,
bien jointoyés, ils assurent l'étanchéité indispensable
à des conduits que traversent incessamment des gaz
toxiques.

Les *poêles* sont des appareils bien plus économiques
que les cheminées ordinaires, puisqu'ils utilisent
jusqu'à 70 et même 90 p. 100 de la chaleur dégagée,
tandis que celles-ci ne donnent qu'un rendement de
6 à 12 p. 100. L'orifice du foyer étant très réduit, l'air,
qui pénètre dans un poêle, représente à peu près la
quantité nécessaire à la combustion et non plus cet
énorme courant d'air qui s'engouffre dans une
cheminée et emporte la plus grande partie de la chaleur
dégagée. De plus l'appareil étant généralement placé
tout entier dans la pièce à une certaine distance de
toute paroi, dégage de la chaleur par toutes ses faces
et même par le tuyau de fumée, qui traverse souvent
une partie du local. Mais lorsque les poêles brûlent on
ne voit pas la flamme dont le rayonnemment lumineux

1. A Paris, d'après les constatations du Laboratoire Municipal,
un très grand nombre de tuyaux de fumée sont plus ou moins
fissurés et par conséquent dangereuses.

procure une chaleur si saine et si agréable. De plus, ils ne produisent pas un appel d'air comparable à celui des cheminées et par suite constituent des agents beaucoup moins actifs de ventilation. Leur disposition intérieure et leur valeur hygiénique varient beaucoup suivant que les poêles fonctionnent à combustion vive ou à combustion lente.

Les *poêles à combustion vive* utilisent jusqu'à 75 p. 100 de la chaleur dégagée. L'air nécessaire à la combustion pénètre par une porte à coulisse, qui permet de régler le tirage. Le combustible est maintenu par une grille, au-dessus d'un tiroir métallique, où tombent les cendres. Les constructeurs placent générale-lement sur le parcours du tuyau, une clef destinée à modérer le tirage en cas de besoin. Cette disposition est défectueuse, car il peut y avoir refoulement d'oxyde de carbone dans la pièce chauffée, lorsque le tuyau de fumée est plus ou moins complètement obturé par cette clef. Mieux vaut régler le tirage uniquement par la porte à coulisse.

Les poêles à parois métalliques s'échauffent très vite; ce sont ceux qui fournissent le plus de chaleur; mais dès qu'ils sont éteints ils se refroidissent rapide-ment. De plus si on pousse trop le feu, les parois sont portées au rouge et les habitants ressentent une sensa-tion de malaise que l'on attribue soit au passage d'oxyde de carbone à travers la fonte rougie, soit à la calcination des poussières, soit à la dessiccation de l'air.

Les poêles en faïence, à cause des qualités isolantes de leurs parois, conservent de la chaleur et en dégagent longtemps encore après qu'ils ont été éteints. Ils n'altèrent pas l'atmosphère de la pièce, comme peuvent le faire les poêles métalliques trop chauffés. En revanche ils dégagent près de moitié moins de chaleur, ils sont longs à s'échauffer et parfois se fissurent sous l'action du feu, ce qui laisserait passer dans le local des gaz de combustion.

En construisant des poêles à double enveloppe, l'intérieure métallique, l'extérieure en faïence, on combine les avantages de l'un et l'autre revêtements, tout en diminuant leurs inconvénients respectifs. Il est bon de laisser une mince couche d'air entre les deux enveloppes. De plus il vaut mieux disposer dans la partie métallique un foyer en terre réfractaire, ce qui empêchera la fonte d'être portée à une température trop élevée. Le double revêtement met complètement à l'abri du passage de gaz toxiques.

Les poêles ventilateurs comportent deux enveloppes entre lesquelles passe de l'air venu du dehors, qui s'échauffe au contact des parois du foyer, puis se répand dans l'atmosphère de la pièce par des ouvertures pratiquées à la partie supérieure de l'appareil (fig. 10). Le rendement est très élevé et va jusqu'à 80 p. 100 de la chaleur produite ; mais les objections au point de vue de la ventilation sont les mêmes que celles que nous avions déjà développées à propos des cheminées ventilatrices. Quelques-uns de ces poêles sont construits de façon à emprunter l'air destiné à être chauffé, non plus à l'extérieur, mais à l'atmosphère même de la pièce ; leur fonctionnement augmente donc encore l'impureté de l'air déjà vicié du local.

Les cheminées et les poêles à gaz sont à circulation d'air ; ils sont établis suivant les mêmes principes que les appareils ventilateurs et sont passibles des mêmes critiques. Ils utilisent de 60 à 80 p. 100 de la chaleur dégagée. Nous avons indiqué plus haut qu'il nous paraissait préférable de ne pas placer ces appareils dans des pièces dans lesquelles le séjour est prolongé à cause de la toxicité du gaz et de ses produits de combustion.

On construit aussi de petits poêles à gaz mobiles, qui fonctionnent sans tuyau de fumée. Ces appareils sont absolument insalubres, car ils produisent dans le local où ils brûlent une accumulation d'acide carbonique et probablement aussi d'oxyde de carbone, qui peut provoquer des accidents aigus ou chroniques d'asphyxie. Il en est de même de quelques appareils de chauffage au pétrole ou à l'alcool (poêles ou tables chauffantes), que l'on construit sans conduite de dégagement pour les gaz de combustion.

Ces appareils n'offrent guère moins de dangers que les antiques braseros, encore employés en Espagne et en Italie, ou que les chaufferettes, encore utilisées couramment dans le midi de la France. Les dangers de ces moyens de chauffage ont été récemment bien mis en lumière par une série de cas d'asphyxie produits par des chaufferettes de voiture, dans lesquelles brûlaient des briquettes de charbon de Paris (à combustion lente, mais à dégagement d'oxyde de carbone intense), sans qu'on ait prévu aucun conduit de dégagement des produits de combustion.

On n'en est cependant pas réduit uniquement aux bouillottes à eau chaude, qui se refroidissent trop vite, car on trouve actuellement dans le commerce des bouillottes, qui sont très recommandables au point de vue de l'hygiène, mais sont malheureusement d'un prix élevé. Ces appareils consistent en un récipient métallique, rempli d'acétate de soude contenant 40 p. 100 d'eau de cristallisation et préalablement chauffé à 120° pour obtenir une fusion complète. Chaque fois qu'on veut se servir d'un de ces appareils, il suffit de le laisser immergé dans l'eau bouillante pendant un temps qui varie suivant les dimensions de la bouillotte (de 1/2 heure à 1 h. 1/2). Le sel qui y est enfermé a la propriété d'emmagasiner une grande quantité de chaleur, qu'il dégage ensuite en ne la perdant que peu à peu. L'appareil, en sortant de l'eau bouillante, conserve une température très élevée pendant plusieurs heures (de 6 à 8 h. et plus). Une fois qu'il est refroidi, il suffit de le replacer le temps voulu dans l'eau bouillante, pour qu'il puisse encore resservir.

Il nous faut maintenant aborder la question des *poêles à combustion lente* (poêles mobiles, poêles américains). Ces appareils sont établis de façon à donner le maximum de chaleur avec le minimum de dépense de combustible. La plupart des modèles peuvent être déplacés d'une cheminée à l'autre, pour chauffer successivement plusieurs pièces du même appartement.

Ils sont constitués par une double enveloppe métallique. La partie intérieure, qui reçoit le combustible, se charge par une trémie. Le brasier est au-dessous de la colonne de chargement qui descend progressivement et se consume de bas en haut. L'orifice supérieur du poêle, par lequel se fait le chargement, est fermé par un couvercle très lourd, dont on s'efforce dans certains systèmes de réaliser l'obturation hermétique, soit en l'enfonçant dans du sable, soit au moyen de bourrelets d'amiante, ou d'une occlusion hydraulique. On réduit la circulation d'air au minimum, pour obtenir une combustion très lente, en rétrécissant l'orifice d'admission de l'air et le diamètre du tuyau de fumée.

On arrive ainsi à obtenir un résultat remarquablement économique puisque ces appareils utilisent jusqu'à 90 p. 100 de la chaleur dégagée. De plus ils fonctionnent automatiquement, sans exiger de surveillance; il suffit de renouveler le combustible toutes les douze, ou même toutes les vingt-quatre heures seulement.

De pareils avantages expliquent suffisamment la vogue toujours croissante des poêles à combustion lente, malgré les dangers certains qu'ils font courir à ceux qui les emploient. Passons donc en revue les tares hygiéniques qu'ils présentent.

Leur tirage réduit n'assure qu'un apport d'air de 4 mètres cubes d'air par kilogramme de combustible, alors que 9 mètres cubes suffiraient à peine à transformer tout le carbone en acide carbonique. Il en résulte une surproduction d'oxyde de carbone d'autant plus dangereuse que, le tirage étant réduit, les refoulements des gaz de combustion à l'intérieur de l'habitation se produisent aisément. C'est le cas notamment lorsqu'on déplace ces poêles et qu'on les adapte à une cheminée qui n'est pas encore échauffée : la température de celle-ci étant inférieure à celle de la pièce, il s'établit un tirage renversé, jusqu'au moment où la température du contenu du tuyau de fumée s'est élevée suffisamment. Plus rarement, il est vrai, par suite de fissures de la maçonnerie de la cheminée, les gaz toxiques provenant des poêles à combustion lente peuvent pénétrer dans des tuyaux de fumée voisins et se répandre à d'autres étages et dans des pièces éloignées, où ils déterminent des asphyxies à distance, dont l'origine est parfois impossible à établir.

Malgré tout, les poêles à combustion lente sont aujourd'hui si répandus, qu'on ne parviendrait pas à décider le public à y renoncer. Mieux vaut lui indiquer les précautions à prendre pour en réduire les dangers au minimum.

A notre avis, il faut complètement renoncer à déplacer ces appareils d'une cheminée à l'autre et ne les fixer qu'à une cheminée dont le tirage se sera toujours montré énergique et régulier. Les poêles à combustion lente ne doivent être installés, ni dans les chambres à coucher, ni dans les cabinets de toilette adjacents. On aura toujours soin de fermer pour la nuit les portes des chambres à coucher, communiquant avec une pièce où fonctionne un appareil de ce genre. Ce mode de chauffage n'est applicable aux pièces où on séjourne une bonne partie de la journée qu'à la condition que la ventilation y soit assurée par des orifices constamment et directement ouverts à l'air libre. Dans les maisons de proportions suffisamment restreintes on peut placer à poste fixe dans le vestibule un poêle à combustion lente, dont le tuyau de fumée traversera de bas en haut toute la cage de l'escalier. Celle-ci se trouvera ainsi économiquement chauffée, sans grand inconvénient pour les habitants, car c'est en général la partie la mieux ventilée de ce genre d'habitations.

Au moment d'allumer un poêle à combustion lente, on s'assure que la cheminée attenante a un tirage suf-

fisant en y brûlant du papier, jusqu'à ce que la flamme et la fumée montent bien vers le tuyau. Si cela ne suffit pas, on fait une flambée dans la cheminée. Quand le poêle vient d'être allumé, on laisse l'orifice de réglage largement ouvert pendant un certain temps, pour bien assurer le tirage. Ce n'est qu'après avoir pris cette précaution qu'on peut diminuer convenablement l'entrée de l'air. La cheminée ou le tuyau desservant le poêle doivent être munis d'appareils indiquant constamment le sens dans lequel s'effectue le tirage. Il ne doit pas y avoir de clef sur le tuyau de fumée, car il est dangereux de régler le tirage autrement qu'au moyen de l'orifice d'admission de l'air. Après chaque renouvellement du combustible il faut s'assurer que l'orifice de chargement est hermétiquement fermé et ventiler largement le local, pour en chasser les gaz de combustion qui auront pu s'y répandre pendant cette opération.

Lorsque, malgré toutes ces précautions, il se fait des refoulements persistants, par les grands vents par exemple, il ne faut pas hésiter à éteindre le poêle.

Nous en aurons terminé avec tous les modes de chauffage local, c'est-à-dire où le foyer est dans la pièce même qu'il s'agit de chauffer, lorsque nous aurons dit quelques mots du *chauffage électrique*, encore peu répandu chez nous, mais qui a des applications assez nombreuses en Angleterre, en Amérique et en Allemagne.

Dans un circuit électrique il se fait un dégagement de chaleur proportionnel à la diminution de tension que subit le courant à travers le circuit. Si donc on diminue dans un circuit métallique le diamètre du fil

sur une certaine longueur, cette portion amincie
devient incandescente. On empêche ce fil de brûler en
le mettant à l'abri de l'air par un enrobage dans un
émail de composition spéciale. Tel est le principe suivant lequel sont construites les surfaces de chauffe

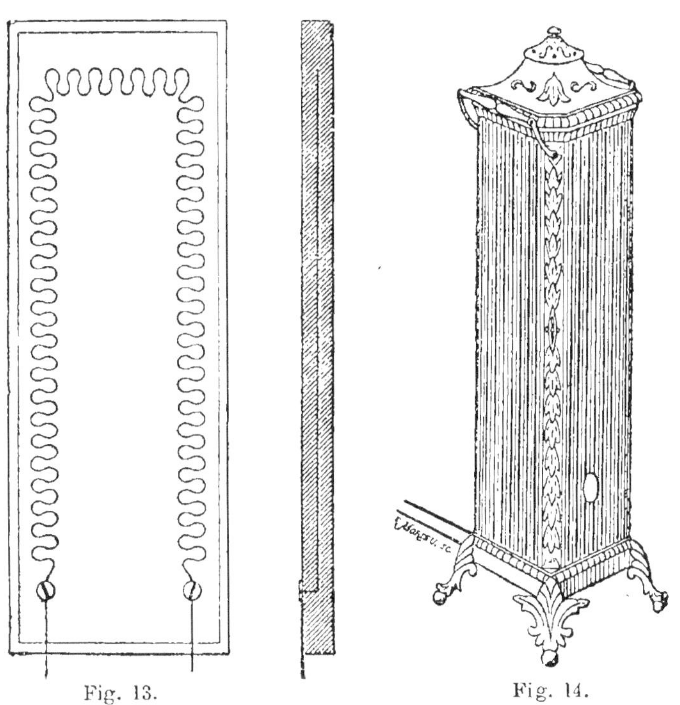

Fig. 13.   Fig. 14.

électriques. Les fils sont en ferro-nickel et on les
applique sur des plaques en fonte de forme très variée.
Si l'on fait passer le courant, le fil s'échauffe et
transmet sa chaleur à la plaque de fonte. On construit
ainsi des plaques murales (fig. 13), accolées aux parois
de la pièce ou des poêles électriques (fig. 14) qu'on
place au milieu du local qu'il s'agit de chauffer. On

construit également des tabourets chauffants, servant de chaufferettes, et des fourneaux pouvant être utilisés pour la cuisine.

Lorsqu'il n'y a qu'un foyer de chaleur destiné au chauffage de toute l'habitation et qu'il est placé en dehors des locaux dont on se propose d'élever la température, on dit que le chauffage est *central*. Pour le réaliser on emploie des appareils qui distribuent la chaleur au moyen de l'air, de l'eau ou de la vapeur d'eau élevés à une haute température. La source de chaleur est placée dans le bas de la maison, généralement dans les caves ; des conduites en partent pour répartir dans toute l'habitation le gaz ou l'eau destinée à transporter le calorique. Lorsqu'on emploie l'air chaud, il est déversé par des bouches de chaleur dans l'atmosphère des pièces auquel il se mélange ; tandis que l'eau et la vapeur d'eau restent enfermés dans les conduites et n'agissent sur l'air des locaux que par l'intermédiaire de surfaces de chauffe rayonnantes, disposées dans chaque pièce.

Le chauffage central présente des avantages nombreux : il réalise une notable économie de combustible, utilise bien la chaleur produite, la répartit assez également dans toutes les parties de l'habitation et ne salit plus les pièces de poussières de combustible, de cendres ou de fumée comme le font les appareils à chauffage local. Mais les trois modes de chauffage central ont une valeur hygiénique bien différente.

Bien que le chauffage central *par les calorifères à air chaud* soit encore le plus répandu, il n'en est pas moins insalubre. Il modifie d'abord fâcheusement les conditions de ventilation de l'habitation. Dans une pièce, si l'air chaud pénètre par une bouche placée au niveau du plancher, il monte immédiatement au plafond à cause de sa faible densité et les couches inférieures restent occupées par l'air vicié, moins chaud; par contre, s'il pénètre au haut de la pièce, on est obligé, pour le diffuser dans le local, de placer les orifices d'évacuation dans le bas et il se fait une ventilation renversée, qui prolonge aussi le séjour d'une partie de l'air vicié à hauteur d'homme, comme nous l'avons déjà indiqué.

L'air chauffé a l'inconvénient de fournir très peu de chaleur, si on n'a soin de le porter à une température très élevée. On est donc amené à distribuer de l'air qui a été surchauffé au niveau du foyer, où par conséquent il s'est desséché et surtout a pris cette odeur âcre et désagréable que lui communique la combustion des poussières au contact des surfaces de chauffe. A cette première cause d'altération de l'atmosphère de l'habitation vient quelquefois s'en ajouter une seconde, beaucoup plus dangereuse.

Les calorifères à air chaud sont en effet établis de façon qu'une colonne d'air venant de l'extérieur et montant ensuite aux appartements s'échauffe au contact du foyer. Il y a donc deux circulations de gaz voisines et indépendantes, celle de la fumée et des gaz de combustion d'une part et celle de l'air de l'autre. Mais s'il se fait des fissures dans le tuyau de fumée ou dans l'appareil de chauffe même, les gaz de combustion peuvent pénétrer dans la conduite d'air et être entraînés dans les locaux à chauffer, au plus grand dommage de leurs habitants.

De plus pour éviter que l'air chaud ne produise des

courants d'air violents à la sortie des bouches, il faut le faire circuler à travers des conduites de distribution très larges, qui tiennent beaucoup de place et où se perd une partie de la chaleur.

Enfin l'air chaud ne s'étend pas dans les conduites à une distance horizontale de plus de 15 mètres, à moins qu'il ne soit propulsé par une force mécanique.

Une partie de ces inconvénients, notamment le danger du mélange des gaz de combustion à l'atmosphère de l'habitation, disparaît si le calorifère est établi de façon à ce que l'air s'échauffe au contact non plus d'un foyer, mais de surfaces de chauffe à circulation d'eau ou de vapeur d'eau. Mais l'air n'en arrive pas moins surchauffé dans les pièces, et s'élève immédiatement au plafond, au lieu de monter peu à peu en diffusant; enfin l'air vicié est retenu dans la partie inférieure du local.

Le *chauffage par circulation d'eau chaude* est bien plus hygiénique. Le principe utilisé pour faire monter l'eau chaude aux différentes hauteurs de l'habitation est celui du thermosiphon (fig. 15). Un récipient A plein d'eau est surmonté d'un tuyau B, C, D, qui s'incurve de façon à s'aboucher en E à la partie inférieure du récipient. Si l'on chauffe celui-ci, l'eau chaude qu'il contient monte dans le tuyau B, refoule l'eau plus froide contenue en C, D, E, et il s'établit un courant dans le sens des flèches de la figure. C'est ainsi qu'on fait monter de l'eau chaude dans les différentes pièces d'une habitation. Ce principe est également appliqué pour le chauffage des wagons, des baignoires, etc. On ne peut guère appliquer au chauffage de l'habitation la circulation d'eau chaude sans une certaine pression, sinon, l'écart de température entre la colonne montante et la colonne descendante étant très faible et par suite l'ascension de l'eau chaude étant très lente, il faudrait employer de grandes quantités de liquide et des conduites de très fort diamètre pour obtenir un rendement de chaleur satisfaisant. Si l'on établit une pression très forte, on est exposé à des explosions. Les appareils à pression moyenne (6 à 8 atmosphères) sont plus pratiques, mais sont dispendieux et réclament une installation très soignée.

En résumé le chauffage de l'habitation par l'eau chaude n'est réellement avantageux que dans les endroits où on

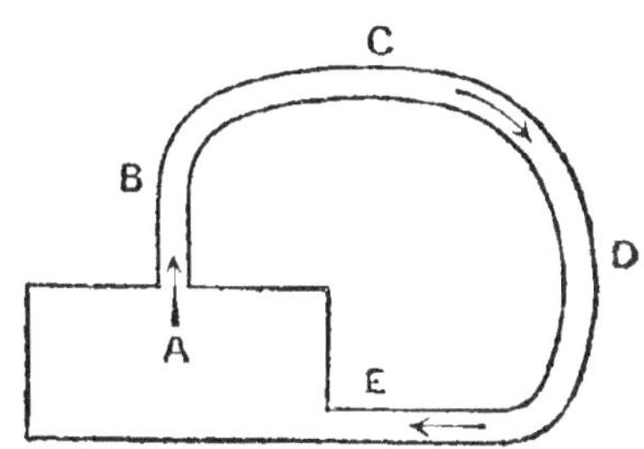

Fig. 15. — Thermosiphon.

peut disposer de sources dont l'eau est naturellement à une température élevée.

Le *chauffage central à la vapeur d'eau* constitue le moyen de beaucoup le plus hygiénique d'obtenir une température régulière dans l'habitation. C'est le seul qui permette une ventilation ascendante rationnelle. En installant les surfaces de chauffage au-dessous des fenêtres et au niveau des orifices de pénétration de l'air extérieur, on élève doucement la température de l'air neuf sans le surchauffer. On évite ainsi les courants froids dans la pièce ; l'air neuf diffuse bien et s'élève peu à peu pour remplacer l'air vicié, à mesure que celui-ci s'écoule par les orifices de sortie ouverts rationnellement sous le plafond.

. Au point de vue du chauffage proprement dit, les avantages ne sont pas moindres. A poids égal, la vapeur d'eau, lorsqu'elle se condense, donne 20 fois

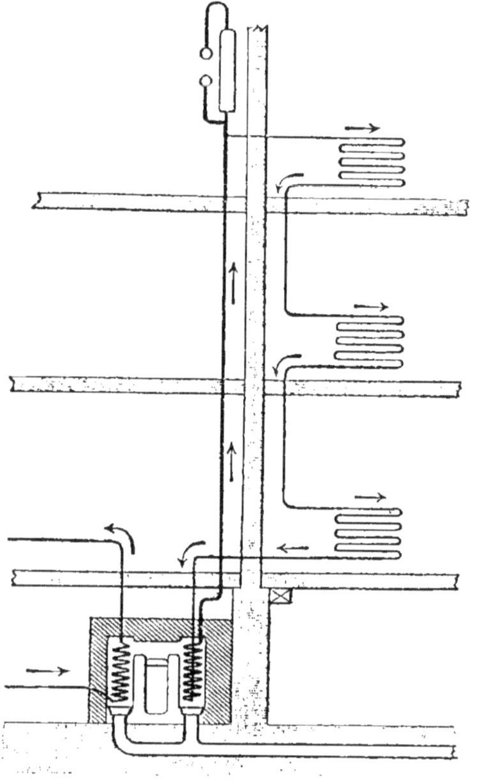

Fig. 16. — Chauffage à vapeur à double canalisation.

plus de chaleur que l'air à 100°, et 5 fois plus que l'eau à 100°. La vapeur d'eau circule beaucoup plus rapidement à faible pression que l'eau chaude, de sorte qu'on peut se contenter d'une canalisation de petit calibre. Enfin c'est un chauffage très économique, puisqu'avec un kilogramme de houille on obtient 7 à

8 kilogrammes de vapeur d'eau. Malheureusement les frais de première installation sont élevés et ne permettent ce mode de chauffage qu'aux gens riches.

Dans les habitations privées on n'emploie que la vapeur à basse pression, qui n'expose à aucune explosion et ne réclame ni surveillance, ni manipulation compliquée, tout en pouvant porter la chaleur jusqu'à 100 mètres du générateur.

L'appareil comprend toujours une chaudière (géné-

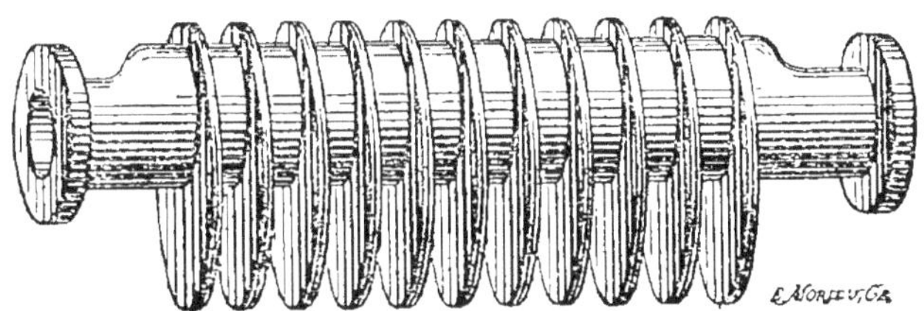

Fig. 17.

rateur de vapeur); mais la canalisation peut s'établir suivant deux types :

Ou bien la canalisation est double, les tuyaux étant d'un diamètre très faible, et alors on a un tuyau pour amener la vapeur aux surfaces de chauffe et un second tuyau pour ramener l'eau condensée à la chaudière (fig. 16).

Ou bien la canalisation est unique, et alors d'un diamètre de 5 à 7 centimètres, permettant à la vapeur de monter et à l'eau de condensation de descendre par le même tuyau.

Les surfaces de chauffe placées dans les appartements peuvent être simplement des tuyaux munis d'ailettes ou de disques excentrés (fig. 17), afin d'obtenir un rayonnement convenable de la chaleur.

On emploie encore des radiateurs formés par le groupement d'une série de tubes en U renversés, dans lesquels circule la vapeur (fig. 18). Les tubes s'ouvrent à leur partie inférieure dans un collecteur horizontal

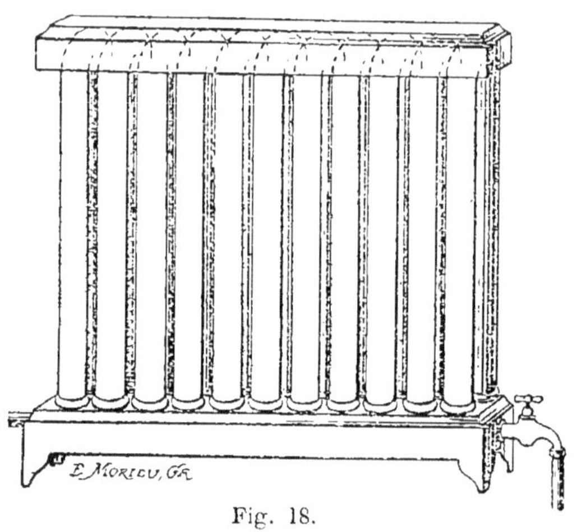

Fig. 18.

et sont recouverts à leur partie supérieure d'une corniche.

Nous terminerons ce chapitre par quelques conseils sur la répartition hygiénique du chauffage dans l'habitation.

Il est sain de coucher dans une pièce où la température ne soit pas trop élevée. Il faut donc aussi rarement que possible faire du feu dans les chambres à coucher ou les chauffer directement. Au contraire, il importe de chauffer fortement le vestibule et la cage de l'escalier, qui constituent la grande cheminée d'aération de l'habitation et, par suite, contribuent le plus à la refroidir. Les autres pièces ne doivent être chauffées que modérément. Il ne faut toutefois pas tomber dans l'excès contraire. Certaines personnes croient qu'en se couvrant outre mesure, elles peuvent vivre sans inconvénient dans des pièces glaciales. Cette pratique expose aux rhumes et aux bronchites par inhalation d'air trop froid.

Chaque fois que ce sera possible on n'hésitera pas à faire les frais d'une installation de chauffage à la vapeur à basse pression. Mais même dans ce cas nous préférerions qu'on conservât uniquement des cheminées dans les chambres à coucher; pour y maintenir de 12 à 16°, il ne serait pas nécessaire d'y allumer très souvent du feu, mais, quand on le ferait, on procurerait aux occupants à la fois l'agrément d'une douce élévation de température, les bienfaits d'une aération active, et le plaisir de la vue des flammes, satisfaction que ne peut donner aucun autre moyen de chauffage.

Lorsqu'on ne peut chauffer l'habitation par la vapeur, on installera dans le vestibule un poêle à combustion vive de dimensions suffisantes pour bien chauffer toute la cage de l'escalier; s'il y a nécessité économique, on pourra le remplacer par un poêle à combustion lente, laissé à demeure, en observant rigoureusement les précautions que nous avons indiquées à ce sujet. Dans les chambres il y aura des cheminées (à la prussienne, dans un but d'économie pour les installations les plus modestes), où on fera du feu très rarement; car le chauffage de l'escalier, dans les maisons qui ne sont pas très vastes, assure le plus souvent une température suffisante dans les chambres à coucher.

Les pièces de réunion seront chauffées par des cheminées ou, si l'on désire brûler moins de combustible, par un poêle à double enveloppe (faïence et métal) et à combustion vive.

ÉCLAIRAGE

Il est facile de laisser pénétrer dans l'habitation la lumière solaire en perçant des orifices dans ses parois extérieures. Cet éclairage naturel a de plus l'avantage d'exercer sur l'organisme humain une influence salutaire, car, si l'on en croit un proverbe italien, « le médecin entre là où les rayons du soleil ne pénètrent pas ».

Mais lorsque le soleil a disparu de l'horizon, il faut se passer de lumière ou créer un éclairage artificiel en plaçant des foyers lumineux dans l'habitation.

Pour satisfaire à l'hygiène, l'éclairage de l'habitation doit remplir un certain nombre de conditions que nous allons énumérer. Il ne doit ni être nuisible pour l'organe de la vision, ni faire subir de modifications fâcheuses à l'atmosphère intérieure.

Les qualités de l'éclairage nécessaires au bon fonctionnement de la vue sont les suivantes : la lumière doit être suffisamment intense, uniforme, bien orientée pour ne produire ni éblouissement, ni ombres gênantes, elle doit être constante et fixe.

Pour ne pas produire de transformation nuisible de l'atmosphère de l'habitation, l'éclairage ne doit ni trop l'échauffer, ni en altérer la composition.

Les rayons solaires peuvent donner l'*éclairage naturel* soit par leur action directe, soit en se diffusant sur les couches atmosphériques. La lumière diffuse est incontestablement beaucoup plus favorable aux organes de la vision que la lumière directe. Si dans l'habitation on est souvent obligé de se protéger contre cette dernière, on ne saurait y admettre trop largement la première.

Nous avons déjà noté (page 42) la hauteur maxima à donner à l'habitation par rapport aux dimensions des espaces libres qui l'entourent, pour obtenir un éclairage naturel suffisant. Nous avons indiqué les dimensions et les dispositions à donner aux fenêtres pour atteindre ce but. Nous ne reviendrons pas sur ces questions. Nous ajouterons simplement que la qualité du verre des vitres a aussi son importance, car la quantité de lumière qu'elles interceptent peut varier, suivant leur fabrication, de 13 à 53 p. 100. De plus les corps opaques que contient une pièce absorbent une quantité considérable des rayons lumineux qui y pénètrent. Mais cette perte est d'autant plus réduite que ces corps sont d'une teinte plus claire. Si un mur tendu de papier brun retient 87 p. 100 de la lumière qu'il reçoit, il n'en absorbe que 20 p. 100 lorsqu'il est peint en blanc. Une boiserie de sapin lisse réfléchit la moitié des rayons lumineux qui la frappent.

Pour que la lumière reste uniforme et fixe dans les locaux réservés au travail, il ne faut pas qu'il y ait large pénétration des rayons de la lumière solaire, sinon leur quantité varierait énormément et rapidement suivant la pureté du ciel. Dans ces conditions l'éclairement d'une pièce pourrait devenir 40 fois moindre par un jour de pluie que par un beau soleil.

La lumière diffuse au contraire assure un éclairage

doux, uniforme, se répandant partout avec une intensité à peu près égale, ne déterminant que des ombres à peine sensibles et par suite laissant aux images toute leur netteté. L'orientation des fenêtres rigoureusement au nord donne bien un éclairage exclusif par la lumière diffuse, mais il est souvent trop faible et les pièces ainsi exposées sont difficiles à chauffer dans les climats un peu froids. Aussi préfère-t-on en général pour les salles de travail l'exposition des fenêtres au nord-est ou au nord-ouest, qui donne plus de jour, plus de chaleur, tout en conservant la prépondérance à la lumière diffuse.

L'orientation de la lumière doit être telle qu'on ne reçoive pas les rayons solaires directement dans les yeux, car il en résulterait des éblouissements. On peut protéger du soleil l'intérieur de l'habitation par divers moyens. Les persiennes, trop opaques, ont l'inconvénient d'arrêter une trop grande quantité de lumière diffuse pour le travail. Les jalousies et les stores, qui se replient en haut des fenêtres, interdisent la pénétration de la lumière diffuse la plus intense, celle qui vient du zénith. Les rideaux translucides et facilement lavables conviennent mieux ; les tissus de coton laissent passer plus de rayons lumineux éclairants que les toiles de lin ou de chanvre. La lumière diffuse elle-même ne doit pas parvenir de face sur les travailleurs, ce qui fatigue la vue, mais bien latéralement des deux côtés ou d'un seul. L'éclairage bilatéral est le plus intense, mais l'entre-croisement des rayons lumineux et des ombres nuit à la netteté des images ; tandis que l'éclairage unilatéral accentue bien les détails, à la condition qu'il soit dirigé de façon à ne pas projeter d'ombres gênantes. L'éclairage unilatéral gauche et légèrement antérieur semble donc le plus favorable, car avec lui les objets placés devant le travailleur ne sont obscurcis ni par son ombre, ni par celle de sa main droite.

Dans les locaux où il est nécessaire d'obtenir un éclairement naturel très vif, notamment dans les ateliers de peinture ou de photographie, dans les salles d'opérations chirurgicales, on laisse pénétrer la lumière par de larges orifices vitrés, ouverts dans la toiture, les rayons lumineux descendant du zénith (éclairage astral) étant de beaucoup les plus intenses.

Nous avons déjà indiqué que les sources lumineuses ne devaient ni trop échauffer l'air de l'habitation, ni en altérer la composition. Avec l'éclairage naturel les rayons solaires seuls peuvent par leur chaleur devenir incommodants. Il sera aisé de s'en protéger par des persiennes, des jalousies ou des rideaux appropriés. Mais la lumière solaire, qu'elle soit directe ou diffuse, ne détermine jamais de modification fâcheuse de la composition de l'air ; les rayons directs surtout ont au contraire une influence essentiellement salubre sur le milieu intérieur, ce sont les meilleurs agents de l'épuration microbienne de l'atmosphère. A ce titre on doit les laisser entrer largement dans les pièces de l'habitation, surtout dans les chambres à coucher et les salles de réunion. Dans les locaux réservés au travail on utilisera aussi leur influence salubre, mais seulement aux heures où ces pièces resteront inoccupées.

L'éclairage artificiel est dû à la combustion de différents corps. Avant de passer en revue ces divers combustibles, nous devons dire quelques mots de la façon dont se produit la lumière artificielle.

Celle-ci est obtenue avec ou sans flamme. L'éclairage par la flamme, le seul connu jusqu'à ces temps derniers, est fourni par un gaz combustible ou un corps qui en s'échauffant dégage des gaz qui s'enflamment. Mais comment cette flamme est-elle éclairante? Ce n'est pas du fait des gaz eux-mêmes, car la flamme de l'hydrogène pur est presque obscure. L'éclat de la flamme est dû à ce que les gaz de la combustion entraînent avec eux des corpuscules solides de carbone qui sont portés à l'incandescence. Plus elle contiendra de ces corpuscules, plus la lumière sera éclatante. C'est pour cela que l'acétylène, qui est le gaz qui contient le plus de carbone, est aussi celui dont la flamme fournit l'intensité lumineuse la plus grande.

D'autre part, pour que les corpuscules de carbone soient portés à l'incandescence, il faut que la combustion s'opère à une température très élevée. Pour obtenir ce résultat, il faut d'abord fournir de l'air en grande quantité au foyer de combustion. Le verre de lampe inventé par Quinquet pour activer le tirage, le bec rond de la lampe à l'huile d'Argand, amenant un courant au centre de la flamme, sont les premières applications de ce principe. Plus tard on a encore constaté que plus l'air qui va alimenter la flamme est chaud, plus il en active la combustion et plus il en augmente l'intensité lumineuse. De là l'idée d'utiliser la chaleur dégagée par la flamme, pour élever la température de l'air qu'on fait passer sur le foyer en ignition (becs à récupération).

Dans ces derniers temps, la notion plus exacte de la

façon dont se produit l'éclat de la flamme par la combustion de corpuscules solides, a conduit à réaliser un éclairage sans flamme visible en portant à une haute température des corps fixes ne donnant pas de produits combustibles volatiles, mais simplement portés au rouge, tels le carbone, les oxydes de terres rares servant à la fabrication des manchons Auer. C'est ainsi qu'on a créé l'éclairage par incandescence.

Passons d'abord en revue les différents moyens de s'éclairer par une *flamme*.

Le suif, la cire, la stéarine fondus par la chaleur, les huiles végétales ou minérales, montent par capillarité le long des fibres de la mèche jusqu'au niveau de la flamme dont la chaleur leur fait subir une décomposition analogue à celle de la distillation sèche, et les transforme d'une façon continue en gaz combustibles. Ces gaz chauffés à une température élevée brûlent avec flamme dans l'oxygène de l'air. En somme une bougie, une lampe à huile ou à pétrole réalisent d'une façon très simple les principales opérations d'une usine à gaz.

La distillation du pétrole à des températures de plus en plus élevées donne successivement comme résultat trois ordres de produits : les essences ou benzines, le pétrole lampant et les huiles lourdes. Ces dernières ne peuvent être utilisées pour l'éclairage.

Les essences sont très inflammables et font facilement explosion, bien que dans notre pays le commerce ne doive pas en livrer qui prenne feu au-dessous de 25°. Les lampes à flamme qui consomment de l'essence peuvent donc être d'une manipulation dangereuse.

Le pétrole lampant, qui est vendu en France, ne

s'enflamme pas au-dessous de 35°. Il donne un éclairage économique, très répandu, mais peut encore faire explosion. Lorsque les mèches sont trop élevées, les lampes donnent une fumée malodorante.

Nous avons déjà indiqué à propos du chauffage les dangers que peut présenter l'usage du gaz d'éclairage : il est toxique par suite de la forte proportion d'oxyde de carbone qu'il contient; il forme avec l'air un mélange détonant redoutable. Il faut donc en prévenir soigneusement les fuites. Mais l'emploi du gaz a apporté une sérieuse amélioration dans l'éclairage de l'habitation, en fournissant des sources lumineuses d'une intensité autrement puissante que celles des lampes portatives à huile végétale ou minérale, d'autant que les appareils se sont rapidement perfectionnés. Au début la flamme du gaz brûlait à l'air libre (bec papillon), puis on a obtenu la même intensité lumineuse avec 16 p. 100 d'économie de combustible en construisant des becs où le gaz arrive par une couronne cylindrique percée de trous et admettant un courant d'air à son centre pour activer la combustion. Enfin les becs à récupération ont réalisé, pour la même intensité d'éclairage, l'énorme économie de combustible de 75 p. 100.

L'acétylène, obtenu en faisant agir l'eau sur le carbure de calcium, a marqué un progrès nouveau dans l'éclairage par la flamme. Moins toxique que le gaz de houille, il fait plus aisément explosion lorsqu'il est mélangé à l'air; il est vrai qu'une fuite d'acétylène ne peut guère passer inaperçue à cause de l'odeur alliacée pénétrante de ce gaz. A intensité lumineuse égale il ne brûle que 7 à 8 litres, alors que le bec papillon consomme 120 litres de gaz d'éclairage, le bec à courant d'air central 100 litres et le bec récupérateur 31 l., 5. L'acétylène donne une belle flamme blanche, éclairant dix-sept fois plus que le bec papillon et quatre fois plus que le bec à récupération. Dans les locaux fermés où il brûle, il échauffe l'air d'une façon insignifiante, près de trois fois moins que le pétrole, près de six fois moins qu'un bec de gaz ordinaire. La flamme de l'acétylène donne beaucoup moins de vapeur d'eau et d'acide carbonique et brûle moitié moins d'oxygène que le gaz ; elle dégage beaucoup moins de produits insalubres de combustion que les lampes à huile végétale ou minérale, que les bougies de stéarine, qui produisent beaucoup d'acide carbonique.

En somme, grâce à l'acétylène, l'éclairage à la flamme est devenu à la fois économique et hygiénique ; car l'intensité de sa lumière est considérable et les modifications qu'il fait subir à l'atmosphère de l'habitation (échauffement et viciation de l'air) sont insignifiantes, comparées surtout aux résultats que donnent les autres produits qui sont utilisés pour l'éclairage par la flamme.

Malheureusement on ne peut user du gaz acétylène qu'en le fabriquant chez soi en grande quantité. Le commerce en effet ne peut le livrer liquéfié dans des récipients, comme l'acide carbonique ; car alors un simple choc suffit pour provoquer une explosion. On a essayé de déterminer une production d'acétylène dans des lampes portatives, mais les résultats obtenus jusqu'ici n'ont pas été pratiques, les appareils dégageant souvent une odeur désagréable et n'étant pas à l'abri de toute explosion.

On ne peut donc user de l'éclairage à l'acétylène qu'en le fabriquant au moyen d'un appareil à gazomètre générateur. Il faut avoir bien soin de placer le générateur en dehors et à une certaine distance de l'habitation, de ne jamais y pénétrer avec de la lumière ni du feu, d'éviter les pressions trop considérables dans le gazomètre, pour ne pas provoquer d'explosion.

Les *appareils à incandescence* ont apporté des améliorations à la fois pratiques et hygiéniques dans l'éclairage de l'habitation. Les becs à incandescence du type Auer, appliqués à l'éclairage par le gaz, l'alcool, le pétrole ou l'essence minérale, donnent une intensité lumineuse en même temps qu'une économie bien plus considérables que ce que l'on obtient avec la flamme que donnent ces différents produits.

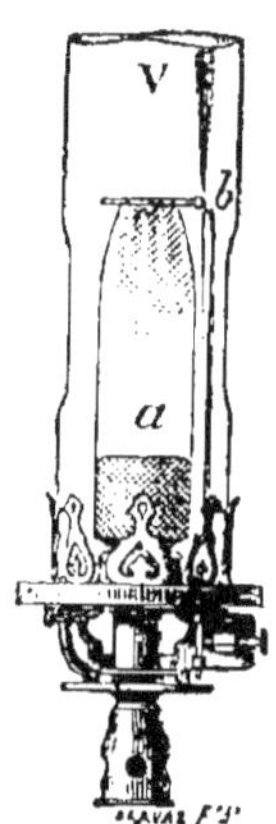

Fig. 19.

Dans ces appareils un brûleur Bunsen porte à l'incandescence un manchon conique *a*, (fig. 19), fait d'un tissu renfermant des oxydes de terres rares (oxyde de thorium, additionné d'oxyde de cérium). Ces particules solides extrêmement divisées et portées à l'incandescence fournissent une lumière éclatante.

Les manchons des becs à incandescence ont l'inconvénient d'être fragiles, surtout lorsqu'ils sont placés sur des lampes portatives. A la longue leur intensité lumineuse devient progressivement décroissante; au bout de 300 heures ils ont perdu près d'un quart de leur puissance éclairante. Ils ne peuvent pas être utilisés plus de 1 500 heures au maximum.

Avec l'électricité, on obtient l'incandescence au niveau d'un point de résistance placé sur le trajet d'un circuit électrique; on sait que ce point devient le siège d'une élévation considérable de température, accompagnée de phénomènes lumineux.

Dans la lampe à incandescence ce point de résistance est constitué par un fil très fin de cellulose carbonisé à l'abri de l'air et enfermé au centre d'une ampoule de verre, où on a fait le vide pour que ce fil ne soit pas rapidement détruit par la combustion. A l'usage, la lampe perd de son éclat, en même temps qu'elle consomme un peu plus d'électricité. Après 300 heures de service son intensité lumineuse est diminuée de 12, 5 p. 100. Elle fonctionne au maximum de 800 à 1 200 heures.

Dans les lampes à arc c'est une mince couche d'air (l'air est mauvais conducteur de l'électricité), interposée entre l'extrémité de deux bouts de charbon formant les deux pôles, qui devient le point de résistance. Ici l'arc lumineux est constitué par des particules de carbone incandescent, transportées du pôle positif au pôle négatif. Un régulateur maintient une distance constante entre les extrémités des charbons; c'est de son bon fonctionnement que dépend la fixité de la lumière.

Nous avons déjà indiqué les conditions hygiéniques que doit remplir l'éclairage naturel. Elles restent les mêmes pour l'éclairage artificiel : intensité suffisante, constance et fixité de la lumière, disposition des foyers lumineux de façon qu'ils ne fatiguent pas la vue et ne produisent pas d'ombres gênantes, intégrité de l'atmosphère de l'habitation, qui ne doit être ni trop échauffée par les sources lumineuses, ni altérée par les produits de combustion.

Le bec Auer n° 2 assure une intensité lumineuse près de cinq fois et demie plus forte que celle du bec papillon (égale à celle de la lampe Carcel à huile), en brûlant un peu moins de gaz. Le bec Auer B. B. donne une lumière trois fois plus forte que le bec papillon et consomme trois fois moins de gaz que lui.

En brûlant la même quantité de pétrole un bec à incandescence donne une lumière deux fois plus forte qu'une lampe à flamme.

Seul l'éclairage à flamme par l'acétylène supporte victorieusement la comparaison avec l'éclairage à incandescence par le gaz, puisque à lumière égale, l'acétylène brûle un volume inférieur à la quantité de gaz nécessaire pour alimenter un bec B. B. (8 litres au lieu de 12 l., 5).

L'éclairage électrique donne une lumière d'un éclat incomparable. Avec les lampes, on peut faire varier l'éclairage suivant les besoins en augmentant ou en diminuant le nombre des lampes. Cet éclairage s'adapte donc très bien à l'habitation. Chaque lampe à incandescence fournit généralement une intensité lumineuse de 8 à 20 bougies.

Les lampes à arc donnent une lumière très économique, mais ses foyers sont d'une trop grande intensité pour pouvoir trouver place à l'intérieur de l'habitation privée.

La nature des rayons que dégagent les sources lumineuses a une certaine importance sur l'hygiène de la vue. On convient généralement que les rayons dits chimiques (bleus et surtout violets) fatiguent la vue, tandis que les rayons jaunes et rouges lui sont favorables. A ce compte la meilleure lumière pour le travail serait celle de la lampe à huile ; les lumières du gaz, du pétrole, viendraient ensuite ; la lumière des lampes à incandescence contient sensiblement moins de rayons rouges ; enfin l'acétylène et surtout les lampes à arc donnent une lumière où prédominent les rayons violets et qui par conséquent serait la moins favorable aux organes de la vision. Il est à remarquer que l'éclairage par l'incandescence ou par l'acétylène compense dans une certaine mesure cet inconvénient au point de vue de l'hygiène de la vue par l'intensité plus grande de sa lumière et par le dégagement moindre de chaleur de ses foyers.

L'éclairage à incandescence donne une lumière fixe et constante, sauf parfois les lampes à arc, si leurs régulateurs ne fonctionnent pas bien. La lumière des flammes éclairantes qui brûlent à l'air libre a peu de fixité ; on y remédie en les enfermant dans un verre de lampe.

La présence de sources lumineuses dans le champ du regard peut déterminer des éblouissements et fatiguer la vue. On dissimule sous des abat-jour les foyers peu élevés. Mais, lorsqu'ils sont au-dessus de la tête des personnes, on est obligé de les enfermer dans des globes en verre dépoli, qui font perdre de 30 à 60 p. 100 de la lumière. On emploie encore le verre holophane, qui retient moins de lumière, mais laisse voir par transparence l'éclat, affaibli il est vrai, de la source lumineuse.

Il est très important avec l'éclairage artificiel de tenir compte de la formation des ombres, car celles-ci peuvent entraîner par contraste une diminution de l'éclairement variant de 20 à 75 p. 100.

Pour bien faire, dans les salles de travail il faudrait placer une source lumineuse à gauche et un peu en avant de chaque personne; car ce que nous avons dit plus haut de la valeur de l'éclairage naturel unilatéral gauche pour le travail, reste encore vrai ici.

Cette question de l'éclairage des tables de travail est très importante, car il est certain qu'un éclairage insuffisant favorise le développement de la myopie. Mais dans la pratique il est souvent difficile de pouvoir disposer d'un nombre suffisant d'appareils d'éclairage pour satisfaire à ces conditions.

Pour répartir également la lumière dans les salles de travail et éviter en même temps l'inconvénient des ombres, on a cherché à utiliser la lumière indirecte diffusée par les parois. On dispose des réflecteurs au-dessous des sources lumineuses; celles-ci se trouvent masquées et leur lumière frappe le plafond et le haut des murs peints en blanc, d'où elle diffuse dans toute la salle. Pour réaliser cet éclairage indirect il suffit de placer un bec Auer tous les 6 mètres carrés à 1 m. 25 ou 1 m. 60 au-dessous du plafond. Des essais d'éclairage indirect faits à l'école de Saint-Cyr et dans quelques lycées ont donné de bons résultats.

Nous avons vu que les sources lumineuses, pour rester salubres, ne devaient ni dégager trop de chaleur, ni vicier l'air de l'habitation.

Un bec de gaz à flamme et à courant d'air central dégage beaucoup trop de chaleur (cinq fois plus qu'un bec Auer à intensité lumineuse égale); il faut donc proscrire les becs de gaz à flamme de l'habitation. En donnant autant de lumière, les becs à incandescence par le gaz ou l'alcool ne dégagent que le tiers, ceux au pétrole que les deux cinquièmes de la chaleur que produit une lampe à pétrole à flamme ou une lampe à huile. La flamme de l'acétylène, il est vrai, donne encore moins de chaleur que la lumière des becs de gaz à incandescence. Quant à l'éclairage électrique, on peut dire que pratiquement il ne dégage pas de chaleur.

La chaleur rayonnante que fournissent les sources lumineuses peut provoquer des maux de tête, de la fatigue de la vue chez les personnes qui travaillent trop près des appareils d'éclairage. On est arrivé à déterminer la distance à laquelle il faut maintenir ceux-ci pour que leur chaleur rayonnante ne les incommode pas. Cette distance est d'environ 60 centimètres pour la lampe à huile, le bec Auer à gaz ou la lampe à incandescence à alcool, de 90 centimètres pour la lampe à incandescence au pétrole, de près d'un mètre pour la lampe à pétrole à flamme de 20 lignes et pour le bec de gaz à flamme à courant d'air central.

Les modifications de l'atmosphère intérieure produites par les sources lumineuses sont très différentes suivant le mode d'éclairage. On a établi qu'une bougie stéarique consomme à peu près autant d'oxygène et dégage autant d'acide carbonique qu'un homme.

Une lampe à huile produit autant d'acide carbonique que trois hommes, un bec de gaz à flamme et à courant d'air central ou une lampe à pétrole en donnent autant que cinq hommes.

La lampe électrique à incandescence, ne donnant lieu à aucune combustion, ne dégage dans l'air aucun produit gazeux ; avec les lampes à arc, on obtient une quantité absolument négligeable d'acide carbonique. Les appareils à incandescence, produisant le plus souvent une combustion complète et brûlant une quantité de combustible bien moindre, modifient beaucoup moins la composition de l'air de l'habitation que l'éclairage par la flamme. Il faut faire exception cependant pour l'acétylène, qui consomme moitié moins d'oxygène que le gaz et produit beaucoup moins de vapeur d'eau et d'acide carbonique en brûlant.

En résumé on voit que l'éclairage de l'habitation par les lampes électriques à incandescence est certainement le plus hygiénique. Les divers becs à incandescence, brûlant du gaz, de l'alcool, de l'essence minérale ou du pétrole[1], doivent être classés immédiatement après, ainsi que l'acétylène qui est le meilleur mode d'éclairage partout où il n'y a pas de service public d'électricité ou de gaz de houille. Enfin les lampes ordinaires à huile ou à pétrole, bien que donnant une lumière moins intense, sont encore bien suffisantes pour les intérieurs modestes, car il ne faut pas s'exagérer l'importance des modifications qu'elles font subir à l'air des pièces où elles brûlent. Par contre il nous paraît indiqué de proscrire de l'habitation les appareils à gaz éclairant par la flamme. Ils dégagent surtout trop de chaleur; il est d'ailleurs bien facile de les remplacer par des becs à incandescence.

---

1. Les appareils à incandescence qui brûlent de l'alcool, de l'essence minérale ou du pétrole ne sont pas introduits dans le commerce depuis assez longtemps, pour qu'il soit possible de porter actuellement un jugement définitif sur leur valeur pratique.

CHAPITRE IV

HYGIÈNE DE L'HABITATION

DISTRIBUTION DE L'EAU ET ÉVACUATION DES MATIÈRES USÉES. MOBILIER ET NETTOYAGE

Nous avons à dessein réuni dans le même chapitre les deux questions de la distribution de l'eau et de l'évacuation des matières usées[1], car nous allons voir que la première est intimement liée à tout ce qui concerne la seconde. L'eau ne doit pas manquer dans l'habitation, non seulement pour suffire aux besoins alimentaires et aux besoins de propreté corporelle, mais encore pour débarrasser la maison d'une partie des souillures qui tendent à s'y accumuler. Il importe dans ce but de disposer d'eau en abondance afin de pouvoir largement nettoyer les locaux et le mobilier, laver les ustensiles de cuisine et la vaisselle, blanchir le linge, assurer la propreté des cabinets.

DISTRIBUTION DE L'EAU

Il n'est guère possible de fixer d'une façon absolue

---

1. On donne le nom de matières usées à tous les déchets qui résultent du séjour de l'homme dans l'habitation : ordures ménagères, cendres, poussières, excréments et eaux sales.

la quantité d'eau nécessaire pour l'usage quotidien. Dans la classe ouvrière, autant que chez les paysans, des habitudes traditionnelles tendent à réduire au minimum la quantité d'eau réservée aux soins du corps. Mais il importe au nom de l'hygiène de réagir contre ces fâcheuses tendances. La quantité quotidienne d'eau indispensable doit être au moins de 30 litres par tête, sans compter l'eau des bains généraux, ni celle qui est employée dans les cabinets d'aisances et qui varie considérablement suivant le mode d'évacuation des matières fécales (voir p. 181).

On verra plus loin à propos de l'alimentation toute l'importance qu'il y a à fournir une eau salubre à chaque habitation, et quels sont les moyens qui permettent d'atteindre ce but. Les services publics, qui desservent d'eau la plupart des villes, y facilitent beaucoup la solution du problème. Il suffit d'établir un branchement particulier sur les conduites des rues et de distribuer l'eau dans toutes les parties de la maison où on le jugera nécessaire.

Les tuyaux qui amènent l'eau dans l'habitation sont presque toujours en plomb, à cause de la malléabilité de ce métal. L'usage des conduites de plomb peut dans certains cas, heureusement rares, entraîner des accidents d'intoxication (coliques de plomb, paralysies), chez ceux qui consomment les eaux qui y ont séjourné. L'expérience a montré que certaines eaux attaquaient le plomb et formaient des sels solubles toxiques. Ce sont d'abord les eaux renfermant très peu de sels de chaux (eau distillée, eau de pluie), car lorsque ces sels sont en proportion normale ils ne tardent pas à former sur les parois des tuyaux une couche protectrice, qui empêche l'eau de décomposer le plomb. On a encore observé que les eaux qui renferment des proportions élevées de chlorures, de nitrates, de sels ammoniacaux, de matières organiques végétales, d'acide carbonique, attaquent souvent le plomb. Il n'y a pas cependant ici de règle absolue; on ne peut prévoir d'une façon certaine d'après la composition chimique d'une eau qu'elle décomposera le plomb des tuyaux et déterminera des intoxications chez les personnes qui la consommeront.

En réalité presque toutes les villes distribuent leur eau au moyen de conduites de plomb sans qu'il survienne d'accidents. Dans le cas où l'on constaterait que l'eau d'une localité provoque des accidents saturnins, le mieux serait de faire installer dans chaque habitation un poste d'eau spécial, réservé pour l'alimentation, dont les tuyaux (depuis la conduite de rue en fonte jusqu'au robinet) seraient en fer. L'eau prend alors une teinte rouilleuse, dont on la débarrasse en lui faisant traverser un filtre.

Il est avantageux d'avoir à chaque étage des postes d'eau dont les robinets seront placés au-dessus de vidoirs, dont nous indiquerons plus loin l'usage. Plus il sera facile de se procurer de l'eau sans effort, plus on sera porté à en user. Il est indispensable de placer un poste d'eau dans chacun des locaux suivants : à la cuisine, dans les cabinets d'aisances, dans la salle de bains. Il est très commode d'en avoir dans chaque cabinet de toilette et à l'office.

Si l'habitation ne peut recevoir son eau d'un service public, on est obligé de se contenter des ressources locales : source, puits, voire citerne. Nous indiquerons plus loin, au chapitre réservé à l'eau potable, dans quelles conditions la consommation en reste sans danger pour la santé des habitants.

En général il vaut mieux, à moins de nécessité absolue, réserver l'eau des citernes aux usages domestiques autres que ceux de l'alimentation.

Étant donné qu'on utilise d'autant plus d'eau qu'on l'a sous la main, il sera toujours préférable d'amener l'eau jusqu'à l'intérieur de l'habitation et, si c'est possible, de l'élever mécaniquement jusqu'aux étages supérieurs.

ÉVACUATION DES MATIÈRES USÉES

Les souillures que la présence de l'homme multiplie dans l'habitation ne tarderaient pas à en rendre le séjour impossible si on n'avait la précaution de les éloigner régulièrement et le plus promptement possible.

Ces déchets sont de différentes sortes : ce sont d'abord les détritus de cuisine, dont la putréfaction rapide dégage des odeurs et des gaz insalubres; les poussières, qui renferment fréquemment des microbes dangereux, notamment celui de la tuberculose; enfin les cendres des foyers. Cette première catégorie représente annuellement une masse d'environ 135 kilos par tête.

Puis viennent les eaux sales de toutes sortes (eaux de vaisselle, eaux de lavages, eaux de toilette) dont le volume peut varier suivant l'importance de l'alimentation d'eau, suivant le système d'évacuation des matières fécales, de 11 à 40 mètres cubes par tête et par an. Il faut y ajouter l'énorme quantité d'eau que la pluie déverse sur le toit de l'habitation et qu'il est également nécessaire d'éloigner.

Enfin il est indispensable de se débarrasser des excréments qui représentent la souillure la plus dangereuse pour l'habitation, non seulement à cause des gaz méphitiques qu'ils dégagent, mais aussi à cause de la quantité innombrable de microbes qu'ils renferment et dont quelques-uns peuvent être les germes des maladies les plus graves (fièvre typhoïde, dysenterie, choléra).

Il faut avoir le soin de recueillir chaque jour toutes les *ordures ménagères* dans un récipient étanche et facile à nettoyer, une boîte en tôle galvanisée par exemple, au lieu de les abandonner au voisinage de la maison sur le sol, sur un tas de fumier ou dans la rue, comme cela se pratique à la campagne ou dans les petites villes. On les enlèvera avant qu'elles soient entrées en putréfaction, pour les déposer en un point éloigné de l'agglomération où elles pourront être détruites ou utilisées comme engrais. On pourrait sans doute brûler ces ordures dans le fourneau de cuisine. De fait les cuisinières parisiennes font avec les cendres et les ordures ménagères humectées d'eau une « pâtée » qu'elles placent sur le charbon dans le fourneau allumé; elles agissent d'ailleurs ainsi beaucoup plus pour économiser le combustible, que dans un but de salubrité. Mais le volume des ordures ménagères est généralement trop considérable pour qu'on puisse en détruire ainsi la totalité.

Dans les villes bien administrées au point de vue de l'hygiène, un service public recueille chaque jour le contenu des boîtes à ordures dans des voitures, qui transportent ces déchets hors de la ville où ils sont détruits ou utilisés comme engrais. Mais ces précautions restent insuffisantes partout où on tolère que les chiffonniers répandent à terre le contenu des boîtes à ordures, pour y faire leurs prélèvements.

Depuis longtemps les villes importantes se sont appliquées à se débarrasser des *eaux sales*, déchets liquides des habitations, en les collectant dans des conduites de grandes dimensions et en les éloignant des centres habités. On a trouvé tout d'abord très pratique et très commode de déverser ces égouts dans la mer auprès des villes maritimes, dans les lacs ou les cours d'eau auprès des autres agglomérations. Mais on n'a presque toujours abouti qu'à un éloignement insuffisant, lorsqu'il s'agissait de la mer ou des lacs, ou à une dangereuse contamination des eaux en aval, lorsqu'il s'agissait de cours d'eau.

On en est donc réduit actuellement, si l'on ne veut pas se contenter de déplacer le péril, à ne déverser les eaux d'égouts dans les cours d'eau, qu'après les avoir préalablement épurées soit par des moyens mécaniques ou chimiques, soit par des procédés biologiques naturels (épandage dans des champs spéciaux) ou artificiels (traitement biologique par les bassins anaérobies et aérobies), qui font subir aux matières usées liquides des transformations analogues à celle que réalise l'assainissement spontané du sol sous l'influence de certains microbes (voir p. 29).

L'évacuation, loin des centres habités, des matières usées liquides n'est pas toujours assurée de la même façon là où elle est mise en pratique. On se contente le plus souvent d'une canalisation recevant uniquement les eaux ménagères et les eaux de pluie. Ailleurs, pour réaliser une amélioration hygiénique, on a éloigné au moyen des égouts non seulement toutes les eaux sales, mais encore les excréments dont la partie solide est aisément dissociée et entraînée par l'eau. On peut dans ce cas déverser le tout dans la même canalisation (système unitaire ou du « tout à l'égout »).

Mais les eaux de pluie représentent une énorme quantité de liquide peu souillé, qu'il n'y a guère d'inconvénient à diriger directement vers le cours d'eau le plus proche sans épuration préalable. Il y a de la sorte économie souvent considérable à établir une double canalisation (système séparateur), l'une très simple pour les eaux de pluie, l'autre de diamètre bien moindre que dans le système unitaire, pour les eaux ménagères et les excréments. Le volume de liquide à épurer se trouve alors réduit dans de telles proportions, que cette opération devient beaucoup plus facile et moins coûteuse.

Ces indications sommaires sur les différents systèmes d'évacuation par les égouts, et sur les diverses façons de traiter leur contenu, de manière à le rendre inoffensif, nous ont paru devoir nécessairement précéder ce que nous avons à dire de l'éloignement des eaux sales de l'habitation.

Lorsqu'il n'existe pas d'égout sur lequel on puisse diriger ces déchets liquides, leur évacuation salubre devient extrêmement difficile. Par nécessité, on établit généralement quelques conduites qui rejettent les eaux ménagères et les eaux de pluie hors de la maison ; mais lorsqu'elles sont ainsi abandonnées à elles-mêmes dans le voisinage, elles suivent tant bien que mal les pentes naturelles pour s'écouler soit dans le ruisseau de la rue, soit dans une fosse à purin ou à fumier. Il en résulte des stagnations fatales qui donnent lieu à des odeurs nauséabondes et à une souillure inévitable de la nappe d'eau souterraine et des puits. C'est tout au plus si les fortes pluies réussissent de temps à autre à entraîner une partie de ce liquide jusqu'au cours d'eau le plus voisin. Dans ces conditions l'habitation est toute préparée pour former un foyer d'épidémie; qu'il y survienne un cas de maladie contagieuse, particulièrement de fièvre typhoïde ou de dysenterie, les germes en infecteront le sol autour de la maison et répandront la contagion.

Pour placer l'habitation dans de meilleures conditions de salubrité, il faut assurer une évacuation convenable des eaux sales. Il ne semble pas y avoir d'inconvénient à laisser les eaux de pluie, et même les eaux des baignoires, s'écouler jusqu'au cours d'eau le plus voisin par des caniveaux étanches et bien pentés ou encore mieux par des conduites fermées, après les avoir simplement filtrées sur gravier. Quant aux eaux ménagères proprement dites (eaux de cuisine, de toilette et de lavage) on pourrait avantageusement les recueillir dans une fosse septique et les diriger de là par des conduites étanches dans un puits absorbant avec cuve à lits bactériens oxydants (voir p. 143) en un point en contre-bas, choisi de telle façon que la nappe d'eau souterraine qui alimente l'habitation ou les maisons voisines ne puisse à aucun moment en recevoir de souillure. Une installation pareille n'assure qu'une épuration incomplète, il est vrai, des eaux qui la traversent. Mais on peut s'en contenter pour des eaux sales, qui, en somme, ne contiennent pas de microbes dangereux. Lorsqu'au niveau de ce puits le terrain est suffisamment perméable pour absorber facilement ces eaux ménagères, que les pentes sont dirigées de façon à ce que la nappe d'eau d'alimentation ne soit pas menacée, on est en droit de compter sur les propriétés filtrantes du sol et sur son pouvoir d'épuration biologique pour achever de détruire les souillures qu'on y déverse ainsi. C'est là, nous semble-t-il, la solution la moins insalubre, dans les conditions que nous venons d'indiquer, mais qui malheureusement ne sont pas toujours observées, ni toujours réalisables.

En tout cas il faut toujours déverser les eaux sales loin de l'habitation et ne jamais laisser séjourner d'eaux stagnantes dans son voisinage. Non seulement les eaux stagnantes préparent la transmission de certaines maladies, mais encore elles favorisent la pullulation des moustiques, hôtes partout incommodes, mais particulièrement dangereux dans les contrées où sévissent les fièvres palustres, dont ils inoculent le germe à l'homme, en le piquant.

Lorsqu'il existe un système d'égout public, où l'on peut déverser les eaux sales de l'habitation, il suffit de faire écouler celles-ci dans les tuyaux de descente des eaux pluviales jusqu'au sous-sol pour y rejoindre une forte conduite en poterie, disposée suivant une pente de 3 à 5 centimètres par mètre, qui les conduit à l'égout public.

Pour éviter que les gaz et les mauvaises odeurs qui peuvent se former dans les tuyaux ne remontent dans l'habitation et n'en vicient l'atmosphère, il est nécessaire qu'immédiatement au-dessous de l'appareil récepteur où on vide les eaux sales (évier pour les eaux de cuisine, vidoir pour les eaux de toilette ou de lavage, lavabos ou baignoires) la conduite d'évacuation reste toujours obturée en dehors du moment où s'écoulent les liquides qu'on veut éloigner. On ne peut obtenir une obturation hermétique avec les clapets. L'occlusion par un *siphon hydraulique* est la seule efficace.

Le siphon hydraulique (coupe-air belge) est constitué par un tuyau incurvé en forme d'S couchée (fig. 20), de telle sorte qu'il reste toujours dans la courbure à concavité supérieure une certaine quantité de liquide, assurant une obturation complète de l'appareil et empêchant tout refoulement gazeux vers l'intérieur de l'habitation.

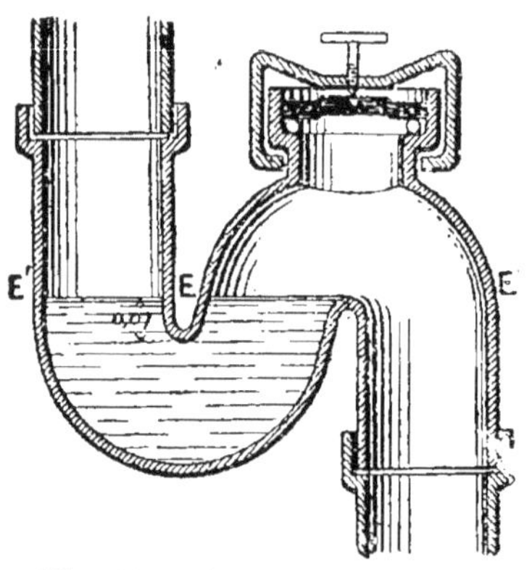

Fig. 20. — Siphon hydraulique.

Il faut que cette couche d'eau obturatrice ait un niveau assez élevé pour que sa masse puisse résister aussi bien aux excès de pression qu'aux aspirations qui peuvent se produire dans la canalisation en aval, et pour qu'elle ne soit pas rapidement réduite par l'évaporation. On donne le nom de plongée du siphon à la distance qui sépare le niveau de la colonne obturatrice E′ E′ de l'éperon E. Cette plongée, pour que la couche d'eau ait une épaisseur suffisante, ne doit jamais être inférieure à 5 centimètres; il est préférable qu'elle atteigne 7 centimètres. Malgré cette précaution, il peut encore se produire une perte totale ou partielle de la colonne d'eau obturatrice, par un phénomène qu'on appelle le siphonnage, si un écoulement d'eau brusque et très abondant dans le tuyau de chute, sur lequel est branché le siphon, vient à produire une très forte

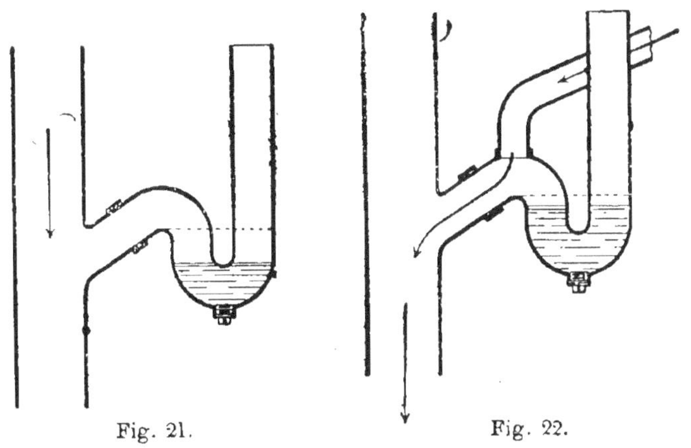

Fig. 21.   Fig. 22.

aspiration (fig. 21). On empêche cet accident en faisant communiquer la partie supérieure du siphon avec l'air extérieur au moyen d'un tuyau d'aération (fig. 22) qui empêche le vide de se produire dans cette portion du siphon.

Il ne faut jamais oublier qu'une partie des eaux sales qui traversent le siphon reste mélangée à l'eau de la colonne obturatrice et qu'il faut toujours, après y avoir versé des eaux ménagères, y faire passer une certaine quantité d'eau propre, afin que l'occlusion soit toujours réalisée par celle-ci.

Les figures 23 et 24 montrent les dispositions d'un

évier de cuisine insalubre et d'un évier salubre, avec
effet d'eau et siphon obturateur ventilé.

Les *excréments*, urines et matières fécales, sont
assurément les matières usées les plus incommodantes

Fig. 23.— Évier insalubre.

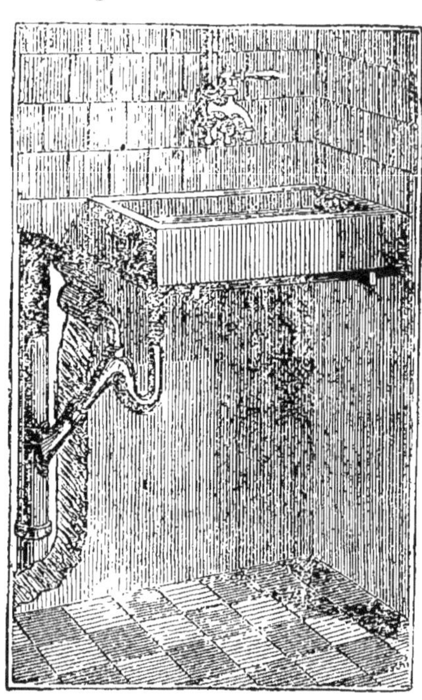

Fig. 24. — Évier salubre avec
siphon hydraulique ventilé.

et les plus dangereuses pour l'habitant. C'est elles
surtout qu'il faudrait éloigner immédiatement de
l'habitation. Ce résultat n'est obtenu que là où les
égouts sont disposés de façon à pouvoir recevoir les
excréments. Leur évacuation rapide au moyen de
chasses d'eau reste encore impossible dans les campagnes et dans le plus grand nombre des villes, soit
qu'il n'y ait pas d'égout, soit que les égouts ne puis-

sent recevoir que les eaux ménagères et les eaux de pluie.

En pareil cas il devient nécessaire de collecter les excréments et de les conserver, dans les conditions les moins insalubres, jusqu'à ce que leur enlèvement puisse s'effectuer.

On ne peut songer à déverser les matières dans un puisard ou puits perdu, voisin de l'habitation, où elles pénètreraient le sous-sol et le souilleraient nécessairement ainsi que la nappe des puits d'alimentation ; ni à profiter du cas où la maison serait riveraine d'un cours d'eau pour infecter celui-ci en y écoulant directement tous les excréments. Une seule solution est acceptable, bien qu'elle ne soit pas à l'abri de critiques justifiées ; c'est celle qui consiste à recevoir et à conserver les excréments dans un récipient étanche, une fosse fixe ou mobile.

La *fosse fixe* sera établie et construite suivant les principes que nous avons déjà indiqués (voir p. 47). Ses deux principaux inconvénients sont : d'abord l'énorme quantité de gaz fétides (1 100 à 1 200 mètres cubes par jour) qui s'y produit par suite de la fermentation des excréments ; puis son défaut d'étanchéité presque fatal.

Nous nous sommes déjà expliqués (p. 80) sur la nécessité de ventiler la fosse d'aisance pour la débarrasser des gaz qu'elle contient et sur la manière d'y parvenir. La ventilation de la fosse n'a pas toujours toute l'efficacité désirable. Aussi est-on réduit parfois à désodoriser les matières accumulées. On peut dans ce but employer le lait de chaux ou le sulfate de fer, comme nous l'indiquons à propos de la désinfection des fosses d'aisance (voir p. 325).

La maçonnerie de la fosse, qui devrait toujours rester étanche, ne l'est, le plus souvent, que temporairement. Elle se fissure fréquemment du fait des tassements; de plus l'ammoniaque, la potasse et la soude des matières fécales attaquent son revêtement, l'émiettent et rendent les parois poreuses. Il en résulte des infiltrations des liquides de la fosse au dehors et par suite une infection continue de la nappe d'eau souterraine. Dans toutes les agglomérations, où la nécessité oblige à établir des fosses fixes, l'eau des puits doit être considérée comme suspecte et ne doit pas être utilisée pour l'alimentation.

Il faut donc faire pratiquer une visite attentive de la fosse après chaque vidange et la faire soigneusement réparer chaque fois que cela paraît nécessaire.

A côté de ces deux inconvénients majeurs des fosses fixes, il en est encore de moins graves.

Etant données les dimensions relativement restreintes qu'on est obligé de donner à la fosse, il faut limiter parcimonieusement l'introduction d'eau dans la canalisation des cabinets. De ce fait on ne peut songer à obturer la cuvette par un siphon hydraulique ni à la nettoyer par une copieuse chasse d'eau. Comme nous le verrons plus loin (p. 146), une pareille installation décuplerait au moins le volume du contenu de la fosse et exigerait le renouvellement de la vidange dix fois plus souvent, ce qui serait par trop gênant et par trop onéreux.

La vidange des fosses ne s'opère généralement pas sans incommoder plus ou moins les habitants et le voisinage. Dans les grandes villes on applique des méthodes de vidange qui réduisent cet inconvénient au minimum. Le contenu de la fosse est aspiré par

une pompe à travers des tuyaux et déversé dans des
voitures à réservoirs métalliques bien étanches, reliés
à la fosse par un tuyau d'aspiration. Les odeurs fétides
ne se répandent guère qu'au moment de la mise en
place des tuyaux ou de leur enlèvement. De plus les
règlements municipaux n'autorisent le plus souvent
la vidange que pendant la nuit.

Lorsqu'on ne peut utiliser ce matériel spécial pour
la vidange, on en est réduit à faire enlever les matières
avec des seaux et des pelles, après brassage. Cette opération s'accompagne fatalement d'un dégagement
ininterrompu de gaz nauséabonds, d'autant que des
matières ne manquent pas d'être déversées sur le sol
pendant qu'on vide la fosse et pendant qu'on transporte les tonneaux. Les ouvriers qui pratiquent ce
mode de vidange sont exposés à des inflammations
oculaires et même à des accidents asphyxiques.

De plus, que faire des matières retirées de la fosse, si
on n'en est pas débarrassé par un entrepreneur de
vidanges? La solution la moins insalubre consiste à les
porter loin de l'habitation et à les mélanger dans une
fosse à fumier étanche à de la terre sèche pulvérisée
(la tourbe, les cendres ou le tan, ayant déjà servi à
traiter des peaux, peuvent remplacer la terre). L'odeur
s'atténue rapidement et on obtient ainsi une poudrette
qu'on peut utiliser dans les champs éloignés des maisons et des sources; mais qu'il faut bien se garder d'employer (sous peine de contaminations dangereuses) à
la fumure des légumes et des fruits destinés à être
mangés crus et qui s'élèvent peu au-dessus de terre.

La *fosse mobile*, plus connue sous le nom de tinette,
est un récipient cylindrique, généralement en tôle

galvanisée, d'une faible capacité[1] pour pouvoir être aisément transporté. On adapte à son orifice l'extrémité d'un tuyau d'aération allant au-dessus du toit et le chapeau mobile qui termine le tuyau de chute des cabinets. L'appareil est enfermé au rez-de-chaussée dans un local dont les parois et le sol imperméables peuvent être lavés à grande eau, et dans lequel on accède directement du dehors par une porte, de façon à ne jamais souiller l'intérieur de l'habitation pendant la vidange. Il faut remplacer la tinette quand elle est pleine, ce qu'indique un tuyau de trop-plein. On la ferme alors au moyen d'un couvercle avec obturateur et on l'emporte en lui substituant un récipient vide et propre.

Avec la fosse mobile la quantité d'excréments séjournant dans l'habitation est beaucoup plus faible qu'avec la fosse fixe. La vidange est plus fréquente, mais elle est à peu près inodore et il ne se fait pas d'infiltration de matières dans le sol, à la condition expresse que la surveillance soit très rigoureuse.

Si en effet la tinette n'est pas changée à temps ou si elle n'est pas maniée avec précaution au moment de la vidange, les ordures se répandent dans le local où elle est placée et celui-ci devient plus infect qu'une fosse fixe. Comme avec cette dernière, l'eau ne peut être versée qu'en petite quantité dans les tinettes. La nécessité de faire pratiquer très fréquemment et très régulièrement l'échange des appareils, bien qu'elle soit un des avantages hygiéniques de la fosse mobile,

---

1. La capacité est proportionnelle au nombre des habitants et doit être calculée de façon à ce que la vidange soit faite deux fois par semaine.

l'obligation d'exercer une surveillance sérieuse sont
considérées souvent comme une astreinte, qui détourne
bien des personnes de l'emploi des tinettes.

On peut, à la campagne seulement, adopter un
genre de fosses mobi-
les, présentant de
grands avantages et
très pratique. C'est la
tinette à poudre absor-
bante, qui est consti-
tuée par un récipient
largement ouvert et
placé immédiatement
au-dessous du siège ;
il n'y a ni cuvette, ni
tuyau de chute, com-
plètement inutiles ici.
On déverse la poudre
absorbante (terre sè-
che, tourbe ou cen-
dres) immédiatement
après la défécation sur
les excréments au
moyen d'une pelle.
Dans des appareils plus
perfectionnés (fig. 25)

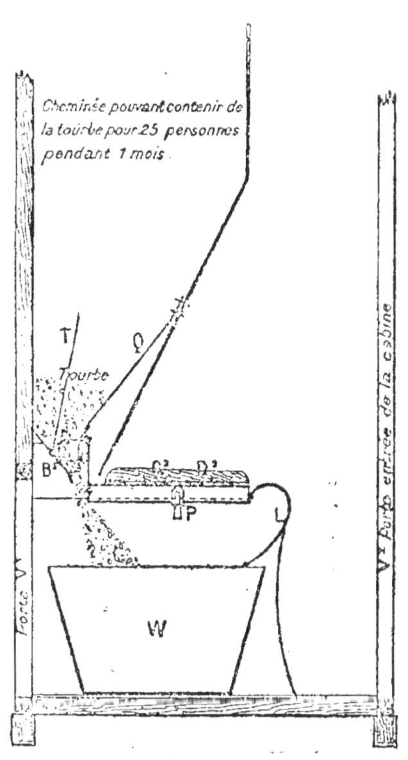

Fig. 25.

une trémie placée au-dessus du siège laisse tomber
grâce à un déclanchement la quantité appropriée de
poudre absorbante sur les matières. Toutes les terres
bien sèches et bien pulvérisées, sauf le sable pur et la
chaux, peuvent être employées, à condition de verser
sur les excréments cinq fois leur poids de terre ; avec la

cendre il faut une quantité encore plus grande, mais avec la tourbe il suffit de 200 grammes par jour et par tête.

Avec ce système on n'a pas plus d'odeur qu'avec une cuvette obturée par un siphon hydraulique. La vidange peut se faire dans le local même à la pelle sans qu'il y ait de dégagement de mauvaises odeurs. Il ne faut pas déverser d'eau dans le récipient, ce qui est d'ailleurs inutile puisqu'il n'y a ni cuvette, ni tuyau de chute à nettoyer.

La tinette à poudre absorbante est très employée en Angleterre sous le nom de « earth system » (système à terre). Elle est certainement plus propre et plus salubre que n'importe quel autre appareil à fosse mobile ou à fosse fixe et peut rendre de grands services, particulièrement dans les endroits où l'eau est rare. Malheureusement ce système ne peut être appliqué dans les villes, car il faut pouvoir se procurer sur place la poudre absorbante nécessaire et utiliser dans le voisinage le terreau qui résulte de la vidange.

Nous répétons en terminant que partout où on ne peut diriger les excréments sur des égouts publics, il n'y a actuellement d'autre solution que de recourir aux fosses fixes ou mobiles, mais toujours étanches.

On a cru en effet pouvoir remédier aux inconvénients indéniables des fosses fixes ou mobiles, en employant des appareils destinés à retenir les parties solides des excréments et à laisser écouler la partie liquide au dehors (système diviseur), soit dans la terre environnante, soit dans un puits perdu plus éloigné, soit dans des égouts destinés simplement aux eaux ménagères et aux eaux de pluie.

On a construit ainsi des appareils fixes (*fosses septiques*) ou des appareils mobiles.

Le principe de ces appareils est celui de la fosse Mouras (fig. 26), qui est encore très employée dans le sud-ouest de la France. Les récipients ne communiquent d'aucune façon avec l'air extérieur, le tuyau de

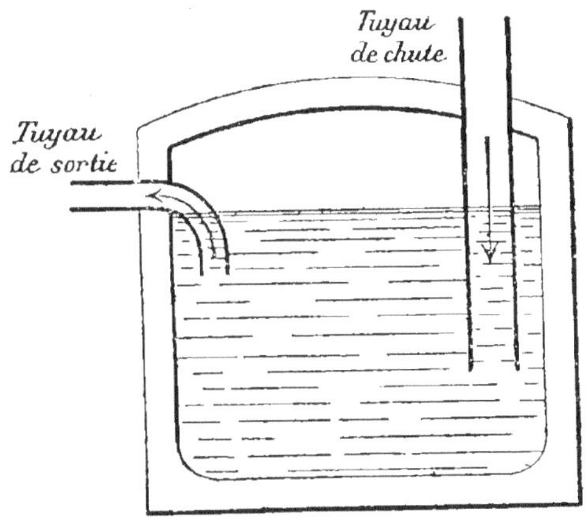

Fig. 26. — Fosse Mouras.

chute descendant assez profondément au-dessous du niveau du liquide de la fosse ou de la tinette. Le tuyau de départ[1] est un siphon qui plonge dans le contenu du récipient par son extrémité la plus courte, et qui aboutit par son extrémité la plus longue là où on se propose de déverser le liquide. On a même ajouté à certains récipients un ou deux compartiments supplémentaires où le liquide se clarifie par décantation. Quelques appareils plus récents, comprennent un der-

1. On se contente parfois de percer des orifices au haut des parois latérales d'une fosse fixe; c'est par ces trous que s'écoule le trop-plein du liquide.

nier compartiment disposé en vue d'obtenir une épuration biologique réelle, au moyen de lits bactériens oxydants. Ce perfectionnement rendrait les fosses septiques acceptables, si le fonctionnement de ces lits ne s'était pas montré jusqu'ici insuffisant. C'est à la mise au point de cette partie indispensable des appareils, que doivent s'attacher les constructeurs, pour obtenir des résultats comparables à ceux que donne l'épuration biologique en grand des eaux d'égout (voir p. 29).

Avec les appareils actuellement en usage il s'écoule de l'orifice d'évacuation une eau assez claire et dégageant peu d'odeur. Ce système semble donc à première vue très avantageux, car avec lui il n'est plus nécessaire de ménager l'eau qui s'écoule au fur et à mesure et on peut employer de fortes chasses d'eau pour nettoyer la cuvette et le tuyau de chute des cabinets. Comme ce tuyau plonge profondément dans le liquide de la fosse, il ne peut se faire de refoulement des gaz vers les cabinets. A l'usage, on s'est de plus aperçu que la vidange de ces récipients n'était jamais nécessaire ou ne s'imposait qu'après plusieurs années. Aussi ce genre d'appareil, si pratique en apparence, s'est-il très répandu dans les centres où il n'existe pas d'égout pouvant recevoir les excréments, particulièrement là où le public, plus raffiné, réclame des installations de water-closets à fortes chasses d'eau.

Toutefois, une étude plus approfondie de ce système montre qu'il n'est guère moins insalubre que l'antique et malpropre puits perdu. Si en effet la vidange de l'appareil diviseur n'est presque jamais nécessaire, c'est que dans ces récipients où l'air n'a pas accès, il se fait une fermentation microbienne qui liquéfie les matières solides, comme dans les septic tanks des installations à épuration biologique (voir p. 29). Ces matières solides ainsi liquéfiées sont donc entraînées au dehors avec les liquides qui peuvent se clarifier et se désodoriser dans l'appareil, mais non s'épurer, car, tant qu'ils ne passeront pas sur des lits bactériens oxydants, suffisants, c'est-à-dire tant qu'ils ne subiront pas ce second stade indispensable de toute épuration biologique, ils conserveront la majeure partie des éléments nocifs que contiennent les excréments, notamment les microbes et particulièrement les germes de certaines maladies contagieuses (fièvre typhoïde, dysenterie, choléra, entre autres).

On conçoit donc tout le danger du système diviseur actuel appliqué à l'évacuation des excréments, car il souille le sol autour de l'habitation, la nappe d'eau souterraine la plus proche, les cours d'eau les plus voisins.

Cependant les fosses septiques pourraient, à notre avis, être utilisées dès maintenant, là où il n'existe pas d'égout, à l'évacuation des eaux de toilette, de lavage et de cuisine, moins menaçantes que les excréments, car elles ne contiennent pas de microbes dangereux. Pour une habitation de 6 personnes il suffirait de recevoir d'abord ces eaux[1] dans une fosse de 3 mètres cubes, en maçonnerie bien étanche ou mieux en ciment armé, qui servirait de fosse septique. De là elles seraient dirigées par des conduites étanches sur un puisard absorbant, à lits bactériens oxydants, construit suivant

---

1. Les eaux de pluie et les eaux de baignoires ne doivent pas être admises dans cette fosse septique, sinon elles déverseraient à certains moments sur les lits bactériens un afflux beaucoup trop copieux qui les noierait et arrêterait leur action épuratrice.

un dispositif analogue à celui proposé par M. Auscher (fig. 27). Les lits bactériens sont formés par un amas de morceaux de coke ou de scories de plus en plus gros de haut en bas (de 5 à 25 mm.), sur une hauteur de 1 m. 50. Le tout est enfermé dans une cuve en tôle

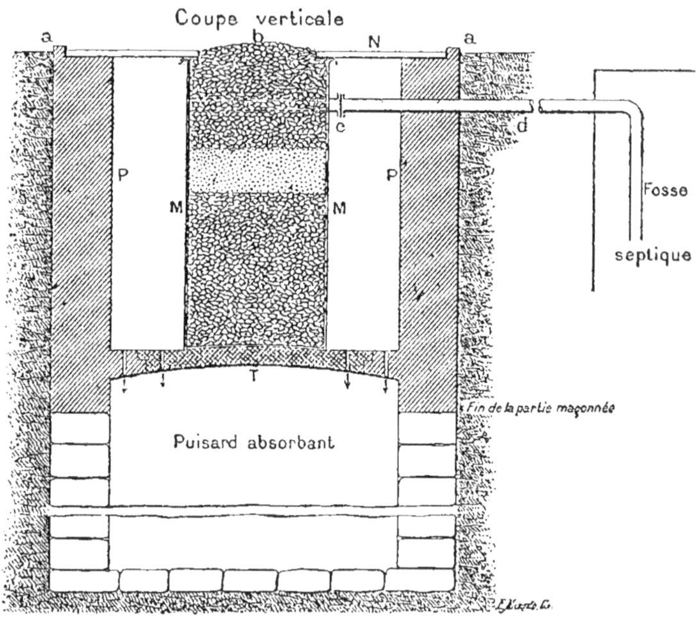

Fig. 27. — Puisard à lit bactérien oxydant de Auscher.

perforée (M. M.), placée dans un puits à parois de maçonnerie (P. P.), dont elle ne remplit que la moitié de la largeur pour permettre à l'air de circuler autour et au travers des lits bactériens. La cuve reçoit par la conduite *c. d.* l'eau venant de la fosse septique et repose sur un tampon en fonte (T), qui, par plusieurs ouvertures, laisse passer dans le puisard absorbant, l'eau partiellement épurée.

Il ne nous reste plus que quelques mots à dire de
l'installation des *cabinets d'aisance*, suivant le mode

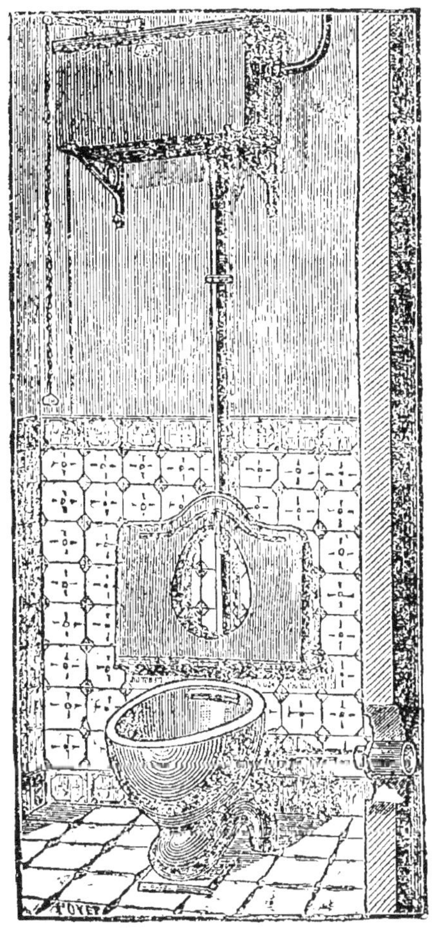

Fig. 28.

d'évacuation des excréments dont on dispose. Avec
une canalisation d'égouts admettant les excréments
et pouvant évacuer de grandes quantités de liquides,

et dans ce cas seulement, on peut adopter une installation (fig. 28) avec forte chasse d'eau[1] balayant et entraînant les matières déposées dans la cuvette et avec siphon hydraulique ventilé, destiné à empêcher le refoulement des gaz dans le local. Cette installation est la seule qui satisfasse complètement aux exigences de la propreté et de l'hygiène.

Le siège de bois doit être mobile pour pouvoir être relevé de façon à ne pas être sali par l'urine. Il doit être de dimensions très réduites pour qu'il faille absolument s'y asseoir et qu'on ne soit pas tenté de monter dessus, ce qui entraîne des souillures inévitables. A notre avis il y a tout avantage à l'échancrer en avant (fig. 29), de façon à ce qu'il ne puisse pas être souillé par les projections d'urine.

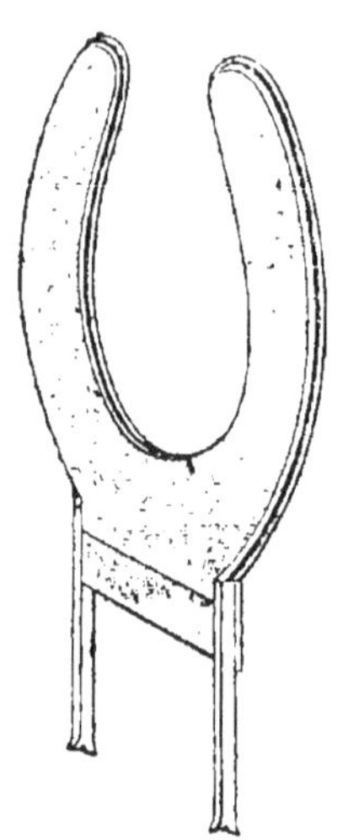

Fig. 29. — Siège de cabinet échancré.

Chaque fois que les excréments ne peuvent être déversés à l'égout ou recueillis dans des tinettes à poudre absorbante, on en est réduit au type de cabinet d'aisances (fig. 30) où l'eau de nettoyage doit être ménagée, où la cuvette est munie d'une soupape, qui n'empêche qu'incomplètement l'ascension des gaz de la fosse dans le local. On peut améliorer cette installation en y adjoignant un réservoir d'eau, alimenté par un robinet à flotteur et déversant automatique-

1. Il faut une chasse d'au moins 10 litres, pour que l'eau du siphon hydraulique reste suffisamment propre.

ment dans la cuvette l'eau du nettoyage chaque fois
qu'on soulève la soupape. On remplacera avanta-

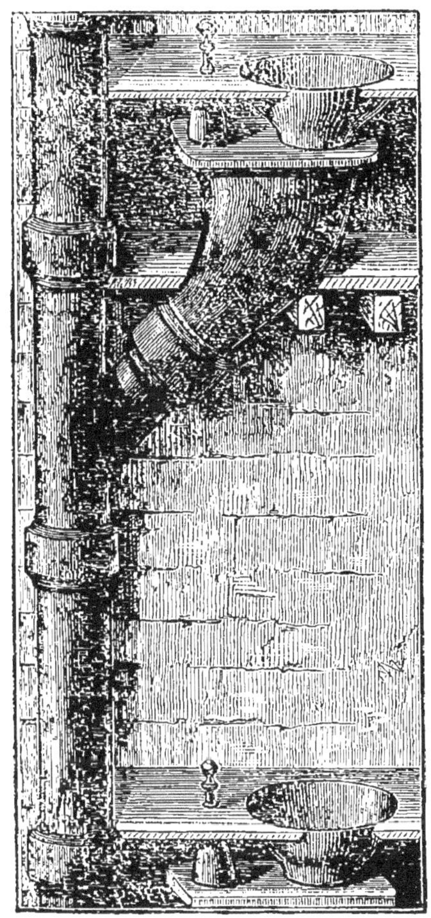

Fig. 30.

geusement le large siège de bois fixe, par un siège
mobile de dimensions très réduites et échancré en
avant (fig. 29).

Quels que soient le mode d'évacuation dont on dispose et la quantité d'eau qu'on puisse déverser, il faudrait renoncer définitivement au cabinet à la turque

Fig. 31. — Latrines à la turque.

(fig. 31) dans lequel il n'y a pas de siège, mais un simple orifice de dimensions toujours insuffisantes pour laisser passer la totalité des excréments qu'on y déverse. La souillure y est constante et il n'y a pas de chasse d'eau assez puissante pour y assurer un nettoyage complet. Les appareils à cuvette et à siège mobile sont les seuls qui puissent donner des habitudes de propreté à ceux qui les fréquentent.

MOBILIER ET NETTOYAGE DE L'HABITATION

Le *mobilier* n'est hygiénique qu'à la condition qu'on puisse le maintenir continuellement dans un état de propreté absolue. C'est principalement dans les chambres à coucher qu'il ne faut placer que les meubles indispensables au confort. Ils seront tous en métal ou en bois verni, peint ou laqué, de façon à pouvoir être nettoyés chaque jour avec un linge humide.

Le lit sera de préférence en fer ou en cuivre, muni d'un sommier entièrement métallique. Il n'est pas sain de coucher sur un lit trop mou, il vaut mieux qu'il soit un peu dur. La literie comprendra donc un seul matelas épais en laine, une couverture de laine, une couverture de coton, un couvre-pieds plat, dit américain, et des draps de toile ; on peut naturellement faire varier le nombre des couvertures suivant les goûts de chacun ; mais dans une habitation convenablement chauffée, il est inutile de se couvrir à l'excès. C'est, ainsi couché, qu'on obtiendra le meilleur repos pendant les 8 heures de sommeil nécessaires à l'adulte. Le vieillard n'a pas besoin de dormir autant. Il n'en est pas de même de l'enfant, comme nous l'indiquerons plus loin à propos de l'hygiène de l'écolier.

Un guéridon placé à la tête du lit remplace la table de nuit, toujours difficile à désodoriser. Le vase de nuit reste sous la table de toilette.

Les chaises et le fauteuil seront cannés. Si on préfère un fauteuil rembourré, on le recouvrira d'une housse, qu'on changera fréquemment. La table et l'armoire seront en bois uni verni, peint ou laqué. Le dessus des meubles élevés est difficile à nettoyer; aussi les poussières s'y accumulent-elles. Il vaudrait donc mieux, chaque fois que cela sera possible, remplacer l'armoire par une commode, et pendre les vêtements dans un placard dissimulé dans une paroi.

Les tentures, les rideaux, les tapis cloués, véritables réserves de poussières, seront supprimés. On garnira simplement la partie inférieure des fenêtres de petits rideaux (brise-bise) en toile ou en mousseline, très souvent renouvelés. En cas de besoin on y ajoutera des rideaux clairs en coton, s'ouvrant en s'écartant latéralement.

Mieux vaut ne placer sur les planchers que le petit tapis mobile, dit descente de lit. Les personnes qui ne peuvent se passer de tapis y ajouteront une carpette qu'on peut enlever, secouer et battre chaque jour.

Le cabinet de toilette renferme la table de toilette et les ustensiles de toilette. On construit actuellement des tables de toilette en marbre, en grès vernissé ou en lave, qui sont très bien comprises, à la condition de ne pas être garnies d'un coffre en bois pour les ustensiles accessoires; car l'intérieur de ce coffre n'est pas toujours facile à nettoyer et il est fréquemment souillé par les eaux de toilette. On peut établir à bon compte une table de toilette parfaitement hygiénique. Il suffit d'entourer une grande table de bois de rideaux légers, faciles à laver et à changer, dissimulant les accessoires (bidet, seau de toilette, bain de pieds, vase de nuit). On recouvre cette table d'une plaque de marbre blanc sur laquelle sont posés la cuvette, le pot à eau et la garniture. Un tub, un grand broc en métal et une chaise cannée complètent ce mobilier. Il est très commode de munir chaque cabinet de toilette d'un poste d'eau avec vidoir en grès vernissé à tuyau siphonné ; on a ainsi de l'eau propre à volonté et on évacue immédiatement les eaux de toilette. On peut supprimer alors le seau de toilette qui dégage parfois des odeurs désagréables, surtout s'il est en métal. On construit aussi des tables de toilette dont la cuvette se déverse en basculant dans un vidoir muni d'un tuyau siphonné.

Le *nettoyage* de l'habitation doit avoir pour but d'enlever les souillures et de supprimer les poussières déposées sur le sol, les parois et les meubles. Le balayage à sec, le brossage et l'époussetage n'aboutissent qu'à soulever les poussières et à les déplacer, sans les chasser de l'intérieur de l'habitation. On construit des petites balayeuses mécaniques qui emmagasinent les poussières recueillies ; un manche en bois actionne une brosse rotative qui rejette la poussière dans un récipient métallique : celui-ci est vidé après le balayage. Mais ces balayeuses ont le défaut de ne pouvoir pénétrer dans les angles, où s'accumule justement le plus de poussière.

On pratique très hygiéniquement le nettoyage des tapis et des tentures au moyen d'appareils dans lesquels le vide est produit mécaniquement et qui aspirent toutes les poussières contenues dans les mailles des tissus. Ces poussières sont ensuite détruites par le feu ; c'est la solution la plus pratique. Les planchers seront fréquemment lavés ; chaque jour ils seront nettoyés avec un linge humide ou de la sciure de bois légèrement humectée d'eau. Les nettoyages à grande eau ne peuvent être pratiqués quotidiennement que dans les pièces dont le sol est recouvert d'un carrelage.

Tous les meubles doivent être essuyés chaque jour au linge humide. Le dessus des meubles élevés (armoires ou buffets) devrait être soigneusement nettoyé au moins une fois par semaine, ce qui est très difficile à obtenir. Il faut veiller avec soin également au nettoyage du plancher sous ces meubles.

Les couvertures de lit emmagasinent autant de poussière que les rideaux et les tentures, si on ne prend pas la précaution de les secouer et de les battre chaque jour hors de l'habitation. Le matelas et le couvre-pieds doivent être quotidiennement exposés à l'air.

CHAPITRE V

HYGIÈNE DE L'ALIMENTATION

Les aliments solides et liquides sont indispensables à la vie des êtres animés. Cette vie n'est maintenue que par l'absorption régulière de substances que l'organisme s'assimile par toute une série d'échanges nutritifs. Sous l'influence d'un besoin physiologique qui est la faim, cette absorption commence dès les premiers moments de la naissance et ne cesse qu'à la mort ou en état de maladie.

Il n'entre pas dans le cadre de cet ouvrage de passer en revue toutes les différentes espèces d'aliments, ainsi que leur composition chimique et le degré d'assimilation de l'organisme humain à leur égard. Tous les aliments se transforment, ainsi que Lavoisier l'a démontré, en acide carbonique sous l'influence de l'absorption de l'oxygène venu de l'air. La vie est une combustion à laquelle il faut subvenir.

Les aliments sont minéraux ou inorganiques, et organiques. L'organisme emprunte aux aliments minéraux les substances qui font partie intégrante des tissus qui le composent (l'eau en premier lieu : elle constitue 63 p. 100 du corps de l'adulte ; la chaux pour le système osseux ; le fer, la soude, la potasse, etc.). Les aliments minéraux servent donc à la réparation des tissus.

Les aliments organiques c'est-à-dire contenant du carbone ou charbon, servent aussi bien à la réparation des tissus qu'à la production de l'énergie (travail mécanique, chaleur) : telles sont les albumines et les graisses. D'autres aliments organiques, les sucres, l'amidon, les matières gélatineuses, aliments dits hydrocarbonés, ne sont point une source d'énergie, mais ne servent, comme les substances minérales, qu'à la réparation des tissus.

ALIMENTS USUELS

Les principes nutritifs fournis par les aliments ne sont que rarement ingérés comme tels (le sucre excepté). Le plus souvent ils sont absorbés sous forme d'aliments composés. Ceux-ci sont d'origine végétale ou animale.

Les *végétaux* fournissent toutes les substances nutritives, nécessaires à la vie ; ces aliments composés contiennent toutefois une notable quantité de substances qui ne se digèrent pas, telles que la cellulose. La quantité des matières fécales est plus grande avec un régime végétal qu'avec un régime animal.

Les *légumes* farineux ou féculents (haricots, fèves, pois, lentilles et racines féculentes) contiennent, plus que la farine des céréales dont on fait le pain, des substances azotées, de la graisse, des phosphates. Ils constituent les aliments végétaux les plus complets.

Les pois, les haricots, les lentilles renferment deux fois plus de fer qu'un même poids de viande.

Quant aux racines des légumes (pommes de terre, navets, raves, topinambours, carottes, etc.), elles sont moins nourrissantes, car elles contiennent moins d'azote. Il faudrait quatre kilogrammes et demi de pommes de terre pour fournir la ration azotée nécessaire à l'organisme.

Les légumes herbacés, neutres ou acides, facilitent la digestion quand ils sont associés à la viande et au pain. Ils forment, grâce à l'eau qu'ils contiennent en abondance, et à la cellulose presque inassimilable, un bol alimentaire volumineux, qui contribue à combattre la constipation et calme la sensation de la faim par le fait de la réplétion de l'estomac et de l'intestin.

Les *fruits* par leur saveur acide ou sucrée, par leur goût agréable apaisent la soif, excitent la digestion et jouent au point de vue de l'intestin, le même rôle que les légumes quand ils sont pris en quantité suffisante.

Avec la farine de toutes les céréales on fait du *pain.* Le pain de froment est l'aliment le plus usité en France, où il est la base de la nourriture. La ration moyenne des Parisiens en pain est de 480 grammes; celle de l'ouvrier de 800. Actuellement, grâce à l'emploi des cylindres pour broyer le grain, l'usage du pain blanc tend à se développer de plus en plus. Cependant dans les campagnes le pain bis, c'est-à-dire contenant les débris du grain, enveloppe et germe, et bluté à 80 p. 100 (ce qui signifie qu'on a enlevé 20 p. 100 de son par le blutage), est de consommation encore courante. Il a plus de goût que le pain blanc et constitue une nourriture saine, s'associant parfaitement aux corps gras (lard, beurre, fromages gras).

Le pain bis se conserve longtemps. Dans les campagnes, on pense que, mangé rassis, il est plus nourrissant, ce qui est un préjugé. En réalité on en mange moins parce qu'il est plus indigeste et moins agréable. Le pain dit « complet » s'absorbe imparfaitement et entrave même l'assimilation générale.

Il faut savoir que le pain n'est pas bien digéré par tout le monde. Certains dyspeptiques guérissent quand on supprime le pain de leur régime. Chez les gros mangeurs et, d'une façon générale, chez les gens, qui ont une table abondante, le pain doit être pris en quantité très modérée, ainsi que cela se fait en Angleterre et en Allemagne.

Le *sucre* que l'on consomme est du sucre de betterave ou du sucre de canne. Il constitue un aliment de premier ordre. Pris à la dose de 50 à 60 grammes, il diminue la sensation de faim et de soif, et rend l'individu capable d'un vigoureux effort. Il est préférable de l'employer dissous dans 6 à 10 fois son poids de liquide.

Les *aliments d'origine animale* sont très riches en azote. Ils réalisent une alimentation substantielle par l'albumine et les graisses qu'ils contiennent.

La *viande* est la chair musculaire des mammifères. C'est la plus substantielle de toutes les nourritures, car elle renferme une proportion énorme de matières azotées, de la graisse et des sels indispensables à l'économie. Contenant, à volume égal, plus de principes alimentaires que les végétaux, elle est une source d'énergie par excellence. Son emploi presque exclusif (régime carné) n'est pas sans inconvénient ; il expose aux troubles de la nutrition, surtout chez les gens qui ne font pas d'exercice. En Angleterre, la consommation moyenne de la viande, par an et par habitant, est d'environ 43,5 kilos. Elle est de 37 kilos en France. Dans notre pays on observe de grandes variations suivant les régions : le Parisien consomme 73 kilos par an, le Lyonnais 54 kilos, le Bordelais 50 ; les populations rurales, 15 kilos. La moyenne française, 37 kilos, est bien inférieure à la ration normale.

Les viandes se divisent en viandes rouges (bœuf, mouton, porc et aussi cheval, âne, mulet et chèvre) ; elles sont moins riches en gélatine que les viandes blanches (veau, agneau, chevreau et les différentes espèces de volaille, l'oie exceptée). Les viandes noires proviennent du gibier (lièvre, sanglier, chevreuil, cerf, daim, canard sauvage, faisan, etc.).

Les viandes blanches sont plus digestibles que les viandes rouges et celles-ci plus que les viandes noires.

La viande crue se digère trois fois plus vite que la viande cuite et convient particulièrement aux estomacs affaiblis. La viande cuite peut être rôtie ou grillée, bouillie ou étuvée. La composition de la viande rôtie bien saisie est presque identique à celle de la viande crue. Les rôtis et les grillades constituent une des manières les plus saines et les plus agréables de manger la viande. Le bouilli est inférieur au rôti au point de vue alimentaire. « Je n'en mange jamais, disait Brillat-Savarin, car c'est de la viande moins son jus. » Le fait est qu'il faut choisir entre le bouillon et le bouilli. La bonté de l'un se fait au détriment de l'autre.

La décoction de viande constitue le *bouillon*. On y ajoute des légumes et du sel. Le bouillon est un aliment peu nutritif. Quand il est fait avec soin il constitue un liquide d'arome extrêmement plaisant et de saveur délicieuse. C'est un excitant des organes digestifs, qui favorise la sécrétion des glandes servant à la digestion et constitue, à ce point de vue, l'apéritif par excellence. Il peut même, mais d'une façon passagère, fournir une réparation instantanée à l'organisme. Un litre de bouillon, évaporé à sec, laisse 18 grammes de matières solides, dont 4 grammes de sels minéraux, tandis qu'un litre de bon lait, évaporé, laisse de 110 à 130 grammes de matières nutritives. On voit donc combien est erroné le préjugé, si commun en France, qui consiste à croire que le bouillon est beaucoup plus nutritif que le lait. Le bouillon de mouton, d'après Parke, et plus encore le bouillon de poule, sont supérieurs au bouillon de bœuf au point de vue nutritif.

La *soupe*, qui constitue l'aliment national français, rend les plus grands services, surtout dans les populations rurales. Il faut que les estomacs soient préparés à la digérer par un exercice physique suffisant, autrement elle peut être indigeste; il vaut mieux la supprimer du régime des sédentaires (exception faite pour les potages légers sans pain ou potages de santé).

Le *sang* (celui du porc presque exclusivement, sous forme de boudin) est aussi nutritif que la viande, mais de digestion difficile. Les *viscères*, cœur, foie, rate, se rapprochent de la viande au point de vue nutritif, tandis que la cervelle se rapproche des graisses.

La *chair des poissons*, très riche en graisse chez certaines espèces (anguille, lamproie, thon) et, dans ce cas, assez indigeste, est moins nutritive que la viande. Celle des crustacés (homards, langoustes) est presque identique à la viande comme composition. Elle est peu digestible. La chair des mollusques, huîtres et moules, contient plus d'eau que la viande des mammifères.

Les *œufs* peu cuits constituent un aliment sain et facilement digestible, qui vaut son poids de viande quand il est associé à un peu de pain ; celui-ci fournit les hydrates de carbone (amidon) nécessaires pour obtenir un aliment complet.

Les *graisses*, employées comme condiment des aliments végétaux ou animaux, sont nécessaires à l'alimentation : il en faut un minimum de 50 grammes par jour pour un adulte.

Le *beurre* est obtenu par le barattage de la crème de lait, dont il contient les principales matières grasses. C'est de tous les aliments gras l'un des plus digestibles, pourvu qu'il soit frais. Certains estomacs délicats ne supportent que la cuisine au beurre.

Les *fromages* sont essentiellement constitués par la caséine du lait, coagulée sous l'influence de la présure. Les quantités de matières azotées (30 à 40 p. 100) et de matières grasses (20 à 30 p. 100), qu'ils contiennent, en font un aliment très nutritif. Les fromages frais, les fromages cuits (Gruyère, Parmesan) ou fabriqués à une température élevée (Hollande) sont facilement digérés et présentent presque toutes les qualités nutritives du lait. Les fromages fermentés de haut goût (Roquefort, Munster, Camembert fait, etc.), activent la digestion, mais contiennent des produits de fermentation qui peuvent être nuisibles aux personnes dont les reins ou le cœur sont malades.

L'appétit a besoin d'être stimulé dans bon nombre de cas, et par divers procédés. La bonne préparation des mets, leur aspect, leur odeur, leur goût développent l'appétence et retentissent sur le tube digestif, dont ils stimulent l'action par voie réflexe. La plupart des aliments naturels manquent de goût, sont fades. Aussi les relève-t-on par différents *condiments* : sel, poivre, vinaigre, moutarde, etc. Il ne faut pas abuser des condiments. S'ils stimulent la digestion, pris à trop forte dose et d'une façon continue ils peuvent entraîner des troubles dyspeptiques, et, dans les pays chauds, la congestion du foie.

Le *lait* est l'aliment exclusif des nouveau-nés. C'est un aliment complet, contenant une matière albuminoïde spéciale, la caséine, de l'albumine, du beurre, du sucre de lait, du carbonate de soude et des phosphates. Pour digérer la caséine et pour absorber le beurre, il faut un ferment spécial (présure) et un long intestin ; ces deux conditions se trouvent réunies chez les enfants qui viennent de naître.

La composition du lait varie suivant l'espèce animale :

Pour 1 000.	Femme.	Vache.	Chèvre.	Brebis.	Anesse.	Jument.
Eau.............	871	894,2	836	839	940,2	828,3
Matières solides.	129	125,8	136	160	89,7	171,6

Le lait d'ânesse est surtout employé pour les malades. Comme le lait de jument, il est sucré et digestible, mais moins nutritif que le lait de vache et surtout que celui de la chèvre.

D'ailleurs la composition du lait et surtout sa teneur en eau et en beurre varient absolument suivant l'alimentation de l'animal qui le fournit. En faisant ingérer à une vache de grandes quantités d'eau on arrive à lui faire donner de 20 à 25 litres de lait par jour. Ce lait est naturellement aqueux. Les races présentent à ce sujet de grandes variations. Le lait des vaches de plaine contient moins de beurre que celui des vaches de montagne.

```
Races de Suisse...................  70,88 par litre
   —     Tyrol....................  79,60    —
   —     Bretagne ................  57,04    —
   —     Normandie ...............  32,40    —
```

La conservation du lait avec toutes ses propriétés intéresse l'hygiène au plus haut degré. On sait que sous l'influence de microbes, dont le plus répandu est le *bacille lactique* de Pasteur, le lait tourne, c'est-à-dire qu'il s'aigrit. Comment arrive-t-il à se souiller de ces microbes? Par les pis des vaches, mal tenus, par les mains trop souvent malpropres des personnes qui les traient, ainsi que par la saleté ou le mauvais entretien des récipients qui contiennent le lait. La pullulation de ces microbes du lait, *même quand il n'a pas encore tourné*, est souvent la cause des diarrhées, parfois si graves, des nourrissons.

En faisant bouillir le lait, on tue les bacilles; aussi cet usage est-il répandu depuis un temps immémorial. Le lait bout à 101°. Avant de bouillir, vers 75° ou 80°, il commence à monter, mais il ne faut pas s'en tenir là, et ne considérer l'ébullition comme commencée qu'au moment où les grosses bulles se produisent.

On peut encore, comme cela se fait couramment, le faire « monter » trois fois de suite, c'est-à-dire le laisser refroidir après l'avoir soumis à la température de 80°, puis le chauffer de nouveau à 80°, et ainsi de suite trois fois. C'est ce qu'on appelle pasteuriser le lait.

L'ébullition doit être obtenue le plus tôt possible après la traite. Le lait bouilli sera gardé au frais et couvert, le bacille lactique existant dans l'air et pouvant tomber dans ce lait et le faire tourner. Le lait bouilli lui-même peut être dangereux si les toxines ont eu le temps de s'y développer avant l'ébullition. Aussi faut-il le faire bouillir aussitôt que possible après la traite, avant qu'il ait eut le temps de s'infecter.

Il est un procédé de conservation du lait qu'il est indispensable de connaître, car il a rendu et rend tous les jours des services inestimables dans l'alimentation des nourrissons. C'est le système de Soxhlet dont le principe est le suivant. On place dans une marmite (fig. 32) à moitié pleine d'eau un porte-bouteille avec un certain nombre de flacons pleins de lait (chacun contenant la quantité nécessaire à une tétée). Ces flacons sont munis d'un obturateur automatique en caoutchouc. On chauffe l'eau de la marmite qui entre en ébullition. La température du lait monte en même temps et les gaz s'échappent des flacons de lait en soulevant l'obturateur. Après une ébullition suffisamment prolongée (40 minutes sont nécessaires) on retire le porte-bouteille avec ses flacons et on laisse refroidir lentement. Quand la température s'abaisse, il se produit un vide dans les bouteilles et les obturateurs s'appliquent fortement sur le goulot et se dépriment même à leur centre. La fermeture est hermétique de cette façon et aucun germe ne peut souiller le lait ainsi stérilisé. Le fractionnement du lait en quantités égales à chaque tétée, qui est l'idée mère de l'appareil, permet de ne pas laisser le lait en vidange, et par conséquent de ne pas le contaminer.

Le lait peut être stérilisé en grande quantité, en le portant à une température supérieure à 100° dans des appareils à vapeur sous pression. On met ensuite le lait dans des bouteilles hermétiquement fermées à la sortie

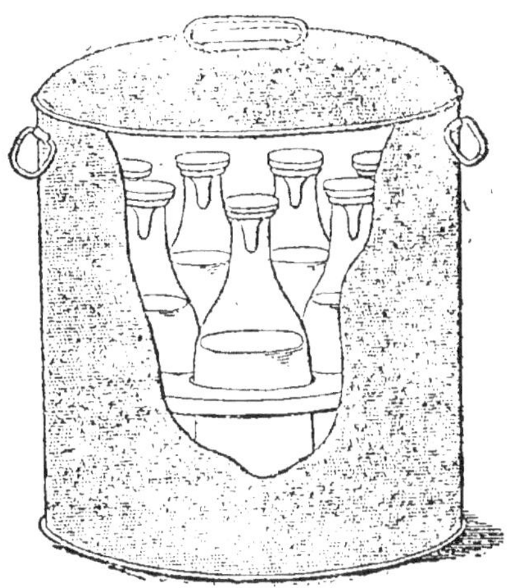

Fig. 32. — Appareil Soxhlet.

de l'autoclave. Le lait ainsi chauffé à une température de 115° ou 120°, a le goût de cuit. Il a une teinte brune, due à un certain degré de caramélisation. Il a également subi des transformations chimiques par le fait de la chaleur. Le lait pasteurisé subit des altérations beaucoup moins marquées dans sa composition.

Il faut savoir que l'usage prolongé du lait stérilisé, chez les nourrissons, peut occasionner une grave maladie appelée le scorbut infantile, caractérisée par de l'anémie, des hémorragies répétés des gencives, des douleurs dans les membres, etc. Ces symptômes cessent rapidement dès qu'on fait usage de lait frais, cru, ou à peine bouilli et de bouillon de légumes frais. Il est de remarque constante également que les enfants nourris au lait stérilisé sont moins résistants, tout en se développant fort bien, que les enfants nourris au sein. Le lait de femme est la nourriture normale de l'enfant, que l'on ait recours au lait de la mère ou, par nécessité, au lait d'une nourrice mercenaire. Ce n'est que dans les cas où il est impossible d'assurer du lait de femme au nourrisson, qu'il faudra recourir à l'usage du biberon.

Nous insisterons ultérieurement sur les dangers du lait.

La décoction de *café* torréfié et moulu est d'un usage général en France. Le café stimule le cœur, il augmente la pression artérielle et favorise l'excrétion de l'urine. C'est un stimulant nerveux qui fait disparaître la sensation de fatigue et combat le sommeil. Après le repas il favorise la digestion. Son abus amène de l'insomnie, des palpitations et de l'irrégularité des battements du cœur, du tremblement, symptômes qui cessent avec la suppression de la cause. La caféine est l'alcaloïde du café, et c'est elle qui provoque les accidents que nous venons d'énumérer. Le café est la boisson par excellence du matin, à jeun.

On consomme surtout du *thé* noir [1] en France. C'est une boisson extrêmement agréable, moins nourrissante que le café et, suivant les tempéraments, plus ou moins excitante que ce dernier. Il a à peu près les mêmes

---

1. Le thé vert, pris le soir, agite et trouble le sommeil plus que ne le fait le thé noir.

propriétés toniques et son abus détermine les mêmes désordres que l'abus du café. L'alcaloïde du thé est la théine, identique à la caféine.

Le *chocolat* est un mélange à parties égales de bon cacao et de sucre aromatisé avec de la vanille ou de la canelle. C'est un aliment gras et sucré agréable au goût, très nutritif, mais assez difficile à digérer. Le cacao contient un alcaloïde analogue à la caféine, qui lui donne des propriétés excitantes.

EAU POTABLE

L'eau est l'aliment le plus indispensable à la vie; elle fait partie constituante de tout organisme. L'homme, sans eau, ne saurait subsister, aussi la question de l'eau joue-t-elle un rôle prépondérant en hygiène.

Les nécessités de la civilisation ont augmenté d'une façon notable les exigences des populations, qui réclament de l'eau non seulement pour leur alimentation, mais encore pour divers soins hygiéniques (bains, ablutions, lavages). Le devoir de fournir d'eau potable les agglomérations, a été de tout temps un des principaux soucis des pouvoirs publics. On sait, pour n'en citer qu'un exemple, avec quel soin et sur quelle vaste échelle la ville de Rome, il y a près de deux mille ans, avait été pourvue d'une eau qui suffit encore actuellement aux Romains de nos jours.

L'eau d'alimentation doit être *potable* : c'est-à-dire qu'elle doit être saine, et pouvoir être bue sans dangers.

On considérait jadis que les caractères d'une eau potable se bornaient à ceci : elle devait être limpide, inodore, n'avoir aucun goût, bien cuire les légumes et faire mousser le savon.

Aujourd'hui ces qualités doivent assurément toujours être exigées d'une bonne eau d'alimentation, mais elles ne sont plus considérés comme suffisantes. Les progrès de la science ont compliqué le problème et, depuis les travaux de Pasteur et de Brouardel, on sait qu'un certain nombre de maladies contagieuses se propagent par l'eau. La fièvre typhoïde, le choléra, la dysenterie, certaines maladies parasitaires se placent au premier rang de ces maladies. Cette notion importante a été démontrée, entre autres, par ce fait que dans toute localité contaminée, le changement d'eau servant à l'alimentation et l'adduction d'eau meilleure ont fait cesser les épidémies.

La notion de l'existence possible de microbes malfaisants dans l'eau de boisson, est donc venue bouleverser les idées qu'on avait autrefois au sujet des qualités d'une bonne eau potable. Elle a fini par être admise par le grand public, mais non sans peine, et, à ce sujet, l'incrédulité de certaines personnes a été la cause de bien des maladies et de bien des morts, surtout par fièvre typhoïde.

Donc, en dehors des qualités physiques et des qualités chimiques de l'eau, il faut encore compter avec sa pureté au point de vue des microbes, c'est-à-dire avec sa teneur en microbes; car la qualité essentielle et primordiale d'une eau potable est d'être, d'une façon permanente, exempte de germes morbides.

Caractères physiques d'une bonne eau. — Une bonne eau potable doit être limpide, inodore, aérée, fraîche et d'une saveur légère et agréable. Il n'est aucune boisson comparable à l'eau quand elle réunit toutes ces qualités.

Pour déterminer ces caractères physiques, ce qui est à la portée de tout le monde, les constatations doivent être faites aussitôt que l'eau vient d'être recueillie. Un séjour plus ou moins prolongé dans les récipients peut lui communiquer de l'odeur ou du goût. Une eau, si pure qu'elle soit, finit toujours par croupir.

L'eau doit d'abord être limpide, mais il faut bien savoir que limpidité n'est pas synonyme de pureté, comme on le croit généralement. Nombre de personnes n'hésitent pas à boire une eau quand elle est claire et transparente, et ce préjugé encore profondément enraciné dans le public a été la cause de bien des épidémies.

Pour apprécier la couleur et la limpidité de l'eau, le procédé le plus simple consiste à en remplir une grande éprouvette en verre blanc, de 50 à 60 centimètres de haut, que l'on pose sur du papier blanc. On regarde de haut en bas, et on doit, quand l'eau, est limpide, voir le fond de l'éprouvette avec la plus grande netteté. Si le papier, vu à travers l'eau, est jaune ou blanc jaune, c'est que l'eau contient en suspension du sable ou de l'argile; si le papier est brun ou noir, l'eau contient de la tourbe; une coloration brunâtre indique que l'eau contient probablement des matières fécales infiltrées. Le blanc laiteux ou le bleu, plus ou moins foncé indiquerait en général la présence de résidus industriels. Bien entendu, les indications ainsi fournies n'ont rien d'absolu.

Les matières en suspension se déposeront au bout d'un certain temps au fond de l'éprouvette et on pourra ainsi apprécier leur quantité par l'épaisseur du dépôt.

L'eau doit être inodore. Une eau récemment recueillie et qui dégage une odeur quelconque est suspecte. Pour vérifier ses caractères à cet égard on doit chauffer un peu l'eau et l'agiter. On peut encore la laisser croupir dans une bouteille remplie et bouchée que l'on expose à la lumière. Si, en la débouchant au bout de deux à trois jours, la température étant restée moyenne, l'on perçoit une odeur de putréfaction, c'est que l'eau contient de la matière organique en excès.

Toute eau, présentant un goût désagréable, un goût amer ou salé ou pourri, doit être immédiatement rejetée, car elle est dangereuse. Pour qu'un sel communique à l'eau, dans laquelle il est dissous, un goût salé, il faut que ce sel soit contenu dans cette eau à la dose d'un demi-gramme par litre. Au-dessous de ces faibles quantités on ne percevra rien au goût, sauf pour les sels de fer et de cuivre, dont des traces même très légères sont appréciables au palais (goût d'encre pour le fer, goût cuivré).

La température d'une bonne eau potable doit être de 7° à 12°; trop froide ou pas assez fraîche l'eau entrave la digestion.

Autrefois, le fait que certains poissons ou végétaux pouvaient vivre dans une eau, était considéré comme un indice de sa bonne qualité. Cette opinion n'a aucune base scientifique. La présence de microbes tels que celui de la fièvre typhoïde, même en grande quantité, est parfaitement compatible avec la vie des poissons les plus délicats. De même, la végétation du cresson de fontaine, qui est la plus fragile des plantes aquatiques n'est nullement influencée par la présence de microbes malfaisants.

Propriétés chimiques de l'eau potable. — L'eau est composée chimiquement d'oxygène et d'hydrogène. Elle contient de plus des sels en dissolution, sels de chaux, de magnésie, sel marin, silice, etc. ; ces sels peuvent apporter un certain appoint à la nutrition des tissus.

Les bicarbonates de chaux et de magnésie, lorsqu'ils sont en trop grande proportion dans l'eau, la rendent *dure*. Cela veut dire que cette eau ne cuit pas bien les légumes et ne fait pas mousser le savon. Le dosage de ces sels se fait à l'aide d'une méthode appelée hydrotimétrie et le *degré hydrotimétrique* d'une eau correspond à sa teneur en sels calcaires. Le degré hydrotimétrique d'une eau potable varie en général de 20° à 30°. Au delà de 36° une eau ne peut plus guère être employée aux usages domestiques.

Quand dans une eau qu'on a donnée à analyser, il y a des chlorures en excès, cela indique (s'il n'y a dans le voisinage ni la mer ni marais salants) une contamination par l'urine, le purin ou les eaux ménagères et l'eau est à rejeter. Lorsqu'il existe de l'ammoniaque dans une eau, c'est qu'il y a contamination par les matières fécales ou par des eaux vannes industrielles. Cette ammoniaque s'oxyde au bout d'un certain temps et se transforme en nitrites et en nitrates. La présence des nitrites, avec ou sans ammoniaque, est un indice de contamination récente. On la constate d'ailleurs très rarement. Les nitrates ont une signification moins mauvaise.

Enfin toutes les eaux contiennent des matières organiques en suspension, qui proviennent de débris animaux ou végétaux. Celles qui proviennent de la décomposition des végétaux rendent l'eau moins suspecte que celles qui proviennent de débris d'origine animale. Quand on a fait faire une analyse d'eau et qu'on voit en regard du titre : Oxygène emprunté au permanganate (c'est ainsi qu'on dose la matière organique), un chiffre supérieur à deux milligrammes, l'eau est impropre à l'alimentation et ne doit pas être bue ni employée à l'alimentation.

Microbes des eaux. — Toutes les eaux contiennent des microbes, même les eaux de la plupart des sources, dès qu'elles ont été en contact avec l'air et la surface du sol. Mais fort heureusement ces microbes sont en immense majorité inoffensifs. Ce sont les bactéries aquatiques, qui vivent dans l'eau et dont la pullulation peut même entraver le développement des microbes malfaisants, introduits accidentellement dans l'eau par le déversement de déjections provenant de personnes malades ou d'objets contaminés par elles.

Une eau peut contenir un chiffre élevé de microbes et être d'excellente qualité pour la consommation. Au contraire une eau pauvre en germes, mais où parmi ces germes se trouvera le bacille de la fièvre typhoïde, sera dangereuse au premier chef. On détermine le nombre et les espèces de microbes contenus dans une eau par *l'analyse bactériologique*. Cette analyse doit être, comme on vient de le voir, quantitative et qualitative.

Dans une eau donnée, le nombre des microbes peut

varier d'une façon extraordinaire. C'est ainsi que l'eau de la Seine, puisée en certains points, en amont de Paris, peut ne contenir que 300 microbes par centimètre cube. A Suresnes, après la traversée de la capitale, elle en renferme sept millions. Les eaux d'essangeage et de lavage des linges sales peuvent contenir jusqu'à 26 millions de germes par centimètre cube. Heureusement que dans ces eaux, si contaminées et si riches en éléments microbiens, il se produit une concurrence vitale, qui fait que les espèces dangereuses, plus fragiles que les bactéries aquatiques, sont étouffées dans leur développement par ces dernières. Plus une eau est pure et plus un microbe dangereux, qui y est tombé accidentellement, aura chance d'y rester vivant et même de s'y développer. Il résulte de là que, dans une analyse bactériologique, la détermination des espèces est beaucoup plus importante que la numération.

Il est rare de trouver dans l'analyse d'une eau qui est justement suspecte, un bacille malfaisant tel que celui de la fièvre typhoïde ou du choléra. Mais il est une espèce suspecte, que l'on trouve le plus souvent dans les eaux polluées par les déjections humaines ou animales, c'est le *coli-bacille*. La présence de ce bacille, qui existe normalement dans l'intestin surtout dans la partie du gros intestin nommée côlon (d'où son nom de *Bacterium coli*), est l'indice d'une contamination par les matières fécales, qui peut entraîner, dans des circonstances données, les conséquences les plus graves. Si dans une eau qu'on a donnée à analyser il existe du Bacterium coli, cette eau doit être ou rejetée de l'alimentation, ou épurée au préalable, car elle est mauvaise. Quant au nombre de microbes minimum que doit contenir une eau potable, il ne saurait être fixé numériquement. C'est la présence de germes nocifs qui doit faire condamner une eau.

Les microbes ne constituent pas le seul danger dont peut menacer une eau souillée par les matières fécales de l'homme ou des animaux. Elle peut, par le fait de cette souillure, contenir des *parasites animaux* à l'état d'œufs ou de larves (œufs des vers intestinaux : lombrics, oxyures, trichocéphales; œufs du ténia solium produisant la ladrerie de l'homme; échinocoques, dont l'ingestion détermine la formation de kystes hydatiques du foie, etc.). Ces divers parasites sont souvent entraînés par les eaux de pluie ou d'arrosage et viennent contaminer l'eau destinée à la boisson.

Dangers de l'eau. — Il résulte de ce qui vient d'être dit que l'eau de boisson peut être souillée par des microbes ou des parasites, et qu'en buvant ces eaux, on peut être exposé à contracter, soit des maladies microbiennes, soit des maladies parasitaires. Parmi les premières se rangent au premier chef la fièvre typhoïde, le choléra, la dysenterie; parmi les secondes, les vers intestinaux, les kystes hydatiques, la ladrerie; aux colonies, un grand nombre de maladies dont certaines sont fort graves (douves du foie, bilharziose, filaire de Médine, etc.). Il faut savoir que, dans certains cas, quand l'eau est profondément souillée, ce n'est pas seulement en buvant cette eau que l'on peut contracter une maladie infectieuse, mais encore en l'utilisant pour les besoins de la toilette, ou en consommant des aliments crus, arrosés avec cette eau polluée.

Nous parlerons plus loin des huîtres dont l'eau peut être nocive dans certains cas. Le lavage de la bouche et des dents avec une eau infectée (au cours d'une épidémie de choléra par exemple) peut entraîner des dangers. Il y a même des exemples absolument indis-cutables de bains pris dans une rivière contaminée, ayant entraîné la contagion. On conçoit également que des légumes (des salades, par exemple) ou des fruits (fraises) arrosés avec de l'eau contenant des bacilles typhiques et ingérés à l'état cru, puissent contagionner un individu réceptif. Le cresson est à cet égard souvent nocif. C'est un chargement de cresson qu'on avait mis à tremper en attendant le marché, dans un ruisseau où on avait déversé les matières fécales d'une typhique, qui a causé l'épidémie de Trouville de 1891. Les vers intestinaux sont souvent ingérés à l'état d'œufs ou de larves avec des salades arrosées d'engrais humains délayés dans l'eau, ainsi qu'il est d'une pratique cou-rante dans certaines régions du Midi. Du lait, mouillé avec de l'eau typhogène, ou mis dans des vases rincés avec cette eau, a souvent donné lieu à des cas de fièvre typhoïde. Il est donc bon d'être mis en garde contre toutes ces causes de contagion, qu'il faut connaître lorsqu'on est dans un foyer notoire de fièvre typhoïde, de dysenterie, ou de choléra, aussi bien qu'en temps d'épidémie.

Les *eaux de source* en général sont exemptes de danger, sauf celles qui proviennent de sources dites *vau-clusiennes* ou résurgentes, dont le type est la fontaine de Vaucluse; ces eaux sortent de terre, mais auparavant elles ont parcouru, comme eaux de surface, un certain trajet, puis ont pénétré, par des fissures du sol sans filtration naturelle suffisante, à l'intérieur de la terre. On conçoit que dans leur parcours non souterrain, elles puissent avoir été infectées.

Les *eaux de puits* sont souvent contaminées, surtout celles de la première nappe (dite nappe des puits). Les eaux de pluie qui alimentent les nappes souterraines sont naturellement pures; mais à la surface du sol, principalement au voisinage des habitations, elles se souillent au contact des impuretés et des germes innombrables qu'elles y rencontrent. Les couches perméables de terrain, interposées entre la surface du sol et les nappes d'eau souterraines, agissent bien comme un filtre, dépouillant progressivement de leurs souillures les eaux qui les traversent (épuration biologique et mécanique). C'est à cette filtration naturelle que les eaux des sources provenant des nappes profondes et celles des puits artésiens, doivent leur pureté habituelle. Mais la nappe des puits est généralement trop voisine de la surface pour que l'épuration naturelle des eaux soit suffisante, principalement dans les agglomérations où aucune mesure n'est prise pour que le sol ne soit pas incessamment contaminé d'infiltrations dangereuses. Dans les puits où la nappe est protégée contre les causes de souillure ou au voisinage desquels ces causes n'existent pas, la composition chimique de l'eau est identique à celle de l'eau de source. Elle est plus ou moins dépourvue de microbes, contient une petite quantité de matière organique, suivant la nature de la couche de terrain que le puits a traversée. L'oxygène et l'acide carbonique y sont en quantités suffisantes. La température de l'eau des puits est fraîche; elle se maintient entre 10° et 12°. A 8 ou

10 mètres de profondeur, les variations de température de la nappe souterraine ne dépassent pas 1°.

Les puits peuvent être contaminés par infiltration lorsque le sol est saturé d'urine, de purin, de matières fécales ou de résidus industriels. Les liquides qui imbibent le fond des fosses d'aisances, rarement tout à fait étanches, traversent le sol sous-jacent, pénètrent au même titre que l'eau de pluie jusqu'à la nappe souterraine et souillent les eaux des puits. Si ces eaux contiennent ainsi le bacille de la fièvre typhoïde, de la dysenterie ou du choléra, elles déterminent de véritables épidémies, qui ne cessent que par la fermeture ou la désinfection du puits.

Il y a donc une réelle nécessité à protéger les puits contre ces différentes causes de contamination. Lorsque ces causes sont localisées, comme par exemple à la campagne, dans une maison isolée, où il existe une fosse d'aisances ou une fosse à purin situées au voisinage immédiat d'un puits, il y aura lieu, soit de supprimer la source possible d'infection en la reportant à une certaine distance, soit de rendre les fosses absolument étanches. Dans le cas de forage d'un puits nouveau, on évitera le voisinage trop immédiat de la maison ou de toute autre source de contamination.

Les puisards (sortes de puits perdus), employés dans un grand nombre de localités industrielles pour se débarrasser d'une façon commode de produits résiduaires gênants, doivent être absolument proscrits. De véritables empoisonnements ont été provoqués par les eaux de ces puisards pénétrant dans les puits voisins. Cette pratique fâcheuse alterne généralement avec le « tout à la rivière » dans bien des villes.

« Envoyer des eaux altérées dans le sol, a dit Bouchardat, sans savoir ce qu'elles deviennent, c'est un acte du même ordre que de décharger une arme dans l'obscurité, sans s'inquiéter si les projectiles tomberont à terre ou atteindront un passant. »

Pour que l'eau d'un puits soit de bonne qualité, il faut encore compter avec la construction du puits (fig. 33). Si le revêtement en maçonnerie présente des fissures, s'il n'est pas complètement étanche jusqu'au niveau du toit de la couche imperméable, il pourra s'y produire des infiltrations directes plus ou moins nuisibles, surtout si ces fissures sont voisines de la surface du sol. Les parois d'un puits doivent donc être absolument étanches et de plus s'élever au-dessus du sol, formant une margelle en maçonnerie convenablement cimentée. L'orifice du puits doit être couvert et fermé de façon à empêcher que les détritus ou les ordures ne viennent tomber dans la cavité du puits et souiller l'eau. Le seau qui sert à puiser l'eau ne servira à aucun autre usage; il sera interdit notamment d'y laisser boire des animaux domestiques. De plus, il ne doit jamais être posé à terre, où il serait souillé à l'extérieur, ce qui contaminerait ensuite l'eau du puits; il ne quittera pas la margelle. C'est pour cela qu'il vaudrait toujours mieux que l'eau ne fût pas puisée directement, mais élevée à l'aide d'une pompe. Il faudra aussi que l'écoulement du bassin de vidange ou auge soit assuré. C'est surtout pour les puits qui servent fréquemment et à des groupes plus ou moins nombreux de personnes, tels que les puits communaux, que ces recommandations pratiques doivent être suivies. Autour de ces puits, il faut bétonner le sol,

à une assez grande distance de la margelle. On fera de
même pour les abreuvoirs ou les auges qui sont à côté
des puits, pour que les excréments des animaux ne
puissent pas s'infiltrer dans la terre, au voisinage
immédiat du puits.

Les *citernes* sont des réservoirs destinés à recueillir

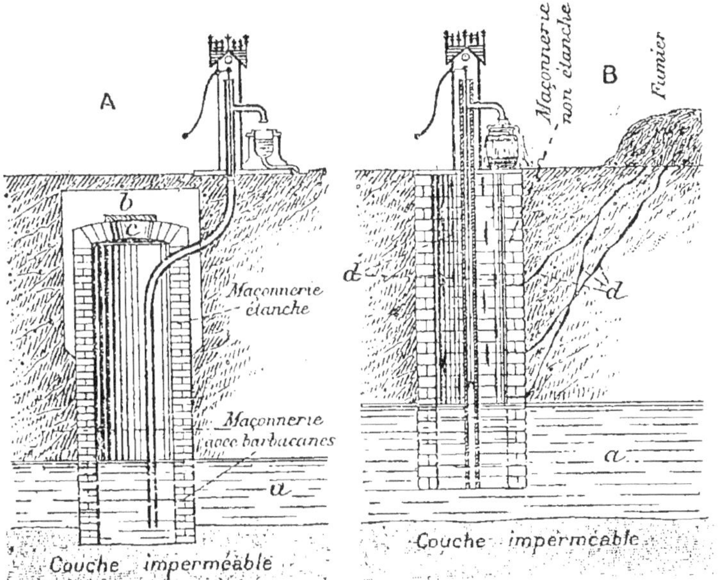

Fig. 33. — Puits salubre A et puits insalubre B, d'après Gœrtner (d'Iéna).
— *a*, couche aquifère; *b*, corroi argileux; *c*, trou d'homme; *d, d*, infiltration d'eaux contaminées.

et à conserver l'eau de pluie. L'utilisation des eaux
pluviales n'est qu'un pis aller, aussi faut-il ne les
employer que quand il n'y a aucun moyen de faire
autrement.

En effet, l'eau des citernes, qui a lavé les toits et les
gouttières, se putréfie souvent pendant les chaleurs et
prend un goût et une odeur insupportables. On la

désinfecte alors, avec du permanganate de potasse, à la dose de 50 grammes par mètre cube.

Assainissement des eaux potables. — Il arrive fréquemment que l'eau que l'on a à sa disposition à domicile, soit suspecte, et qu'il faille la purifier. Ces méthodes de purification reposent sur les mêmes principes que celles de l'assainissement de l'eau en grand, qui appartient à l'hygiène publique, et dont nous n'avons pas à nous occuper ici. Mais les procédés applicables à domicile se réduisent dans la pratique à la filtration, à l'emploi du permanganate ou à l'ébullition.

Filtration. — La filtration est de beaucoup le procédé de purification à domicile le plus répandu. La seule filtration efficace est celle qui est effectuée à travers une substance à pores étroites, porcelaine dégourdie, porcelaine d'amiante, ou terre d'infusoires. Il faut bien savoir que les filtres tels que ceux employés dans les anciennes fontaines, filtres en pierre poreuse, en charbon, en sable, laissent passer les impuretés (microbes dangereux ou inoffensifs), ne font que clarifier les eaux et ne donnent qu'une sécurité trompeuse.

Le *filtre Chamberland*, le plus connu en France, est constitué par une bougie en porcelaine dégourdie, qui filtre de dehors en dedans, ce qui facilite le nettoyage, indispensable après quelques jours de fonctionnement. Il se fait en effet, à la surface de la bougie, un dépôt de limon et d'impuretés qui diminue le débit, et permet au bout d'un certain temps aux bactéries de pénétrer de proche en proche à travers la porcelaine, et de tomber dans l'intérieur du filtre. L'eau filtrée n'est dès lors plus stérile.

La période qui doit séparer deux nettoyages varie suivant le degré de souillure de l'eau, suivant sa température et la température de l'air extérieur. Elle est comprise entre cinq et dix jours. En été, il est bon de nettoyer le filtre plus souvent qu'en hiver. Dans la pratique, il faudra le nettoyer au moins une fois par semaine.

On commence par brosser, avec une brosse dure en chiendent, l'extérieur de la bougie, dans une terrine pleine d'eau, de façon à bien la nettoyer et à la débarrasser de sa couche visqueuse de limon. Puis on la trempe, pendant une demi-heure, dans une solution de permanganate de potasse à 5 p. 1 000. On peut ensuite, mais ce n'est pas indispensable, tremper la bougie pendant une demi-heure dans une solution de bisulfite de soude (solution du commerce à 5 p. 100). Pratiquement, au sortir du bain de permanganate, on remonte la bougie et on laisse filtrer l'eau qu'on ne consomme que quand elle a perdu complètement sa teinte rosée, ce qui arrive après quelques minutes.

Si l'on n'a pas de permanganate, on peut employer l'acide chlorhydrique pur (esprit de sel), dans lequel on immerge la bougie bien nettoyée pendant vingt minutes. On remonte la bougie, on filtre ensuite et on n'emploie l'eau que lorsqu'elle n'a plus aucune saveur acide.

Il faut éviter de stériliser les bougies dans l'eau en ébullition. Le procédé est efficace évidemment, mais il expose à des fêlures et donne surtout à l'eau filtrée un goût de terre assez prononcé et désagréable.

Il faut fréquemment vérifier si les bougies n'ont pas été fêlées dans une manipulation de nettoyage. Cela arrive assez souvent, et la fêlure peut être imperceptible. On constate qu'une bougie est fêlée en la trempant dans l'eau et en soufflant dedans par la tétine. S'il se dégage des bulles d'air, c'est que la bougie est fêlée.

Moyens chimiques. — La désinfection de l'eau à domicile, par les moyens chimiques, se réduit pratiquement à l'emploi du permanganate de potasse. Nous avons indiqué plus haut comment on désinfecte l'eau croupie d'une citerne. On opérera de même pour un puits infecté, c'est-à-dire qu'on versera dans le puits cinquante grammes de permanganate de potasse par mètre cube d'eau. La difficulté dans ce cas est de cuber l'eau du puits; on procédera approximativement. Dans les cas où on peut épuiser l'eau du puits, on aura des données précises. En tout cas, et il en est de même pour les citernes, il est bon de mettre un excès de désinfectant. On fait dissoudre le permanganate (50 gr. par m³) dans un seau d'eau chaude. On obtient une solution violet rouge foncé, et on verse le contenu du seau dans le puits. On brasse bien avec l'eau à désinfecter, et on doit avoir à la fin de l'opération une teinte rosée uniforme de l'eau du puits ou de la citerne. On attend ensuite une demi-journée ou un jour, jusqu'à ce que la teinte ait disparu, puis on peut utiliser en toute sécurité l'eau ainsi désinfectée.

Il existe à l'usage des explorateurs et des troupes en campagne, des procédés chimiques employant des pastilles qui oxydent la matière organique et stérilisent l'eau. Le permanganate de potasse, en solution à 5 p. 1 000, stérilise encore très bien un verre d'eau suspecte, à la dose d'une ou plusieurs gouttes. On rend à l'eau sa couleur naturelle et on fait disparaître la coloration rosée, en y ajoutant quelques gouttes de thé ou d'une infusion végétale quelconque, ou un petit morceau de sucre.

Ébullition. — Le chauffage constitue le moyen le plus connu et le plus sûr d'épuration de l'eau. Il suffit en effet de faire bouillir l'eau pendant 15 à 20 minutes pour la débarrasser absolument de tous les microbes nuisibles. Il est vrai que l'eau bouillie est privée de ses gaz, de ses bicarbonates, qu'elle est troublée souvent par la précipitation des carbonates calcaires, et qu'elle est peu agréable à boire; de plus elle est fade et généralement considérée comme indigeste. Néanmoins, en temps d'épidémie d'origine hydrique, l'ébullition de l'eau destinée à la boisson est le seul moyen pratique, absolument efficace, de stériliser l'eau et d'échapper à la contagion. On aère l'eau après ébullition, en la versant à deux ou trois reprises dans des récipients propres, lorsqu'elle est refroidie.

La plupart des appareils stérilisateurs de l'eau par la chaleur que l'on trouve dans le commerce, et qui tous utilisent des échangeurs de température, ne donnent pas une sécurité aussi absolue, que la simple ébullition de l'eau prolongée pendant un quart d'heure.

Quantité d'eau nécessaire par personne et par jour. — La quantité d'eau journalière à fournir à chaque habitant est assez difficile à fixer. Il est incontestable qu'il vaut mieux en donner un excès. Il faut, dit Proust, qu'il y ait trop d'eau pour en avoir assez. On peut estimer que 50 litres par tête pour les usages personnels, 50 autres pour les usages publics et industriels (service municipal) et 50 de plus dans les villes manufacturières constituent des chiffres suffisants. Paris a 300 litres par jour et par habitant; Marseille, 470; Rome, 1 100. Rome est la ville la mieux partagée du monde à ce point de vue.

BOISSONS ALCOOLIQUES

La question de l'innocuité ou de la nocivité de l'alcool, et la question de savoir si c'est ou non un aliment d'épargne, ont fait l'objet, dans ces dernières années, de vives polémiques. Duclaux s'appuyant sur les expériences d'Atwater et de Benedict, est arrivé aux conclusions suivantes qui ont fait grand bruit : « On peut sans inconvénient remplacer du beurre, des légumes ou autres aliments analogues par de l'alcool sous forme de vin ou d'eau-de-vie. Ces remplacements et ces alternances ne dépendent pas de l'état de repos ou de travail ni d'aucune circonstance relative au consommateur. L'aliment reste physiologiquement le même si la substitution se fait en tenant compte de ces coefficients, et quand on supprime le vin dans un repas, il faut le remplacer par quelque chose ».

On sait le bruit qui se fit autour de ces propositions, qui ne reposaient sur aucune recherche personnelle, qui n'étaient d'ailleurs que le commentaire des expériences d'Atwater et dont s'emparèrent tous les gens intéressés à la consommation de l'alcool. Cependant Atwater et Benedict concluaient eux-mêmes de la façon suivante : « Ces études n'ont pas tranché la question de l'introduction souhaitable de l'alcool dans le régime du travail musculaire. Il y a une différence très essentielle entre la transformation de l'énergie potentielle de l'alcool en énergie utile au point de vue musculaire, et les avantages ou les désavantages de la présence de l'alcool dans le régime des ouvriers qui se livrent à un travail musculaire. Même pour une consommation d'alcool à doses faibles, nos expériences ont fourni l'indication que les sujets au régime ordinaire ont travaillé dans des conditions un peu meilleures qu'au régime de l'alcool ».

L'idée que l'alcool et les boissons alcooliques sont indispensables aux travailleurs est une idée qui est malheureusement admise universellement parmi les ouvriers européens. Cette idée erronée est fondée sur la stimulation incontestable, que donne dès les premières minutes, l'ingestion de l'alcool.

Les faits ne confirment nullement cette nécessité, et un aliment, autre que l'alcool, et de pouvoir calorifique égal, produit une action favorable identique. Lorsque l'homme est déprimé, une petite quantité d'alcool à jeun a, il est vrai, une influence favorable sur son activité musculaire. Ce fait a été mis scientifiquement en évidence par deux médecins suisses, sur eux-mêmes. Il est évident qu'il sera malaisé d'obtenir la suppression de l'alcool dans certaines conditions, comme par exemple chez des ouvriers qui, par un grand froid et de bon matin, font un travail pénible de terrassement. L'alcool les réchauffe immédiatement et les stimule. Cependant une tasse de bon café chaud produirait le même effet. Il est bien établi que l'usage constant de l'alcool dans tout travail manuel enlève l'endurance et coupe l'entraînement. Les gens qui s'adonnent à tous les sports violents le savent bien et suppriment complètement l'alcool. Les débardeurs turcs du Bosphore ont une endurance double et triple de celle des débardeurs chrétiens (Roumains, Valaques, Slaves) qui boivent de l'alcool et ne peuvent travailler que 3 ou 4 heures contre les 11 à 14 heures que fournissent les Mahométans abstinents. Il est vrai qu'il y a là aussi une affaire de race et de force musculaire spéciale.

Passons rapidement en revue les différentes boissons alcooliques.

On appelle boissons fermentées toutes celles chez lesquelles s'est produite la fermentation alcoolique. Les plus usitées en France sont le vin, le cidre et la bière. Elles contiennent en proportion variable de l'alcool. Cet alcool, introduit dans l'organisme, y est brûlé presque totalement, sauf une petite proportion (4 p. 100), qui est éliminée telle quelle par l'urine, l'haleine, la sueur, etc.

La distillation de liqueurs fermentées donne de l'alcool. L'eau-de-vie de vin est la meilleure et la moins insalubre. Les marcs de raisin fournissent en France également une grande quantité d'eau-de-vie ainsi que divers fruits (cerises, prunes, etc.). Dans les pays à canne à sucre la distillation des jus de canne ou des mélasses donne le rhum et le tafia.

L'eau-de-vie ordinaire renferme environ 30 à 40 p. 100 d'alcool, le rhum 70 p. 100. Cet alcool est l'alcool de vin ou éthylique, mélangé à des alcools dits supérieurs parce qu'ils bouillent à une température supérieure à celle de l'alcool vinique ; ils sont plus toxiques que ce dernier ; le goût des eaux-de-vie leur est donné par des éthers, des aldéhydes, dont une, le furfurol, est fort toxique.

Une grande partie de l'alcool est consommée sous forme de liqueurs, c'est-à-dire avec addition d'essences ou de principes aromatiques. Ces liqueurs se boivent pures (eau de mélisse, vulnéraire, liqueurs de table) ou étendues d'eau (apéritifs). La plus toxique des essences est celle de l'absinthe. L'usage prolongé de ces boissons conduit à l'alcoolisme chronique d'une façon sûre, d'autant que la plupart de ces liqueurs sont très riches en alcool. L'absinthe pèse 75 p. 100 d'alcool.

L'*alcoolisme* est un empoisonnement chronique dû à l'usage habituel et prolongé de l'alcool, alors même que celui-ci ne produirait pas l'ivresse. Il n'y a guère de différence entre l'alcoolisme chronique produit par l'abus des eaux-de-vie et l'absinthisme. On observe dans les deux cas des troubles nerveux : insomnie, cauchemars, paralysie progressive symétrique, déchéance de l'intelligence ; des crises convulsives et des attaques épileptiformes, enfin le delirium tremens et la folie. Les troubles de la sensibilité prédominent dans l'absinthisme.

En dehors du système nerveux, divers organes (estomac, foie, reins) sont gravement altérés par l'abus de l'alcool, qui prédispose tout particulièrement à la tuberculose. Enfin l'alcoolisme aggrave singulièrement les maladies aiguës, notamment la pneumonie et l'érysipèle.

Chez le buveur, l'organisme n'est pas seul atteint ; sa valeur morale s'amoindrit chaque jour et on a dit avec raison que l'habitude de boire entraîne la désaffection de la famille, l'oubli de tous les devoirs, le dégoût du travail, la misère, le vol et le crime.

Si l'alcoolique est fatalement atteint, sa descendance est rarement épargnée. Ses enfants, s'ils ne meurent pas en bas âge, sont menacés par la tuberculose ou restent des dégénérés, individus chétifs qui à vingt ans ont l'air d'en avoir douze et sont inintelligents, bornés ou même idiots. La Normandie et la Picardie sont malheureusement peuplées de ces dégénérés, à tel point que dans certains départements les conseils de révision refusent 50 p. 100 et plus des conscrits, pour défaut de taille. Dans ces pays, des habitudes invétérées d'alcoolisme, entretenues par le déplorable usage de régler une partie du salaire des ouvriers en eau-de-vie, n'ont pas peu contribué à cet effondrement d'une race jadis célèbre pour sa vigueur et sa beauté.

75 p. 100 des enfants internés dans les maisons de correction sont des descendants d'alcooliques. Dans la Seine-Inférieure, un des départements où l'on boit le plus, il y a un condamné par 130 habitants. Dans la Creuse, un des départements où l'on boit le moins, on n'en compte qu'un pour 1501 habitants.

Toutefois, si l'alcoolisme constitue un danger public incontestable, tel que les pouvoirs publics s'en sont inquiétés dans tous les pays, au point d'édicter diverses lois spéciales à ce sujet, il faut éviter toute exagération. Entre le buveur d'eau et le buveur d'alcool, il y a place pour le buveur de boissons fermentées telles que le vin, le cidre, la bière, qui pris à doses modérées constituent des boissons hygiéniques par excellence, et qui sont utiles à ceux qui ont à faire un travail fatigant.

Il ne faut donc pas pousser les choses à l'extrême. S'il est certain qu'aucune boisson alcoolique n'est indispensable, qu'on peut, en ne buvant que de l'eau, se livrer à un travail physique ou intellectuel considérable dans d'aussi bonnes conditions qu'en buvant du vin ou des boissons fermentées, il n'en est pas moins vrai que ces boissons peuvent faire partie de l'alimentation habituelle sans aucun inconvénient pour l'organisme. Il faut bien dire que le problème a été mal posé, qu'en hygiène, comme en biologie, il n'y a pas de théorèmes, que presque toutes les questions sont des questions d'espèces; dans le cas qui nous occupe ces remarques s'appliquent au suprême degré. La tolérance est éminemment variable, suivant les cas, suivant qu'il s'agit d'un individu à occupation sédentaire, ou d'un ouvrier manuel. Encore, dans cette dernière catégorie, y a-t-il cent cas différents à considérer. Pour un homme ayant un travail dur, exigeant un effort musculaire considérable de 8 à 10 heures par jour, nous considérons que 1 litre et demi de vin naturel par jour, soit une bouteille de 75 centilitres par repas, est une dose normale et qui sera tolérée toute la vie sans aucun dommage pour la santé.

La vigne est cultivée depuis 2 000 ans en France. Le raisin frais, fermenté naturellement, produit le *vin*. L'usage du vin est habituel aux Français depuis les temps les plus reculés et, à doses modérées, n'a jamais produit sur la race aucun effet nocif, au contraire. Le vin fait partie inhérente depuis vingt siècles de l'alimentation française, et il n'est pas téméraire de croire que certaines de nos qualités nationales : esprit, gaieté, bonne humeur, vivacité, élan et enthousiasme, ont été entretenues par l'usage des vins de France.

Les dangers que, depuis vingt ans environ, l'on a

découverts aux vins de France sont donc, d'après nous, absolument illusoires. Certes, depuis l'invasion du phylloxera, l'usage de vins fraudés a fait augmenter dans une proportion considérable les maladies d'estomac et le nombre des dyspeptiques. Mais cela est dû à ce fait que la consommation du vin n'a jamais baissé, tandis que la production diminuait dans des proportions énormes. L'écart entre les quantités nécessaires à la consommation courante et le vin récolté en trop petite quantité était considérable. La fraude pendant vingt ans s'est chargée de combler cet écart au grand détriment de la santé publique. Beaucoup de personnes, surtout dans les classes aisées, ont reproché au vin naturel les méfaits des vins fraudés. C'est là une conception fausse, et contre laquelle nous ne saurions trop réagir.

Le *vin* contient de l'alcool, de la glycérine, des acides, du sucre, du tannin, des tartrates alcalins, des matières colorantes, des chlorures, des sulfates, des phosphates et enfin certains éthers qui constituent le bouquet.

Le vin blanc diffère du vin rouge par une moindre teneur en tannin et en principes aromatiques.

La teneur des vins en alcool est variable. Ceux qui en contiennent moins de 8 p. 100 sont d'une conservation difficile. Tous les vins qui ont un degré alcoolique supérieur à 15° ont été additionnés d'alcool, c'est-à-dire ont subi le *vinage*. Ainsi les vins alcooliques secs (madère, porto, malaga, xérès), qui pèsent 18°,5, sont additionnés d'alcool.

Le vin, comme l'alcool, excite le tube digestif et les centres nerveux. Par ses sels (4 à 5 grammes par litre), il peut contribuer à réparer les pertes de l'organisme.

Dans certains départements de France, en Picardie, en Normandie, en Bretagne, les populations consomment comme boisson de table presque exclusivement du *cidre*, jus de pommes ou de poires fermenté. Le cidre contient 5 à 8 p. 100 d'alcool; le poiré, de 6 à 9 p. 100. Moins riches en alcool que le vin, les cidres contiennent encore du tannin et se conservent mal. On leur reproche de carier les dents et, d'après certains médecins normands, de prédisposer au cancer de l'estomac, très fréquent en Normandie, ainsi qu'à l'albuminurie. Par contre, les calculs vésicaux sont rares chez les buveurs de cidre.

La *bière* est une liqueur alcoolique produite par l'action de la levure de bière sur une décoction d'orge germée. On y ajoute du houblon pour en relever le goût. La bière contient, outre l'alcool et l'acide carbonique, des sels, de la dextrine et des substances azotées. La teneur en alcool des bières est variable. Les bières en France contiennent de 1 à 4 p. 100 d'alcool; les bières anglaises de 4 à 8 p. 100. Un litre de bière renferme 40 à 50 grammes d'extrait sec, ce qui en fait un aliment réel.

CONSERVATION DES ALIMENTS

Tous les aliments, animaux ou végétaux, subissent au bout d'un temps plus ou moins long des modifications sous l'influence de la putréfaction. La putréfaction est une fermentation complexe, s'opérant après la mort sous l'influence de germes spéciaux. C'est la destruction de ces germes qu'on vise quand on veut conserver un aliment, de la viande, par exemple. On y arrive par le procédé Appert, qui consiste à mettre l'aliment à conserver dans des boîtes de fer-blanc, qu'on stérilise à l'autoclave en laissant échapper la vapeur par une petite ouverture; ensuite on bouche le trou avec une goutte de soudure. Il faut savoir que toute boîte de conserve dont le couvercle est bombé doit être jetée sans être consommée. Le fait qu'une boîte de conserve est bombée, au lieu d'être plate ou même concave indique que les gaz de la putréfaction s'y sont développés, qu'elle a été mal stérilisée et qu'elle est gâtée et dangereuse.

La conservation par les substances antiseptiques des viandes, du lait, des vins (par les bisulfites, le borax, le formol), rend ces aliments indigestes et doit être prohibée.

CHAPITRE VI

HYGIÈNE DE L'ALIMENTATION

RÈGLES GÉNÉRALES D'ALIMENTATION

On entend par ration d'entretien celle qui est uniquement destinée à maintenir le poids constant du corps et à entretenir l'organisme en état de santé. La ration de travail représente le supplément d'alimentation exigé par l'excès de la dépense fournie par l'organisme lors d'un travail musculaire plus ou moins intense. La fixation de la ration d'entretien a subi de nombreuses variations dans ces dernières années.

Les matériaux azotés sont indispensables à l'entretien de la vie, et particulièrement parmi ceux-ci l'albumine et les substances albuminoïdes. La quantité d'aliments azotés nécessaire à la vie a été considérablement exagérée par les physiologistes et si, comme le fait remarquer M. A. Gautier, il est très difficile de déterminer exactement la proportion des aliments indispensables, on doit reconnaître que les Européens sont en général suralimentés. Cela est d'ailleurs une question de latitude, de condition sociale et d'âge. Les habitants des pays froids mangent beaucoup plus que les habitants des pays chauds. La ration quotidienne d'un Arabe, d'un Japonais ou d'un porteur de l'Afrique centrale ne suffirait pas à un Européen pour un seul repas. Les personnes qui sont d'une condition sociale aisée se laissent aller à manger plus qu'il n'est nécessaire et sont moins résistantes en cas de privations que ceux qui vivent d'une vie plus sobre.

Les enfants en pleine croissance doivent, il est vrai, manger beaucoup plus que ceux qui ne grandissent plus.

Mais la suralimentation chez un adulte bien portant, vigoureux, et doué d'un bon estomac, mène le plus souvent à l'obésité. Chez les individus dont le tube digestif est en moins bon état, elle entraîne la dyspepsie gastrique ou intestinale, celle-ci se traduisant soit par de la diarrhée ou au contraire par de la constipation, des hémorroïdes ou de la congestion du foie. Il faut donc se garder de la suralimentation habituelle, et *rester toujours sur sa faim* à la fin de chaque repas. C'est la règle primordiale de l'hygiène alimentaire. Il faut reconnaître que par suite d'habitudes d'atavisme et de raisons sociales, cette règle n'est presque jamais observée, sauf par ceux qui n'ont pas assez à manger.

L'alimentation insuffisante ou seulement défectueuse est plus dangereuse encore que la suralimentation; elle est malheureusement beaucoup plus fréquente. Elle entraîne de nombreux troubles pathologiques et en particulier ouvre la porte aux infections qu'elle aggrave considérablement, car elle débilite profondément l'organisme.

En France, on fait deux repas seulement et ces deux repas sont naturellement trop copieux et trop abondants. Le mode d'alimentation anglais avec son déjeuner substantiel (œufs, jambon, poisson et thé), le lunch, ou second déjeuner à une heure, son thé de cinq heures et enfin le souper à huit est bien préférable, car il répartit mieux la masse de nourriture prise. L'exercice, ainsi que nous le verrons plus loin, est l'adjuvant indispensable d'une bonne digestion, sauf chez certains dyspeptiques. Le système anglais des quatre repas (et c'est là une réforme bien facile à exécuter en multipliant les repas) permet de les prendre plus légers ; on évite par là les inconvénients de la suralimentation et de la digestion pénible. Moins on mangera le soir, mieux on dormira. Le souper sera donc un repas léger, comme il y a cent cinquante ans, le repas principal étant fait au milieu du jour.

Il convient de manger lentement, sans hâte, en masticant bien, toutes prescriptions qu'on observe rarement. Il faut environ quinze minutes pour bien mastiquer deux cents grammes de pain. Les repas principaux devront donc durer au moins une demi-heure. Il faut éviter de boire de trop grandes quantités de liquide aux repas, et ne pas pousser chaque bouchée par une lampée de liquide, le bol alimentaire devant être modérément dilué.

L'alimentation peut être animale, végétale ou mixte. La nourriture mixte est celle de tous les peuples, celle qui correspond aux véritables besoins de l'homme.

Certaines personnes adoptent un régime strictement végétarien. Les végétariens se divisent en deux groupes : les orthodoxes, qui n'admettent absolument que les végétaux, légumes et fruits, et les libéraux, qui autorisent l'usage de produits animaux, pourvu qu'il n'y ait pas eu de mise à mort. Ceux-ci usent de lait, de beurre, de fromage, d'œufs. Ils n'excluent que la viande, et suivent au fond un régime mixte, compatible avec un travail soutenu et une santé excellente.

L'alimentation végétale est peu dispendieuse. Elle nécessite une grande masse d'aliments, car il y a beaucoup de déchets (cellulose) et demande un travail pénible au tube digestif. L'alimentation purement animale a aussi des inconvénients ; elle expose à la constipation. Le régime mixte est donc préférable.

Quant à la quantité des aliments, elle est difficile à fixer. C'est beaucoup une question d'individus. Tel a un gros appétit qu'il faut satisfaire sous peine d'éprouver la sensation de la faim, des tiraillements d'estomac, de l'anémie cérébrale, de l'insomnie ; tel est petit mangeur, vite rassasié, tout en fournissant un travail considérable. Il y a toutes les variétés à ce sujet. En dehors de ces différences individuelles, qui sont considérables, la ration devra être proportionnée au poids du sujet.

Voici, à titre d'indication et non de règle, quelques chiffres sur les rations d'entretien. D'après A. Gautier la quantité d'aliments nécessaires à un homme qui travaille est résumée dans le tableau suivant :

	Pain. Grammes.	Viande. Grammes.	Graisse. Grammes.	CONTENANT	
				Carbone. Grammes.	Azote. Grammes.
Ration ordinaire....	829	239	60	230	20,00
Ration de travail...	361	173	33	170	8,74
Ration totale d'un bon ouvrier......	1 190	414	93	450	28,74

En prenant pour unité la ration d'un homme adulte menant, dans nos climats tempérés un train de vie ordinaire sans travail physique, les rations suivantes devront être attribuées aux autres conditions de l'existence :

Repos au lit............................	0,8
Train de vie ordinaire sans travail physique................................	1
Travail modéré............................	1,5
Travail très fatigant....................	1,8 à 2

Pour la femme tous ces nombres doivent être multipliés par le facteur 0,8 à 0,85.

Le régime suivant a donné un rendement maximum de travail chez les ouvriers du chemin de fer de Rouen :

Viande...........	660	Pommes de terre...	1 000
Pain blanc........	550	Bière.............	1 000

Les rations d'entretien et de travail varient suivant les climats.

Aux Indes Hollandaises, la nourriture des prisonniers est fixée de la façon suivante :

	Travail dur. Grammes.	Travail léger. Grammes.
Riz.........................	750	650
Sel.........................	15	10
Sucre indigène..............	20	0
Viande fraîche ou poisson......	200	200
Légumes frais...............	250	250
Piment.....................	Nº 1	Nº 1

Le sucre est donné immédiatement avant le travail. Que ce soit sous les climats tropicaux ou tempérés, il est une règle très importante sans laquelle une ration d'entretien de travailleurs, qui est calculée au minimum, ne rend pas les effets demandés; il faut varier les aliments. Pour les travailleurs indigènes comme pour les Européens, on doit faire alterner la viande avec le riz, le poisson, les légumes, en somme donner une alimentation mixte et variée.

Il est à remarquer que le travail physique seul exige un accroissement de l'alimentation ; la dépense d'énergie exigée par le travail intellectuel est si faible qu'elle n'en réclame aucun.

La qualité et la quantité de la nourriture doivent, nous l'avons vu, varier avec l'âge. A ce sujet l'hygiène de l'alimentation des nourrissons et des enfants demande quelques détails.

L'enfant, chez qui les fonctions vitales sont bien plus actives que chez l'adulte, doit augmenter progressivement et constamment de poids. Voici, d'après Flügge, les lois de cet accroissement quand l'enfant se porte bien.

	Poids moyen du corps en kilogr.	QUANTITÉS (EN GR.) NÉCESSAIRES PAR JOUR ET PAR KGR. DE POIDS			Calories par kilogr.
		Albumine.	Graisse.	Hydrates de carbone.	
Fin de la 1re semaine.	3,5	3,7	4,3	4,4	73,20
5e mois.............	7,6	4,5	4,8	5,6	86,02
12e —	9,6	4,0	4,0	8,0	86,40
18e —	10,8	4,0	4,0	9,0	90,5
2e année..	12	4,0	3,5	10,0	84,9
4e —	15,1	3,8	3,0	10,0	84,5
6e —	18	3,1	2,2	10,0	74,2
10e —	26,1	2,5	1,6	9,0	61,0
14e —	40,5	2,0	1,0	7,5	48,3
20e —	65,0	1,8	0,9	7,0	44,5

Un nouveau-né se portant bien doit augmenter de poids d'environ 30 grammes par jour, en chiffres ronds de 200 grammes par semaine. Ce résultat est obtenu par l'allaitement au sein, qu'il soit donné par la mère ou par une nourrice; dans de bonnes conditions on obtient un résultat analogue avec l'allaitement artificiel; celui-ci ne constitue toutefois qu'un régime de nécessité. Si cela est possible, les laits de jument et d'ânesse, qui se rapprochent le plus par leur composition du lait de femme, seront employés préférablement au lait de vache et surtout au lait de chèvre, qui est trop substantiel. C'est néanmoins le lait de vache qui est utilisé partout. Ce lait doit être stérilisé et ne jamais être consommé à l'état cru, l'infection tuberculeuse de la première enfance se faisant, on le sait, presque toujours par l'ingestion de lait de vaches tuberculeuses. Il ne doit pas être consommé pur après stérilisation, mais additionné d'eau bouillie pendant les premières semaines.

Une règle primordiale et trop méconnue concerne les intervalles à établir entre les tétées. C'est pour avoir négligé cette règle que l'on observe trop souvent des troubles intestinaux chez les nourrissons. Il ne faut jamais donner à téter ou à boire que toutes les deux heures et demi pendant les premiers mois et toutes les trois heures ensuite, et ne pas céder aux cris de l'enfant en lui donnant à téter pour le faire taire.

La quantité de lait donnée à chaque tétée ne doit pas être trop considérable et il ne faut pas attendre pour faire cesser le repas, que l'enfant régurgite une certaine quantité de lait.

La période du sevrage est souvent critique pour l'enfant. L'époque en est variable. C'est l'apparition des dents qui indique le moment où les substances solides vont pouvoir être introduites dans l'alimentation de l'enfant. Ce serait toutefois une grave erreur que de priver l'enfant brusquement de lait. Il ne devra arriver au régime de ses parents qu'après une longue période de transition, que l'on peut du reste faire débuter à partir du 7ᵉ mois en l'habituant à boire, à la cuiller, puis au verre, des bouillies au lait très claires faites avec des farines fines (crème de riz, arrow-root, qui sont constipants; crème d'orge, qui est laxative). Plus tard, des purées légères (pommes de terre, farines diverses) et des jaunes d'œufs pourront entrer progressivement dans l'alimentation. C'est généralement vers le 14ᵉ mois qu'on sèvre définitivement les enfants, en évitant toutefois de faire coïncider le sevrage avec la période des fortes chaleurs de l'été, propice à l'apparition des diarrhées infantiles.

Après le sevrage, on fera manger l'enfant six à sept fois par jour, en faisant coïncider certains de ses repas avec ceux de la famille. Quand les quatre premières molaires auront poussé, on pourra donner des aliments solides légers, (viandes blanches, volailles, poissons, œufs). A partir de trois ans l'enfant mangera les mêmes aliments que ses parents, ne buvant que du lait ou de l'eau légèrement rougie. Au moment de la croissance, on l'alimentera abondamment. On veillera à ce que son appétit soit toujours satisfait avec modération et sa nourriture devra être particulièrement substantielle. C'est surtout à cette époque que la fréquence des repas s'impose.

A la fin de la croissance et au moment de la puberté, une alimentation réparatrice est également indiquée. La régularité des repas a une grande importance surtout chez les enfants et les vieillards, mais aussi chez les adultes. Elle assure à l'estomac et à l'intestin leurs habitudes de digestion et facilite le bon fonctionnement de ces viscères. Les gens âgés se trouvent bien de ne faire le soir qu'un repas léger et de rester généralement sobres.

FALSIFICATIONS PRINCIPALES DE CERTAINS ALIMENTS USUELS

Nous allons très brièvement indiquer les principales falsifications des aliments usuels et les intoxications que ces aliments peuvent occasionner quand ils sont de qualité défectueuse.

La *farine* peut être falsifiée par l'addition d'amidon, de fécule provenant de pommes de terre, de haricots, quelquefois de plantes vénéneuses (ivraie), qui la rendent indigeste ou même dangereuse. Le talc a été récemment introduit par les Méridionaux dans la fraude des farines. L'alun, le plâtre, la silice, la craie sont employés dans le même but. La farine peut contenir des champignons, en particulier de l'ergot (surtout la farine de seigle), difficile à reconnaître quand le grain est moulu et donnant lieu à des accidents d'ergotisme (gangrène, tremblements, etc.). Le pain fait avec de la farine de bonne qualité peut moisir et devient alors mauvais, et même parfois dangereux, suivant la nature de la moisissure.

Le mouillage et l'écrémage sont les falsifications principales du *lait*. Sur 700 000 litres consommés journellement à Paris, 500 000 proviennent de l'extérieur : c'est le plus sophistiqué. Le récoltant le livre au dépositaire qui prélève 2 à 4 grammes de crème, par litre, c'est-à-dire tout ce qui excède le taux moyen fixé par les règlements de police. Le livreur continue l'écrémage et pratique un premier mouillage. Certains livreurs gagnent 20 000 francs par an à ces manipulations. Le détaillant à son tour augmente encore le mouillage. L'addition de matières solides (cervelle, etc.) pour augmenter la densité du lait mouillé n'est plus usitée, si elle l'a jamais été. On ajoute au lait ainsi étendu d'eau du bicarbonate de soude, du borax ou même de l'acide salicylique, pour qu'il ne tourne pas.

La principale falsification du *beurre* est l'addition du produit connu sous le nom de margarine (graisse de bœuf). C'est une fraude, mais le beurre ainsi falsifié n'est pas malsain ; il devient simplement un mélange de graisse et de beurre.

On falsifie encore un grand nombre de denrées usuelles : café, thé, chicorée, sucre en poudre, épices, etc.

La principale falsification du *vin* est le mouillage. Le vin est étendu d'eau, puis viné, c'est-à-dire additionné d'alcool pour relever le titre alcoolique. Comme l'alcool qu'on ajoute est presque toujours de mauvaise qualité (alcool industriel, non rectifié, impur), le vin se trouve alors additionné de produits toxiques.

Le vin peut encore être l'objet du sucrage. On ajoute à la vendange du sucre, non pas du sucre pur, mais des glucoses impures du commerce, dégageant pendant la fermentation des alcools nuisibles. Ces vins de sucre sont donc souvent mauvais. On colore parfois artificiellement les vins (en Espagne ils le sont avec le suc des baies de sureau). Il y a des matières colorantes dérivées de la houille (fuschine), qui sont dangereuses et doivent être proscrites. Le plâtrage consiste à mettre dans la cuve, au moment de la vendange, des couches de plâtre alternées avec le raisin, dans la proportion de 2 à 8 kilos pour 100 kilos de raisin. Le vin plâtré se clarifie, se dépouille et ainsi se conserve mieux, mais il contient, par suite de la transformation du plâtre par le tartre du vin, un sulfate de potasse qui est toxique, qui donne des maux d'estomac, des accidents gastriques et intestinaux. Tout vin qui contient plus de deux grammes de sulfate de potasse est considéré comme mauvais. L'adjonction d'acide salicylique au vin pour le conserver, est interdite par la loi.

On fait avec du raisin sec du vin qui n'est pas un produit malsain ; ce qui est une fraude, c'est de le vendre comme vin de raisin frais. Enfin on fabrique encore du vin de toutes pièces, c'est-à-dire sans qu'il y entre une goutte de jus de raisin frais ou sec. A base d'eau et d'alcool, ce liquide est additionné d'acide tartrique, de matière colorante, d'extrait sec, et de toutes les substances chimiques qui existent normalement dans les vins de bonne nature (glycérine, etc.). On conçoit que l'analyse chimique soit désarmée vis-à-vis de cette fraude, puisque le vin ainsi fabriqué contient chimiquement tout ce que contient du vin naturel. Faits avec des produits chimiques et de l'alcool impur, ces vins sont très dangereux.

La falsification des aliments est un mal ancien, mais qui va constamment en s'aggravant. Les progrès de la science fournissent chaque jour de nouvelles armes aux fraudeurs. Le public n'a qu'une ressource : c'est de faire faire toutes les fois qu'il a des doutes sur la bonne qualité d'un produit, l'analyse de l'échantillon suspect, dans un des laboratoires d'État qui viennent d'être créés, en application de la loi de 1907 sur les fraudes, ou à Paris, au Laboratoire Municipal qui depuis près de trente ans, sous la direction de Ch. Girard, a rendu des services inestimables à la santé publique.

DANGERS DE CERTAINES MATIÈRES ALIMENTAIRES.

S'il est bon de mettre le public en garde contre la possibilité de certaines falsifications, il est non moins important qu'il connaisse les dangers que peut entraîner la consommation de certains aliments avariés, dangers réels que nous allons rapidement passer en revue[1].

Les *viandes* peuvent être dangereuses, lorsqu'elles contiennent des parasites ou quand on les consomme alors qu'elles sont altérées.

Les viandes peuvent contenir des œufs de vers intestinaux, de ténias, qui sont le *ténia inerme* pour la chair du bœuf, et le *ténia armé* pour la viande du porc (porc ladre). La chair du porc peut également contenir des *trichines* (fig. 34).

Les ténias sont des hôtes incommodes, mais peu dangereux, de l'intestin de l'homme; il n'en est pas de même de la trichine, qui peut occasionner des accidents mortels rappelant ceux de la fièvre typhoïde.

Pour éviter le ténia du bœuf, il suffit de manger la viande de bœuf rôtie ou grillée à point et non pas violette ou rouge, très saignante. Lorsque par prescrip-

---

1. Les aliments les plus sains peuvent devenir dangereux par suite de manipulations ou d'habitudes malpropres. Nous signalerons en particulier celle qui est courante à Paris et qui consiste à poser le matin le pain à la porte des appartements de chaque étage, *sur les paillassons*, sans les envelopper de papier.

tion du médecin les malades ou les convalescents mangent de la viande crue hachée ou pulpée, il vaut mieux choisir les viandes de mouton ou de cheval qui

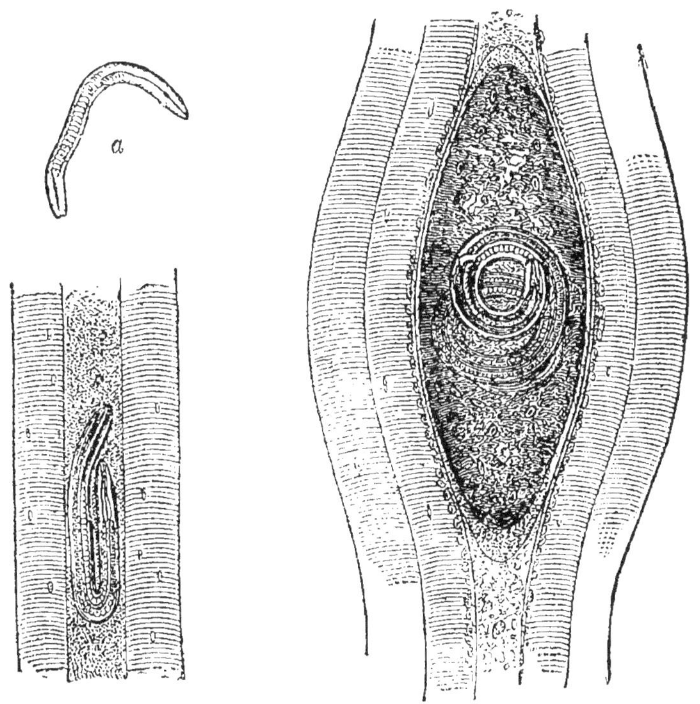

Fig. 34. — Embryon de trichine libre, *a*, puis enfermée dans une fibre musculaire, où elle s'enkyste à l'état de larve.

sont exemptes de tout danger plutôt que la viande de bœuf qui expose au ténia.

Le jambon cru expose au ténia armé et à la trichine. Son emploi doit donc être proscrit.

Les viandes peuvent encore provenir d'animaux malades, et atteints d'affections microbiennes communes aux animaux et à l'homme (charbon, tuberculose, morve). Ce n'est que par suite d'un défaut de surveillance (viandes foraines) que l'on peut mettre clandestinement en vente pour la boucherie des animaux charbonneux ou morveux, dont la dépouille doit légalement être enfouie profondément et dans de la chaux. Pour ce qui est de la tuberculose, il est reconnu que la chair des bovidés tuberculeux ne contient pas de bacilles. On tolère donc la mise en vente de ces animaux, si l'animal n'est pas atteint de lésions trop généralisées. Les foies de volailles sont souvent tuberculeux et quand ils sont consommés à peine cuits, roses, ils peuvent contenir des milliers de bacilles encore vivants. Leur ingestion peut donc être très dangereuse (Thoinot).

La putréfaction, ou un commencement de putréfaction, détermine, dans les viandes comme dans le corps des animaux en décomposition, le développement de substances chimiques appelées ptomaïnes et dont certaines sont de violents poisons.

Tout ce qui n'est pas d'une rigoureuse fraîcheur doit être rejeté, qu'il s'agisse de viande de boucherie ou surtout de charcuterie, le degré de fraîcheur et la bonne qualité de celle-ci étant plus difficiles à apprécier. L'œil et l'odorat, pour les viandes, peuvent renseigner à ce sujet. C'est surtout en été que surviennent des accidents, souvent mortels, dus à l'ingestion de viandes altérées. Le veau, le veau piqué, les saucisses, le boudin, le canard au sang (dangereux de juin à septembre), les conserves trop anciennes ou mal préparées déterminent des accidents terribles, rappelant le choléra, qui frappent et déciment souvent toute une famille. Cependant ces aliments avariés ne présentent souvent ni à la vue, ni au goût, ni à l'odorat, le moindre

symptôme d'altération. La viande de veau doit particulièrement être l'objet de surveillance pendant l'été.

Les blancs d'*œufs* altérés peuvent aussi causer des
accidents mortels, quand ils sont employés par des
pâtissiers peu scrupuleux. Certains gâteaux (Saint-
Honoré, choux à la crème) doivent leur toxicité à ce fait,
ainsi qu'à la mauvaise qualité de la crème employée.

Certains *poissons* peuvent donner un ver (botriocéphale) analogue au ver solitaire. Ce sont les poissons
du lac de Genève surtout qui contiennent des larves
de ce parasite, qui est rare en France. Le poisson porteur de ces larves devient inoffensif, s'il est bien cuit.

Certains poissons frais, sous les tropiques, sont toxiques. En Europe, les œufs de brochet et de barbeau
passent pour indigestes et peuvent occasionner un
peu de diarrhée. Les poissons avariés déterminent les
mêmes accidents que les viandes altérées. La morue
rouge contient un microbe qui donne cette coloration
à la chair de la morue salée et provoque des accidents
toxiques. Les conserves de poissons, thon, saumon,
sardines, mal préparées sont également dangereuses.

Les homards, langoustes, crevettes et crabes, à l'état
frais ou conservé, donnent assez rarement lieu à des
accidents. Cependant certaines personnes sont particulièrement sensibles à l'ingestion des *crustacés*, qui
leur donne régulièrement de l'urticaire; on a même
observé de véritables empoisonnements, avec diarrhée,
vomissements, etc. Il y eut, il y a quelques années,
à Amiens une épidémie dans 350 familles provoquée
par des crevettes avariées.

Les *moules* déterminent des empoisonnements parfois mortels. C'est un fait qui est connu de tous. Cela

tient surtout à la qualité nocive des eaux dans lesquelles les moules ont vécu, ou aussi à une maladie des moules que ces eaux produisent, et qui amène, dans le foie du mollusque, la formation d'un poison appelé mytilotoxine. Les moules peuvent encore donner la fièvre typhoïde.

Il en est de même des *huîtres*, lorsque les parcs, où ces huîtres se sont développées, sont souillés par des eaux d'égout contenant le bacille de la fièvre typhoïde, ou, comme cela arrive peut-être plus fréquemment encore, lorsqu'en dehors des parcs, on rafraîchit ces huîtres au moment de la vente ou un peu avant, en les maintenant dans des eaux souillées.

En Amérique, elles ont déterminé le choléra dans les mêmes conditions. Il vaut mieux, surtout pour les enfants, se passer d'huîtres quand on n'est pas sûr de leur origine.

Le remède à l'infection des huîtres, qui est loin d'être générale en France, mais seulement limitée à certains parcs, est d'autant plus facile à appliquer, dit Mosny, que la situation et l'aménagement de la grande majorité des parcs de notre pays peuvent être maintenus dans l'état actuel, sans aucun inconvénient pour la santé. Il suffirait de prémunir les parcs salubres contre toute cause à venir de contamination, et d'interdire la vente d'huîtres provenant d'endroits notoirement con-taminés (Cancale, Cette) jusqu'à ce que les causes de contamination (égouts) aient été supprimées.

Les huîtres mises en réserve chez les marchands au détail doivent être l'objet d'une surveillance particulière; c'est là surtout le grand danger; car des huîtres, retirées des parcs parfaitement saines, peuvent être contaminées ultérieurement par de l'eau souillée dans laquelle on les conserve.

Les fraudes les plus habituelles du *lait*, mouillage et écrémage, ne peuvent pas déterminer d'accidents (sauf dans les cas où l'eau ajoutée au lait contient des germes morbides). Il n'en est pas de même pour les laits qu'on a additionnés de substances « conserva-trices » (soude, borax); une consommation prolongée de ces laits est nuisible, surtout pour les jeunes enfants et les personnes soumises au régime lacté, en particu-lier dans les maladies des reins.

Il est admis maintenant que c'est souvent par le lait de vaches tuberculeuses pris au premier âge ou dans l'enfance, qu'on devient tuberculeux. Or, la fréquence de la tuberculose chez les vaches est incontestable. Le lait virulent, tuberculeux, que la mamelle de la vache soit tuberculeuse ou non, est extrêmement répandu, et constitue un véritable danger public. En Angleterre, grâce à l'application d'une série de mesures hygié-niques portant sur la salubrité des habitations et des ateliers, on est arrivé à réduire considérablement la tuberculose chez les adultes. Par contre, chez les enfants, qui consomment beaucoup de lait, le nombre des cas de tuberculose a au contraire augmenté dans de fortes proportions. C'est la tuberculose des vaches qui en est cause.

Il faut donc éliminer les vaches tuberculeuses, ce qui est possible puisqu'on peut les reconnaître à l'aide d'une injection de tuberculine. C'est ce qui se pratique à Nice et à Arcachon où le bureau d'hygiène donne après inoculation une attestation aux laitiers, certifiant que les animaux sont sains. Les effets de cette mesure ont été des plus heureux, et pour les commerçants qui ont vu s'accroître leurs affaires, et pour les clients dont la sécurité se trouve ainsi assurée.

A Paris et presque partout ailleurs, le lait arrive jusqu'au consommateur sans aucune garantie. Il y a cependant parfois la moitié des vaches laitières qui sont tuberculeuses. Dès lors, pour supprimer le danger, il faut, *et cela est indispensable pour les nourrissons et pour les jeunes enfants*, le faire bouillir [1], ou prendre du lait de chèvre ou d'ânesse, ces animaux étant réfractaires à la tuberculose.

Le lait peut encore transmettre la fièvre aphteuse ou cocotte à l'homme. Les vaches qui ont la cocotte donnent du lait dangereux, mais que l'ébullition rend inoffensif. Il y a eu également un grand nombre de cas de fièvre typhoïde et même de choléra et de dysenterie, transmis par du lait contaminé. La contamination se fait par les mains des personnes qui traient et qui ont soigné des malades, ou par des mouches infectées, ou par de l'eau souillée qui a servi, soit à laver les vases qui ont contenu le lait soit à mouiller celui-ci. Il semble que la scarlatine et peut-être la diphtérie puissent aussi être propagées par le lait. L'ébullition du lait suffit encore à parer à tous ces dangers.

RÉGIMES SPÉCIAUX

Nous terminerons ce que nous avons à dire sur l'hygiène alimentaire par quelques notions générales, indispensables à connaître pour soi-même ou pour les

---

1. Nous rappelons que le lait monté n'est pas du lait bouilli. Lorsque le lait monte, il faut fendre la peau et attendre le bouillonnement.

siens, à propos de quelques régimes spéciaux chez les obèses, les goutteux, les diabétiques et les albuminuriques[1].

Régime des obèses. — La plupart des personnes qui sont devenues obèses, le doivent à une alimentation trop abondante et favorisant la formation de graisses dans l'organisme (pain, soupe, féculents et farineux, sucre, boissons alcooliques) en même temps qu'au défaut d'exercice. Pour combattre et réduire l'obésité, il faut donc recourir aux exercices physiques (gymnastique, escrime, marches prolongées) sans jamais aller jusqu'à la fatigue, et se soumettre à un régime alimentaire approprié.

Ce régime, pour être efficace, doit comprendre la diminution de la ration quotidienne, la suppression presque absolue des aliments indiqués plus haut, qui contribuent le plus à l'entretien et au développement de l'obésité, enfin la diminution des boissons aux repas, car les liquides en diluant la masse alimentaire dans l'estomac et l'intestin, en rendent l'absorption plus complète et augmentent par suite la quantité des matériaux que l'organisme peut transformer en graisse. On a même proposé la suppression absolue des boissons aux repas, mais celle-ci n'est pas sans danger, chez les arthritiques surtout, chez lesquels peuvent alors survenir des accidents, notamment la gravelle et les coliques néphrétiques.

Il faut encore tenir compte, dans la cure de l'obésité, de ce fait, qu'un amaigrissement trop rapide d'une

---

1. Les régimes des dyspeptiques sont trop variables suivant les cas pour que nous puissions en parler ici.

part peut débiliter l'organisme et le laisser sans défense vis-à-vis des maladies infectieuses, et de l'autre produit trop souvent chez les gens voisins de la quarantaine, particulièrement chez les femmes, des ravages esthétiques irréparables, flaccidité des chairs, rides, etc.

Voici un régime qui nous a souvent réussi dans le traitement de l'obésité. Les repas seront strictement limités à trois (petit déjeuner du matin au lever, déjeuner vers midi, dîner vers sept heures); le « goûter », qui, surtout pour les dames, n'est qu'une occasion de manger des pâtisseries et de prendre des boissons sucrées, doit être impitoyablement supprimé. Le menu des repas sera réglé suivant les indications qui vont suivre, en tenant compte des modifications de quantité que comportent la stature, l'appétit, le sexe, le genre de vie physique des intéressés :

Petit déjeuner du matin : Une tartine de pain grillé (non beurré) avec une tasse de café noir, de thé ou de lait sans sucre ou avec très peu de sucre.

Déjeuner de midi : Pas de pain ou seulement un petit pain long d'un sou (dit pain de luxe), composé presque uniquement de croûte.

Un plat d'œufs (à la coque, sur le plat, frits ou en omelette), de légumes verts ou de poisson bouilli, grillé ou frit avec très peu de beurre.

Un plat de viande, prise dans les parties qui ne sont pas grasses, grillée ou rôtie.

Un fruit frais, peu sucré.

On boira pendant le repas deux verres d'eau pure ou additionnée de vin léger; on peut aussi prendre la même quantité de cidre, non mousseux; ou encore du lait ou du thé léger. Mais il vaut mieux ne pas faire usage de la bière, qui favorise l'engraissement.

On peut sans inconvénient prendre à la fin du repas une petite tasse de café noir, peu ou pas sucré. Mais alors on diminuera d'autant la quantité de liquide absorbée pendant le repas.

Dîner : Même menu qu'au déjeuner; par conséquent suppression absolue de la soupe.

Entre les repas on ne doit prendre aucune sorte d'aliment. Pour compenser l'insuffisance des quantités de liquides absorbées aux repas, il sera bon, surtout pour les arthritiques, de boire au milieu de la journée et le soir au coucher un verre d'eau pure ou encore de lait ou de thé léger peu sucré. Il va de soi qu'il faut proscrire tout apéritif ou liqueur.

Lorsqu'on veut hâter l'amaigrissement d'un obèse [1], on peut le mettre au régime lacté absolu pendant deux ou trois semaines (3 à 4 litres de lait par 24 heures). Mais ce régime n'est pas toujours bien supporté et a généralement l'inconvénient d'affaiblir et de fatiguer ceux qui y sont soumis, au point de les obliger à interrompre leurs occupations. Nous nous sommes souvent bien trouvés de prescrire en pareil cas le régime lacté intermittent, en faisant suivre pendant un jour le régime des trois repas susindiqué, puis le lendemain le régime lacté, pour revenir ensuite pendant 24 heures au régime des trois repas, puis encore au régime lacté,

---

1. La suppression absolue de toute boisson aux repas, avec absorption de liquide deux heures avant et après chaque repas, sous forme d'eau pure ou légèrement minéralisée (Evian, Contrexeville) amène très rapidement la diminution de l'obésité quand on la combine aux règles alimentaires indiquées. Ce régime est très pénible à suivre et peut présenter des inconvénients sérieux pour les arthritiques.

et ainsi de suite jusqu'à ce que la cure ait donné les résultats qu'on en attendait.

Même lorsqu'on aura obtenu un amaigrissement suffisant, il sera bon de continuer à suivre un régime alimentaire ne s'écartant pas beaucoup du régime des trois repas, que nous avons indiqué.

Régime des goutteux. — Pour éviter le retour des accès de goutte, il faudrait, a-t-on dit, s'astreindre à gagner 3 francs par jour et à en vivre. Cette formule simpliste résumerait assez bien le traitement hygiénique de la goutte, s'il était entendu par là que le goutteux doit rester sobre, éviter toute alimentation recherchée et faire un exercice régulier, sans aller jusqu'à la fatigue.

Contrairement à ce que pensent beaucoup de gens, le régime alimentaire dans cette maladie ne doit pas être trop sévère. Le régime lacté prolongé, le végétarisme absolu, l'usage exclusif des viandes blanches menacent le goutteux d'un affaiblissement progressif dont il ne se relèvera pas. L'alimentation qui convient le mieux aux goutteux est une alimentation mixte en partie azotée et en partie végétale, en écartant tout ce qui est notoirement reconnu comme nuisible. Lorsque la goutte passe à l'état chronique le régime doit être substantiel et plutôt azoté.

Les aliments seront très simplement préparés et les repas modérément copieux; le goutteux s'efforcera de devenir petit mangeur. A. Gautier conseille de ne manger que peu de pain. Toutes les viandes grillées ou rôties, sans sauces relevées, sont recommandables, sauf : le gibier faisandé, le ris de veau, le foie, la cervelle et les rognons. Les œufs sont permis. On évitera les conserves, les salaisons, les mets assaisonnés au vinaigre, les condiments acides (cornichons, pickles, etc.).

Tous les légumes conviennent sauf l'oseille, les asperges, les épinards, les haricots et les petits pois. D'après Gautier les tomates, que tous les auteurs proscrivaient jusque-là, seraient souvent au contraire bienfaisantes. On supprimera les truffes et les champignons de l'alimentation du goutteux. Les fruits bien mûrs sont sans inconvénients, sauf les groseilles, les fraises et les framboises.

Il ne faut user que très modérément des pâtisseries et des plats sucrés.

On recommande de prendre quelques tasses de lait entre les repas. La meilleure boisson de table sera du vin blanc, assez vieux, léger et sec ou du Bordeaux vieux, l'un et l'autre coupés d'eau. On s'accorde à considérer comme nuisibles : les boissons acidulées, entre autres le cidre; les boissons gazeuses (particulièrement le champagne); les vins jeunes à cause de leur acidité, mais surtout le vin de Bourgogne, chargé en tannin; les vins alcoolisés comme le porto et le xérès; les bières fortes, comme le stout et le porter; enfin les liqueurs et les eaux-de-vie. On peut sans inconvénient prendre du café et du thé en quantité modérée.

Il n'est pas inutile d'ajouter qu'il faudra dans les prescriptions du régime tenir grand compte des susceptibilités alimentaires de chaque malade et de ce qu'il a observé à ce propos sur lui-même. Tel goutteux supporte bien un aliment, qui ne convient pas du tout à un autre.

On se trouvera bien d'éviter tout excès, tout surmenage intellectuel ; de faire chaque jour un exercice régulier, mais modéré ; de pratiquer des affusions tièdes ou même froides, si la réaction se fait bien, suivies de frictions sèches. Le froid humide est particulièrement nuisible aux goutteux, qui doivent s'en garantir au moyen de la flanelle et des vêtements chauds.

Régime des diabétiques. — La présence constante de sucre dans les urines à un taux plus ou moins élevé, impose un certain nombre de règles hygiéniques qu'il est important de connaître. L'hygiène alimentaire vient ici au premier rang.

Doivent être proscrits : tous mets et boissons sucrés, ainsi que les aliments tels que le pain et les légumes dits féculents, qui contiennent de l'amidon, les pâtes, les farineux, les lentilles, les fèves, le riz. Sont permis : toutes les viandes de boucherie, les poissons, le gibier, la volaille, la charcuterie, les œufs, les fromages et le beurre. Un régime riche en corps gras, quand il est bien toléré, est excellent pour le diabétique.

Les légumes verts sont autorisés, bien qu'ils contiennent une certaine quantité d'hydrates de carbone nuisibles au diabétique. Ces légumes en perdent d'ailleurs une bonne partie par la cuisson. Mossé a préconisé la pomme de terre en guise de pain ordinaire. Elle contient 18 à 20 grammes de sucre p. 100, alors que le pain de gluten, qui remplace, pour les diabétiques, le pain ordinaire, en contient 18 grammes. C'est là une question à réserver. Il faut savoir en effet que le régime de deux diabétiques, ayant la même quantité de sucre dans les urines, peut différer totalement. Il n'y a rien de si variable. Tel pourra supporter sans inconvénient les pommes de terre, qui, pour tel autre, augmenteront considérablement le taux du sucre. Il en est de même pour d'autres aliments et d'autres boissons. Il y a une question de susceptibilité individuelle qui prime tout, si bien qu'à chaque diabétique correspond un régime alimentaire particulier, en dehors des grandes lignes que nous venons d'indiquer, lorsqu'il s'agit du choix d'aliments discutés. C'est surtout à propos des légumes que se justifie la remarque précédente.

Pour la majorité des diabétiques la grosse privation est celle du pain et du dessert. C'est une erreur très communément répandue que de croire que la croûte est moins nuisible que la mie. La mie contient 51 p. 100 de matière amylacée; la croûte, 76 p. 100. Elle est donc à prohiber autant que la mie. Il en est de même du pain grillé et des flûtes biscuitées. On remplace le pain ordinaire par le pain de gluten ou le pain d'amandes, qui est très agréable à consommer et sans inconvénient.

Les amandes, sèches ou grillées, les noisettes, les noix, la confiture d'oranges à la glycérine peuvent être servies au dessert, les fruits sucrés étant défendus.

L'usage de la saccharine est à éviter, ou tout au moins doit-on n'en faire qu'un usage extrêmement modéré.

Au point de vue des boissons, le vin, rouge ou blanc, pourvu que ce dernier ne soit pas de goût sucré, l'alcool, pris d'une façon modérée, sont permis. Le lait, en petite quantité, est autorisé.

M. Gautier a proposé, pour vingt-quatre heures, le régime suivant :

Aliments.	Quantités en grammes.	Albumine. Grammes.	Graisse. Grammes.	Hydrates de carbone. Grammes.
Viande désossée....	900	180	40,8	3,2
Pain de gluten.....	70	35		10,3
Légumes verts.....	300	16	2,7	13
Pommes de terre...	60	0,8	0,1	12
Poisson............	150	23	2,1	
Crème de lait......	100	3,7	22,7	4,2
Beurre et graisse...	100	1	85	0,7
Fromage..........	60	19	17	
				43, 4

Avec ce régime, un homme ne se livrant pas à un travail forcé peut parfaitement subsister, bien que n'ingérant que 43 gr. 4 d'hydrates de carbone au lieu de 380 grammes, quantité ordinaire.

Il faut savoir d'ailleurs qu'un régime draconien (abus du régime carné) peut souvent être nuisible et qu'un diabétique non obèse, bien portant, ne doit pas maigrir.

Un exercice modéré est indispensable au diabétique; mais le surmenage physique est dangereux pour lui. L'hydrothérapie, l'usage quodidien d'eau froide sont excellents et ne sauraient être assez recommandés. Par contre, les procédés de sudation abondante (bains de vapeur, hammam) sont interdits. Il en est de même du séjour dans les pays tropicaux.

Le surmenage intellectuel, le travail de cabinet trop intensif, toutes les causes d'émotion vive doivent être soigneusement évités par le diabétique.

Régime des albuminuriques. — Tout individu atteint de maladie chronique dés reins, avec présence constante d'albumine dans les urines devra suivre un régime dont la base est l'usage plus ou moins exclusif du lait. Dans les cas graves, le lait constitue seul, sur l'ordre du médecin, l'alimentation du malade.

A un degré moindre, le régime lacté sera mitigé par l'addition de potages farineux, sucrés, ou à l'oignon. Toutes les farines de céréales ou de légumes peuvent être employées. Les crèmes renversées, les gâteaux de semoule, de riz, les juleps (jaunes d'œufs battus dans du lait sucré) permettront de varier les menus. La purée de pomme de terre sans sel ou peu salée est permise, ainsi que le fromage à la crème.

A un troisième degré, on pourra manger du pain sans sel, des bouillons de légumes sans sel et sans viande, du macaroni, des nouilles, des purées de légumes et des légumes verts sans sel, des fruits cuits, des compotes et du fromage blanc. Les œufs, pochés, à la coque, ou mollets sont permis. Le lait, les tisanes, l'eau de Vichy serviront de boisson.

Lorsque ce troisième degré a été bien supporté pendant un certain temps, on peut, sur l'avis du médecin, passer au régime carné restreint, à la condition, toutefois, que tous les aliments soient consommés sans sel. Sont permis : les poissons comme la sole, le merlan, la perche (dans la friture) ; la cervelle, les rognons brochette, le poulet, l'agneau, le porc frais ; plus tard le veau et le filet de bœuf ; toutes ces viandes seront grillées ou rôties et sans sauce. Le pain sans sel ou peu salé peut être pris en quantité modérée.

Les légumes et les fruits seront permis, comme dans les degrés précédents.

Pour un bon nombre de malades, la privation de sel est insupportable, surtout dans le pain. On peut montrer une certaine tolérance à cet égard, car dans un litre de lait (aliment permis) il y a environ 1 gr. 10 de sel, tandis que dans 1/2 livre de pain ordinaire il n'y en a que 0,50 gr. Comme boisson on prendra des tisanes, du vin blanc très fortement coupé d'eau et du thé léger, ainsi que de la bière de malt coupée de moitié d'eau.

Sont défendus : le *gibier*, la charcuterie, les poissons ou légumes de conserve, les crustacés, les mollusques, les *asperges*, l'oseille, la tomate, la choucroute, les sauces, les épices, la moutarde, le vinaigre, les graisses, la friture, le *chocolat*, l'alcool, le vin rouge, toutes les boissons acides ou alcooliques. Au quatrième degré, le bouillon de viande, peu salé, peut être toléré.

La recommandation hygiénique la plus importante à faire aux albuminuriques est d'éviter le *froid*. Le port constant de flanelle ou tout au moins d'une ceinture de flanelle leur est indiqué. Avoir froid sur la région des reins est particulièrement nuisible, ainsi que de rester avec des vêtements mouillés qui sèchent sur le corps. Les bains froids, les douches froides seront interdits. Par contre, les frictions sèches, au gant de crin, matin et soir, rendront service aux albuminuriques.

DANGERS DU TABAC

L'usage du tabac est devenu universel, plus encore que celui de l'alcool ou de l'opium. Il n'est aucune intoxication chronique qui soit plus répandue actuellement sur toute la surface du globe. Les inconvénients du tabac, lorsqu'on le fume, ont donné lieu à des discussions passionnées qui durent encore.

L'innocuité apparente du poison, la lenteur avec laquelle se développent les différents désordres provoqués par son usage feront toujours méconnaître ses méfaits par les fumeurs.

La fumée de tabac contient un grand nombre de gaz ou produits volatils, qui sont très toxiques. On conçoit donc que cette fumée, surtout lorsqu'elle est inhalée dans les poumons, puisse être une cause d'intoxication. Il est donc dangereux « d'avaler » sa fumée, ainsi que le font la plupart des fumeurs endurcis. On augmente ainsi les chances d'intoxication, tandis qu'en se contentant de garder la fumée dans la bouche, on réduit les chances d'absorption du poison au minimum. Le fait de fumer dans un local clos et surtout de dormir dans une chambre, où l'on a fumé, sans l'avoir aérée, prolonge beaucoup l'action nuisible du toxique sur l'organisme. Le séjour dans une pièce où l'on fume expose d'ailleurs également les personnes qui ne fument pas à tous les inconvénients du poison.

Il n'y a pas grande différence, au point de vue des effets nocifs du tabac, entre le cigare, la cigarette et la pipe. On a incriminé le papier des cigarettes. Cette opinion ne mérite pas la discussion. Il faut savoir toutefois que les pipes très usagées et dont le fourneau est doublé à l'intérieur d'une couche plus ou moins épaisse de charbon, dégagent de l'oxyde de carbone. Ce charbon est donc nuisible et doit être enlevé. Fumer à jeun est une pratique pernicieuse. La perte de la mémoire et surtout de la mémoire des noms propres, la perte de

l'appétit, des maux d'estomac, des troubles dyspeptiques, l'affaiblissement de la vue vers la cinquantième
année, au moment où la vue s'allonge et surtout les
troubles du côté du cœur (palpitations, angine de poitrine, artério-sclérose) sont les principaux accidents
que peut déterminer l'usage prolongé et ininterrompu
du tabac. La plupart de ces phénomènes cessent d'ailleurs rapidement avec la suppression du poison.

Fumer est une habitude inutile et mauvaise, dangereuse à coup sûr quand elle est poussée au delà de certaines limites. Il faut reconnaître cependant que certains sujets peuvent fumer impunément du matin au
soir et vivre jusqu'à l'âge le plus avancé, sans aucun
inconvénient et sans éprouver la plus légère diminution de leurs facultés cérébrales.

L'usage du tabac lavé, c'est-à-dire passé et pétri deux
ou trois fois dans l'eau froide, augmente la tolérance
ou diminue considérablement les chances d'intoxication.

CHAPITRE VII

HYGIÈNE DU CORPS

VÊTEMENT

Il y a peu de chose à dire sur l'hygiène du vêtement en ce qui concerne la forme des vêtements, et les matières premières, les substances avec lesquels ils sont faits. Les vêtements d'homme sont à peu près rationnels ; les robes des femmes gagneraient à être encore plus courtes, les robes traînantes emmagasinant et soulevant les poussières.

Les vêtements sont faits de fil, de coton, de chanvre, de soie ou de laine. La préférence doit être donnée, au point de vue hygiénique, au tissu qui conduit le plus mal la chaleur (conservant et absorbant les rayons de chaleur venant du dehors, conservant d'autre part la chaleur du corps) : c'est la laine qui présente au plus haut degré ces avantages.

On sait que les étoffes noires absorbent tous les rayons lumineux. On range d'ailleurs les couleurs, d'après leur pouvoir absorbant, comme il suit : 1 noir, 2 bleu, 3 vert, 4 rouge, 5 jaune, 6 blanc.

Ce sont ces deux dernières couleurs qui sont préférables par les temps et dans les climats chauds, le bleu et les couleurs foncées pouvant être préférés en hiver.

La flanelle, que l'on porte sur le corps, et qui est très usitée, est loin d'être indispensable. Il faut s'en passer quand on n'est pas d'une extrême susceptibilité aux refroidissements. On doit en changer souvent, car imprégnée de sueur elle peut donner lieu à des éruptions désagréables. En dépit d'un préjugé bien établi, les personnes qui ont pris l'habitude de porter de la flanelle peuvent renoncer sans danger à l'employer. Il vaudra mieux attendre les jours chauds, toutefois, avant de mettre directement la chemise de toile ou de coton sur la peau. Les ablutions froides dispensent de la flanelle.

Le coton est moins froid que la toile. Il conduit moins bien la chaleur et se refroidit moins. On fait d'ailleurs des flanelles de coton qui ont une partie des avantages de la flanelle et qui absorbent la transpiration.

Les vêtements de dessous, placés directement sur la peau, doivent être toujours d'une propreté rigoureuse. Il faut en changer très fréquemment et les quitter dès qu'ils ont été mouillés par la transpiration ou la pluie. Il est très utile à la santé de changer complètement de linge pour la nuit, ce qui permet au gilet de flanelle et à la chemise de jour de sécher complètement et de s'aérer.

Au point de vue de la forme des vêtements, on peut adopter la formule suivante : ni trop ample, ni trop serrée. L'enfant surtout ne doit pas être trop serré, ni emprisonné dans des vêtements trop étroits, ni trop lourds. Le *maillot*, en particulier est un objet contre nature. Son usage se conserve encore malgré les protestations des médecins, mais il est tombé relativement en désuétude. Il produit d'ailleurs des résultats absolument contraires à ceux qu'on en attend, car loin de fortifier les enfants et de les empêcher de se déformer, ce qui est le but que l'on voulait atteindre, il les fait souffrir et les affaiblit, et même parfois les contrefait.

Il ne faut pas que la ceinture ou le corset portent jusqu'à l'exagération la finesse de la taille. Il y a une perversion du goût et, disons-le, un coupable attentat contre soi-même dans l'application que mettent beaucoup de femmes et même certains hommes à réduire à un étranglement ridicule et choquant la partie moyenne du corps. La femme mince est loin d'être la femme svelte. Le corset trop serré, trop raidi par des lames de baleines, rend la démarche saccadée, plaque le visage de rougeurs malsaines et surtout, en contrariant le libre jeu des organes respiratoires, paraît être pour certains auteurs une cause de phtisie (Proust). De plus un corset trop serré abaisse le foie, le comprime, compromet la digestion et peut entraîner le déplacement du rein chez certaines personnes prédisposées.

Ces inconvénients multiples ont fait transformer le corset, et ceux qui sont actuellement en vogue, les corsets dits hygiéniques, sont moins nuisibles à la santé.

« Loin de nous cependant la pensée de faire au corset un procès sérieux. Il est indispensable pour assurer le développement régulier des formes, maintenir les jeunes personnes dans l'habitude de se tenir droites et de ne pas s'abandonner à une liberté d'ailleurs nuisible à la beauté » (Proust).

Le cou ne doit pas être non plus serré. Les faux-cols qui sanglent le cou sont aussi nuisibles que les cravates-carcan de jadis. Ils prédisposent, surtout chez les gens sanguins, aux congestions et aux coups de sang.

Actuellement, grâce à l'emploi des tissus élastiques, les bretelles n'ont plus les inconvénients d'autrefois. Il n'en est pas de même des jarretières. Quelque peu serrées et si souples qu'elles soient, elles compriment toujours la jambe, soit au-dessus, soit au-dessous du genou, ralentissent le cours du sang veineux et sont une cause de varices. Les jarretelles qui s'attachent au bas du corset n'ont pas cet inconvénient ; chez l'homme, elles prêtent aux mêmes critiques que les jarretières.

Aussi légère que possible, surtout chez les enfants dont le crâne est incomplètement formé au point de vue osseux, la coiffure ne doit pas, quand elle est hygiénique, faciliter la transpiration, qui est une cause incontestable de chute des cheveux. L'aération du dessus de la tête doit toujours y être assurée. Il faut rester tête nue dans l'appartement et au lit.

L'usage des gants bien faits, c'est-à-dire suffisamment larges et souples, est excellent, car il protège les doigts contre les causes de contamination par les microbes qui pourraient être ensuite introduits par la bouche dans l'organisme, pendant les repas. Les gants garantissent du froid et préviennent les crevasses et les engelures.

La chaussure moderne, en cuir ou en toile, doit être légère, s'adapter parfaitement à la forme du pied et serrer la cheville et le bas de la jambe. La bottine répond à toutes ces exigences, mais sa forme pointue, actuellement encore en vogue en France, est défectueuse parce qu'elle est symétrique ; elle rejette le gros orteil en dehors, les derniers orteils en dedans, les comprime, et c'est ainsi que se forment les cors et les oignons. La forme dite américaine est beaucoup plus rationnelle.

La semelle doit être établie d'après le tracé du contour du pied (fig. 35). C'est ce qui existe dans les chaussures américaines qui commencent à se répandre à Paris, et ce qui pourrait être fait par tous les cordonniers. Les bouts carrés ou ronds n'offrent pas les inconvénients des bouts pointus. La semelle doit déborder et le talon doit être plat, peu élevé.

Si l'étroitesse des chaussures est une cause de déformation et de production de cors ou même d'écorchures, il en est de même des chaussures trop grandes.

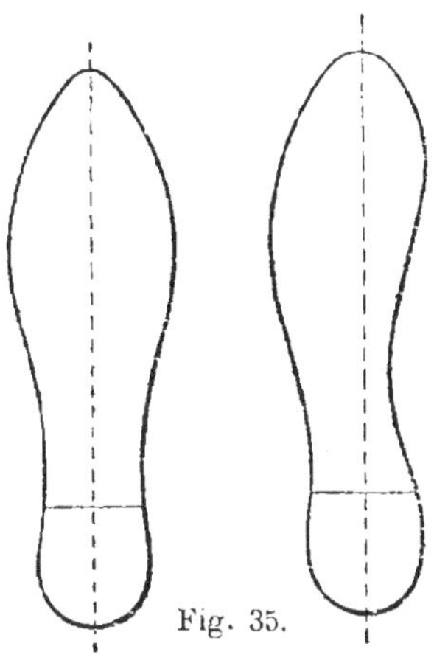

Fig. 35.

Semelle symétrique.

Semelle établie, d'après le tracé du contour du pied.

Les chaussures imperméables (caoutchoutées) ou les caoutchoucs, après une marche, glacent les pieds et sont antihygiéniques.

Certaines personnes ont les pieds très sensibles et, avec des chaussures mal faites, contractent immédiatement des ampoules et des écorchures. Le port des chaussettes de laine ou de bas de laine, et l'immersion des pieds durant 4 jours de suite, dans un bain formolé (une cuillerée à soupe de formol par litre d'eau), le soir avant de se coucher, pendant 20 minutes, donnent dans ces cas de bons résultats. L'alun, le sublimé au millième durcissent également la peau des pieds, et plus simplement l'alcool ou l'eau froide employés matin et soir.

Le port de bas ou de chaussettes de laine, même en été (on s'y habitue vite), est très hygiénique. Si l'on a les pieds mouillés, on évite avec la laine les refroidissements, les rhumes et les bronchites. Il faut toutefois, quand une chaussure est mouillée, en changer aussitôt que possible.

Il en est de même des vêtements qui ont été trempés. Il est de toute nécessité d'en changer le plus vite possible, surtout si la chemise a été mouillée. Coucher avec une chemise mouillée ou qui a séché sur soi, constitue une grosse imprudence, et c'est à ce fait, qui malheureusement est souvent un cas de force majeure en manœuvres ou en campagne, que sont dues bien des pneumonies et des bronchites. La chemise de flanelle expose moins au refroidissement, car, même mouillée, elle ne donne pas cette sensation glacée, si désagréable, du coton ou de la toile en train de sécher sur le corps.

Aussi les vêtements de pluie : caoutchoucs ou cotons imperméabilisés, peaux de bique ou basanes, rendent-ils les plus grands services. Les vêtements de caoutchouc, quand on marche beaucoup, sont très chauds et plongent le corps dans un bain de vapeur. A ce point de vue, ils ne valent pas les toiles ou les cotons passés à l'acétate d'alumine, qui, par contre, sont traversés au bout d'un certain nombre d'heures, par une forte pluie.

Le choix des vêtements est une question de température et non de saisons. C'est surtout au printemps et à l'automne, lorsqu'il y a des brusques variations thermométriques, que cette remarque s'impose. Les vêtements d'hiver doivent être proscrits par les temps chauds, ils déterminent de la transpiration et exposent ainsi au refroidissement; de même que les vêtements légers, par un temps frais ou froid sont une cause fréquente de rhumes. Il faut autant que possible, adapter l'épaisseur de ses vêtements à la température du jour, plutôt qu'à la saison. Le système qui consiste à user toujours dans les climats tempérés de vêtements dits de demi-saison, en se couvrant au besoin d'un pardessus plus ou moins épais, suivant la saison, nous paraît le meilleur.

SOINS DE PROPRETÉ

Jules Simon a dit que les Français sont naturellement sales. Il est incontestable que les soins de propreté, si fort en honneur dans l'antiquité et jusqu'à la fin du moyen âge, époque à laquelle on ferma, pour cause d'abus, les bains et étuves qui étaient très répandus, ne sont entrés dans nos habitudes que depuis un demi-siècle environ. Encore actuellement, on se heurte souvent à de véritables préjugés tels que la crainte du danger des bains, en particulier des bains de pied. Cependant on tend à réagir contre ce fâcheux état de choses, et on a créé pour les ouvriers dans la plupart des grandes villes des établissements de bains-douches qui rendront les plus grands services. Les habitudes de propreté imposées au régiment, et qui sont une révélation pour la plupart des conscrits, ont fait réaliser, depuis vingt ans, de grands progrès à cet égard.

Chez les gens qui travaillent beaucoup physiquement, la sueur et la matière sébacée se combinant avec la poussière encrassent la peau ; s'il est vrai qu'une grande partie de cette sueur soit absorbée par le linge et les vêtements, la plus grande quantité doit être enlevée par des' lavages. On se contente trop souvent de laver le visage, une partie du cou et les mains.

Or, il faut savoir que la propreté de toute la peau joue un rôle important dans la santé de l'individu. La peau est un organe d'exhalation et de sécrétion et on a pu dire avec justesse qu'elle était la soupape de sûreté de l'organisme. C'est donc un organe de respiration, qu'il importe de maintenir en état de bon fonctionnement. On y arrive par des soins de propreté, et en premier lieu par l'usage des bains.

Les bains peuvent se prendre à différentes températures. Il est bon de connaître les termes conventionnels et courants, correspondant à telle ou telle température.

Bain très froid.....	5° à 12°	Bain tiède.....	26° à 30°
— froid.........	12° à 16°	— chaud.....	30° à 40°
— frais.........	16° à 20°	— très chaud.	Au-dessus de 40°
— tempéré.......	20° à 26°		

L'action des bains froids ou frais est la suivante : ils abaissent la température du corps, diminuent la fréquence du pouls et rendent la respiration plus profonde. De 25° à 30° les bains ne modifient rien. A partir de 35°, 40° et au-dessus ils accélèrent le pouls, augmentent la température et diminuent les combustions respiratoires.

Lorsque le corps est plongé dans l'eau froide on a une sensation, assez désagréable, de frisson, la chair de poule, qui ne dure qu'un moment. L'organisme s'y habitue. Si le séjour dans l'eau froide est trop prolongé, on a le second frisson, qui avertit qu'il faut se retirer de l'eau.

Il faut éviter de se baigner en attendant à peu près nu que la sueur ait séché sur la peau. Il n'y a au contraire aucun danger à se plonger dans l'eau froide lorsqu'on a chaud et qu'on est en sueur. Cette pratique fait partie constante du bain turc ou du bain russe (hammam).

En sortant de l'eau froide, l'organisme subit une série de phénomènes qu'on appelle la *réaction*. C'est une sensation de réchauffement, dont on peut accélérer l'apparition à l'aide de frictions ou d'un exercice modéré.

Les bains tièdes sont sans action sur le pouls et la respiration. Prolongés, ils portent au sommeil et peuvent même débiliter. Leur principal effet est de laver la peau. Leur durée ne doit pas dépasser 30 minutes.

L'usage des bains trop chauds est loin d'être exempt d'inconvénients. Au bout d'un quart d'heure ils congestionnent, donnent de la pesanteur de tête, des bourdonnements d'oreille et peuvent causer des étourdissements ou des syncopes. Ils doivent être employés dans un but thérapeutique seulement. Les affusions très chaudes n'ont pas d'inconvénient, elles donnent une sensation très agréable. C'est grâce à leur usage quotidien, a-t-on dit, que les Japonais restent exempts de rhumatisme, malgré l'humidité du climat de leurs îles.

On a peut-être exagéré le danger des bains pris

immédiatement après les repas, pendant la durée de la digestion. Cependant les accidents congestifs survenus dans ces conditions sont assez fréquents et il vaut mieux éviter de se plonger dans l'eau pendant les trois premières heures qui suivent un repas copieux.

Les *étuves* peuvent être à air sec ou à vapeur d'eau. Les étuves font transpirer beaucoup; on peut, en deux heures, y perdre 1 000 à 1 200 grammes de son poids. Suivis d'une immersion dans l'eau froide, après un massage dans l'étuve même, ces bains d'air chaud, quand ils ne sont pas répétés plus d'une fois par semaine, ont un excellent effet, chez les gens qui peuvent supporter l'eau froide.

L'hydrothérapie dans ses différentes modalités est un agent hygiénique et thérapeutique de premier ordre. Elle comporte surtout l'usage de l'eau froide sous forme de douches, d'ablutions ou d'immersion de courte durée.

Elle donne du ton à l'organisme, de la souplesse aux membres, aussi bien en hiver qu'en été. Faite quotidiennement, elle a l'avantage inappréciable d'aguerrir contre les refroidissements. Aussi les ablutions froides sont-elles une habitude hygiénique de premier ordre à faire prendre aux enfants.

A quel âge doit-on commencer chez eux l'usage de l'eau froide? En Angleterre, on admet que c'est à partir de deux ans, les enfants à la mamelle ne devant être lavés qu'à l'eau tiède.

On peut combiner des mouvements gymnastiques à l'hydrothérapie, soit qu'on les exécute avant de prendre le tub du matin, soit qu'on prenne une douche après une séance d'escrime ou de gymnastique. Cette combinaison constitue une pratique très avantageuse pour développer le système musculaire et prévenir certaines névroses. Toutefois l'eau froide ne convient pas à tout le monde. Les personnes lymphatiques sont celles auxquelles elle rend le plus de services ainsi qu'aux nerveux ; les sujets faibles, débiles, en retirent les plus grands avantages. C'est surtout aux enfants qui, héréditairement, sont exposés au rhumatisme, à la goutte, que l'habitude de l'eau froide prise de bonne heure sera salutaire : elle les aguerrira, les endurcira contre les effets du froid humide qui si souvent, chez les prédisposés, détermine des douleurs ou des accès de rhumatisme.

Chez la femme, il y a quelques réserves à faire au sujet de l'emploi de l'eau froide. L'hydrothérapie donne généralement chez elle d'aussi bons résultats que chez l'homme. Mais à l'époque des règles, il vaut mieux, pour respecter un préjugé enraciné en France, cesser les ablutions générales froides. Chez les femmes anémiées, l'usage de l'eau tiède est préférable à celui de l'eau froide. Il en est de même pour les nourrices.

L'usage du large baquet plat en zinc, qu'on appelle le *tub*, n'est pas suffisant pour bien laver la peau, si on n'y utilise que de l'eau froide. Il faut y adjoindre de l'eau chaude et employer le savon ; la peau sera ainsi plus vite débarrassée des matières sébacées, de la peau morte, de la sueur refroidie, des poussières de toute espèce qui la couvrent. Ces soins sont surtout nécessaires pour les parties pileuses.

La meilleure façon de prendre son tub est de disposer à côté un seau ou un bain de pied qu'on remplit d'eau.

On se place dans le tub vide, on se savonne en puisant l'eau dans le seau. On prendra toujours l'eau dans le seau et jamais dans le tub, pour éviter de faire passer sur le corps de l'eau déjà employée et salie.

Certaines parties du corps exigent des soins spéciaux. Les mains doivent être savonnées et brossées plusieurs fois par jour, les ongles bien curés, car, nous le verrons plus loin, c'est en portant à la bouche des doigts insuffisamment nettoyés ou en touchant, avec ces doigts, porteurs de germes morbides, un aliment tel que le pain, que l'on peut contracter une maladie infectieuse. Il est essentiel d'habituer tous les enfants à se laver les mains avant de prendre quelque aliment que ce soit. La figure doit être lavée fréquemment à l'eau froide. Les lavages à la vaseline que beaucoup de femmes emploient pour conserver leur teint, qu'elles estiment devoir s'altérer au contact de l'eau, ne sont pas hygiéniques. Il en est de même de l'application de pâtes et de fards, qui sont souvent à base toxique et compromettent la souplesse de la peau. Les parties recouvertes de poils (aisselles, organes génitaux), sièges d'une transpiration et d'une sécrétion sébacée considérable, seront savonnées soigneusement tous les jours, ainsi que l'anus, qui, en outre, doit être bien lavé après chaque selle. Il en est de même des pieds, où la sueur abondante se mélange à toutes les poussières, soulevées par la marche, qui pénètrent jusqu'à la peau à travers les chaussures, les bas ou les chaussettes. Chez ceux qui marchent beaucoup, les ablutions froides répétées des pieds rendent de grands services. Les ongles doivent être coupés avec soin, tenus propres, et ne dépassant pas les orteils. Les oreilles seront chaque jour débarrassées doucement du cérumen. On lavera les yeux, matin et soir, à l'eau chaude. La toilette de la bouche et des dents nécessite des soins particuliers. Après chaque repas il s'accumule dans les interstices des dents et à leur surface des débris pulpeux d'aliments mâchés. La stagnation de ces débris amène la carie des dents. Pour l'éviter, on brossera matin et soir les dents avec une poudre dentifrice et de l'eau tiède; on curera les dents, avec un cure-dents en plume ou en bois, pas en métal, et on se rincera la bouche après chaque repas.

La toilette des cheveux et de la barbe sera faite tous les jours avec peigne et brosse, et les cheveux seront lavés tous les huit jours. La barbe ne doit pas être portée longue. Ceux qui se font raser se souviendront que les rasoirs employés en commun chez les coiffeurs peuvent donner des maladies contagieuses de la peau et en exigeront la désinfection. Tout homme d'ailleurs devrait se raser lui-même. Les cheveux, chez l'homme, seront coupés courts. Il faut, chez le coiffeur, réclamer la désinfection des ciseaux, des peignes et des brosses et proscrire la tondeuse, encore plus que le rasoir commun, car, ainsi que Sabouraud l'a montré, il est très difficile de désinfecter efficacement une tondeuse.

EXERCICES PHYSIQUES

Les exercices physiques constituent une des parties les plus importantes et souvent les plus négligées de l'hygiène.

L'exercice est indispensable à l'homme, non seulement pendant l'enfance où le mouvement est un besoin instinctif qui favorise le développement du corps, mais pendant toute la durée de la vie. Il entretient l'organisme en bon état, favorise le bon fonctionnement des viscères et en particulier du tube digestif, prévient l'obésité, repose le cerveau ; en un mot, l'exercice conserve un bon équilibre du corps et de l'esprit jusqu'à la vieillesse. Faire de l'exercice tous les jours est le viatique qui assure la santé et prolonge la vie. Cela est surtout vrai pour les personnes sédentaires, qui ont besoin de recourir aux exercices artificiels pour suppléer à l'exercice naturel qui leur manque. Pour certaines catégories de malades, l'exercice est un remède.

Il existe une très grande variété de manières de faire travailler ses muscles. On peut, suivant ses moyens physiques et le temps dont on dispose, employer n'importe laquelle de ces méthodes, en ayant soin de choisir celle qui paraît la plus attrayante ou la moins fastidieuse. Il faut en effet, surtout pour les gens sédentaires, un certain effort de volonté pour faire un exercice physique, surtout si on n'y a pas été habitué dès l'enfance.

Parmi tous les sports, il en est que l'on peut exercer par ses propres moyens, sans l'intervention d'aucun accessoire, d'aucun instrument. Ce sont la marche, la course à pied et le saut, la natation, la gymnastique sans appareils, et les sports de défense tels que la boxe et la lutte.

D'autres sports, tels que la gymnastique aux agrès, l'équitation, le cyclisme, l'automobilisme, les diverses escrimes, certains jeux, le patinage, le canotage, nécessitent des accessoires.

Nous allons rapidement passer en revue les avantages et les inconvénients de ces différents exercices.

Marcher est le minimum de ce que doit faire comme exercice un individu que son métier oblige à rester assis ou enfermé toute la journée. La *marche* constitue un exercice excellent, bien qu'on ne sache généralement pas marcher en France. On ne sait pas poser les pieds ni donner au corps l'attitude correcte. La marche correcte n'a jamais, sauf dans certains milieux sportifs, été, jusqu'à ces derniers temps, l'objet d'aucun enseignement. Le talon doit être posé en premier, puis la plante du pied de façon à ce qu'au moment où le pied, qui est en arrière, quitte terre, le talon de celui de devant pose sur le sol. Les genoux doivent être raides car, en les pliant, le poids du corps est projeté sur la pointe des pieds. Le tronc doit rester à peu près immobile ; il ne faut pas le pencher en avant. Marcher, à condition de faire 20 ou 25 kilomètres par jour, soit deux heures et demie le matin et deux heures et demie le soir, est la façon la plus efficace peut-être de réduire l'obésité. On obtient ainsi des résultats surprenants, avec une diète appropriée.

La *natation*, en dehors de son utilité pratique, qu'on semble tenir pour nulle en France, puisque la plupart des marins, officiers et matelots, ne savent pas nager, est en outre un exercice salutaire et hygiénique au premier chef ; il développe les muscles des bras et des jambes et augmente la capacité respiratoire.

La *course* modérée est un exercice de premier ordre, à la vitesse de 200 mètres par minute et en s'entraînant progressivement ; mais il faut commencer à courir jeune. D'ailleurs tous les coureurs professionnels, qui sont doués exceptionnellement, cessent de bonne heure.

La course peut être un exercice dangereux si on ne se soumet pas à un entraînement très progressif et prudent. Au lieu de développer les organes thoraciques, et de permettre aux poumons de fournir tout leur travail utile, on arrive à forcer le cœur.

Le *saut* accroît le coup d'œil, le sang-froid et l'adresse. Il fait d'ailleurs partie de toute leçon de gymnastique bien entendue.

La *boxe* ne saurait être assez recommandée dans l'éducation des jeunes garçons. C'est un sport très amusant qui développe les muscles extenseurs des bras et des cuisses et augmente le périmètre de la poitrine. La boxe anglaise n'utilise que les poings, mais avec un travail de jambes très actif pour exécuter les marches en avant ou les retraites. La boxe française utilise les poings et les pieds et, au point de vue du bénéfice des muscles, est un exercice beaucoup plus complet.

La *lutte* gréco-romaine est, avec la gymnastique aux agrès bien comprise, l'exercice typique, qui assure le développement musculaire le plus harmonieux et le plus complet qui soit. Dans l'innombrable variété des coups de lutte, il n'est aucun muscle ou groupe de muscles, de la nuque aux pieds, qui ne soit appelé à se contracter et à donner son maximum d'efforts.

La *gymnastique* est cette partie de l'hygiène qui, par un exercice artificiel, régularise les mouvements et fortifie les muscles. Il existe en effet un art d'exécuter les mouvements ; cet art donne la grâce corporelle et l'harmonie du maintien.

La gymnastique doit donc figurer à la base de toute éducation collective et privée. C'est ainsi que l'ont com-

pris les nations, anciennes ou modernes, chez lesquelles
la culture physique a été le plus en honneur.

La gymnastique peut se faire soit sans appareils,
soit avec des poids ou des appareils élastiques ou avec
des agrès. Dans une bonne éducation physique, des
mouvements gymnastiques, c'est-à-dire des mouvements physiologiques rythmés, doivent être combinés
à la gymnastique aux agrès, et aux différents exercices
de saut. C'est ce qu'on faisait il y a cinquante ans dans
tous les bons gymnases de Paris, qui ont d'ailleurs
presque tous disparu. La gymnastique aux agrès est
en défaveur auprès de la plupart des hygiénistes, qui
lui préfèrent la gymnastique sans appareils ou avec
appareils élastiques. Si l'emploi de ces derniers peut, au
point de vue de l'exercice et de la dépense musculaire,
donner de bons résultats, ceux-ci ne sont pas à com-
parer à ce qu'obtient un bon gymnaste bien entraîné
de l'usage de la barre parallèle, de la barre fixe, des
exercices à la corde lisse ou à l'échelle et des sauts au
tremplin ou sur le terrain. Le fait de tirer un certain
nombre de fois sur un caoutchouc ne rendra jamais un
individu souple, leste, aisé dans sa démarche, ou hardi
devant les obstacles. D'ailleurs la plupart de ceux qui
ont condamné sans retour la gymnastique aux agrès,
l'ont confondue avec l'acrobatie et ne la connaissent
pas. Un bon professeur de gymnastique sait faire
augmenter la stature de ses élèves, dans des proportions notables.

La gymnastique suédoise, qui comprend surtout des
mouvements rythmés, comporte aussi l'usage de certains agrès tels que l'échelle et la poutre. On peut faire
cependant sans appareils des mouvements rythmés,

qui exécutés plus ou moins vite tiennent l'appareil musculaire en haleine. La méthode de Müller « mon système »[1] est à cet égard excellente et mérite d'être universellement connue. Elle accroit la beauté plastique du corps en développant un véritable corset musculaire, assure l'exercice des muscles qui se contractent rarement dans les mouvements usuels et maintient le bon fonctionnement des organes internes. Cette méthode, combinée à l'hydrothérapie, est très pratique, très efficace et se répand de plus en plus à juste raison.

Au point de vue de l'entraînement musculaire, et pour acquérir de la force, il y a deux systèmes en présence : les appareils élastiques et les haltères légères (2 à 5 kilos). C'est à cette dernière méthode qu'il faut donner la préférence. Les appareils élastiques donnent bien du volume au muscle, mais la qualité n'est pas en rapport avec l'accroissement; tandis que les mouvements faits avec des poids légers durcissent les muscles, leur donnent de la force et surtout de la vitesse, qui est la philosophie de tous les sports de défense. Les haltères à ressort sont très employées en Angleterre dans ce but.

Il est une série de mouvements qui exécutés avec suite, d'une façon méthodique, chez les enfants surtout, ont une influence capitale sur leur développement et leur santé ultérieure. C'est ce qu'on a appelé la *gymnastique respiratoire* ou rééducation respiratoire (Collignon). De la façon la plus simple, elle consiste à faire,

---

1. *Mon système*, par J. P. Müller, traduction française, Paris, J. Gamber.

en se levant et avant de se coucher, une série de cinq à dix respirations en allant à fond dans l'inspiration, c'est-à-dire en dilatant la poitrine au maximum et en expirant également « à fond ». Ces mouvements sont accompagnés d'une contraction énergique des muscles du ventre. Cette pratique si facile donne des résultats excellents. Elle augmente, au bout d'un mois déjà, le périmètre thoracique de plusieurs centimètres. Elle égalise le jeu respiratoire et développe par suite toutes les parties du poumon, car celles qui ne fonctionnent que mal dans les respirations brèves, s'emplissent bien d'air durant ces exercices. Les organes abdominaux sont aussi heureusement influencés par cette gymnastique.

Les différentes *escrimes*, épée, fleuret, sabre, canne et bâton, augmentent la souplesse, l'agilité et l'adresse. Il est beaucoup plus sain de les pratiquer au grand air que dans une salle. Elles ont l'inconvénient de n'exiger que l'usage d'un bras et d'une jambe, et de développer démesurément un seul côté du corps, si l'on n'a pas soin de s'exercer alternativement des deux mains.

L'*équitation* est un exercice excellent qui procure un délassement en même temps que le bénéfice du plein air. Les secousses du trot en particulier massent les viscères et surtout les intestins. L'équitation n'est pas un exercice complet, car elle ne préserve pas de l'obésité.

Le *cyclisme* exige des efforts musculaires plus considérables que l'équitation, bien qu'avec un entraînement modéré, les machines étant arrivées presque à l'état de perfection, grâce aux changements de vitesse, l'effort soit réduit à peu de chose, en dehors des grandes vitesses et de l'ascension des côtes abruptes qui fatiguent également le cœur.

Il existe cependant des cas où la bicyclette doit être prohibée; par exemple chez toutes les personnes qui souffrent d'une maladie de cœur, qui ont des palpitations. Chez l'enfant, l'abus de la bicyclette, combiné à une position vicieuse, peut déterminer des déviations de la colonne vertébrale et une attitude voûtée. Il faut veiller à limiter la longueur des courses; le guidon devra être relevé, de façon que le buste reste droit sur la selle (attitude anglaise). Chez la femme, en dehors de la grossesse et des périodes menstruelles, la bicyclette n'a aucun inconvénient, sauf lorsqu'il existe une affection inflammatoire, aiguë ou chronique, des organes du bassin. L'équitation, chez ces personnes, a également des résultats fâcheux et peut donner lieu, comme la bicyclette, à des poussées aiguës. Il en est de même chez l'homme atteint d'affections de la même région.

L'*automobile*, bien que son usage n'exige aucun effort musculaire, exerce cependant des effets salutaires sur la santé par l'absorption prolongée et forcée d'air pur et d'ozone. Mouneyrat a récemment établi que le nombre des globules rouges augmente notablement à la suite d'un trajet prolongé en automobile, ouverte bien entendu.

Le *canotage* à l'aviron est un exercice très salutaire, peut-être un des plus complets, qui développe les muscles des bras, des épaules, du tronc et aussi les extenseurs des jambes, dans des conditions de plein air idéales. Il doit être pratiqué sans surmenage, car, comme tout exercice violent, il peut amener des désordres du côté du cœur et des poumons, chez les personnes prédisposées.

Le *patinage* est un excellent exercice de plein air, comparable à la marche ou à la course, et qui développe la fermeté de la cheville et des muscles latéraux de la jambe. Nous n'entrerons pas pour finir dans le détail des jeux tels que le tennis, le golf, le hockey, qui constituent autant de façons amusantes de prendre de l'exercice, et qui par là rendent les plus grands services au point de vue de l'hygiène.

Entraînement. — Dans tous les exercices physiques que nous venons de passer en revue, il y a un écueil, commun à tous, qu'il faut éviter, et cette remarque vise surtout les jeunes gens que leur ardeur peut entraîner, là comme ailleurs, à commettre des excès. Cet écueil consiste à négliger l'entraînement, et à faire plus que les forces ou les aptitudes particulières ne le permettent. L'entraînement méthodique, dans tout exercice physique, est indispensable. Il consiste dans l'augmentation progressive du nombre des mouvements, c'est-à-dire de la durée de l'exercice, combinée à certaines règles d'alimentation et d'hygiène générales. Chaque individu arrive ainsi à une limite qu'il ne pourra pas dépasser, alors qu'un camarade mieux doué aura déjà franchi cette limite depuis longtemps : par exemple, un nombre de kilomètres en un temps donné, à pied ou en bicyclette.

Toutes les fois qu'on dépasse cette limite, c'est-à-dire qu'il y a surmenage, on lèse son système nerveux, son cœur, tout le système cardio-vasculaire, et on va précisément à l'encontre de ce qu'on voulait obtenir.

Tous les exercices physiques, même chez les personnes entraînées, déterminent une fatigue plus ou moins grande; insignifiante chez les gens entraînés, pénible et même dangereuse quand elle est portée à l'excès. Le sommeil est, avec le repos physique, le plus sûr réparateur de la fatigue. C'est surtout chez les gens fatigués que la privation de sommeil exerce les effets les plus nuisibles, au point de vue du système nerveux. Il convient donc, surtout chez les enfants et les jeunes gens, de laisser une part plus grande au sommeil après une fatigue quelconque. La durée moyenne du sommeil doit être de huit heures, c'est-à-dire du tiers de la journée, chez les jeunes gens et chez les adultes. Pour les enfants, il faut davantage. Il y a du reste, à ce sujet, autant d'indications que d'individus.

Il ne faut pas se coucher immédiatement après le repas du soir; on se rappellera qu'à partir de l'âge mûr on dort d'autant mieux qu'on a moins mangé à dîner.

CHAPITRE VIII

HYGIÈNE SCOLAIRE

HYGIÈNE DE L'ÉCOLE

Nous n'avons pas ici à envisager les questions hygiéniques qui se posent lorsqu'il s'agit de construire une école. Nous ne ferons qu'indiquer quelques principes d'*hygiène des locaux* lorsque les écoles fonctionnent. Voici les principaux :

L'aération des classes doit se faire en ouvrant largement les fenêtres, dès que les élèves sont en récréation ou que la classe est terminée.

Le chauffage en hiver doit maintenir la température entre 15 et 17°. Il est inutile de laisser vaporiser de l'eau sur les poêles, l'atmosphère contenant déjà un excès de vapeur d'eau par le seul fait de la présence des élèves.

Ceux-ci seront placés de façon à ce que la lumière les éclaire du côté gauche, pour les raisons que nous avons développées à propos de l'éclairage de l'habitation (p. 111). S'il est nécessaire de recourir à l'éclairage artificiel, on ne ménagera pas le nombre des sources lumineuses, qui seront distribuées de façon à éclairer vivement et également toutes les tables et qui seront placées assez haut pour que la chaleur rayonnante ne fatigue pas les yeux (voir p. 121). La flamme éclairante doit toujours être entourée d'un verre de lampe qui la rende fixe.

La disposition *du mobilier scolaire* (bancs et tables de travail) a une grande importance hygiénique. Car, lorsque les élèves sont assis dans des conditions défectueuses, ils prennent des attitudes vicieuses qui peuvent déterminer des déviations de la colonne vertébrale (scolioses) et des modifications de l'œil qui entraînent la myopie.

Si la table est trop éloignée du banc sur lequel l'élève est assis, celui-ci, pour travailler, se placera tout au bord du siège et fera porter tout le poids de son corps sur les coudes posés sur la table. Bientôt, cédant à la fatigue, il appuie sa tête sur les mains et reste pendant la plus longue partie de la classe accoudé d'un côté ou des deux. Les yeux se trouvent alors à trop faible distance du livre, s'il est en face; ou à une distance inégale, s'il est de côté, circonstances favorisant le développement de la myopie. Dans cette attitude également, les épaules se trouvent projetées en avant si la tête s'incline trop sur les deux mains; ou si elle ne s'incline que d'un côté il y a inclinaison et distorsion de la colonne vertébrale pouvant à la longue déterminer une scoliose. Cet inconvénient est encore exagéré lorsque l'élève écrit; il ne peut prendre d'appui que sur son bras droit et incline forcément le tronc de son côté en lui imprimant une légère torsion de droite à gauche.

Quand la hauteur de la table est trop grande par rapport à celle du banc, les épaules de l'élève se trouvent projetées en haut; si au contraire cette hauteur est trop faible, l'inclinaison du tronc est encore exagérée.

De plus cette attitude vicieuse deviendra permanente,
si l'enfant ne peut soulager les reins (muscles sacro-
lombaires) en s'appuyant en arrière sur un dossier.

Enfin, si le plan de la table est horizontal ou peu
incliné, la tête et par suite le corps se penchent d'au-

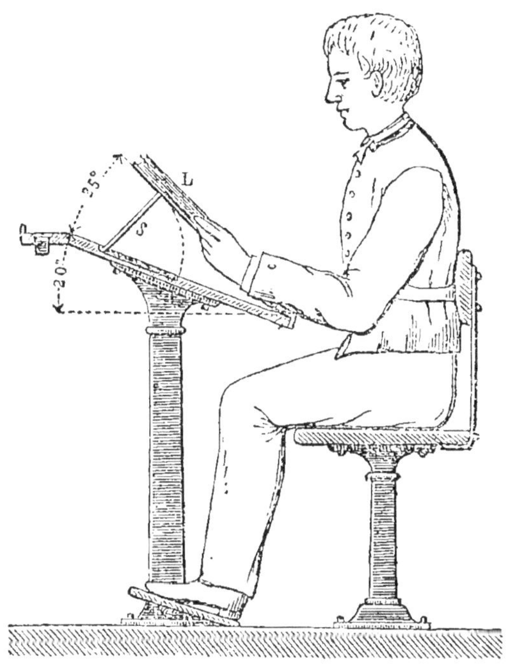

Fig. 36.

tant plus en avant, et cette position, en dehors des
inconvénients déjà signalés, détermine, par l'effet de la
pesanteur, de la congestion des yeux et une augmentation de la tension intra-oculaire, qui facilitent l'apparition de la myopie.

Le mobilier scolaire doit donc remplir quatre conditions principales (fig. 36).

1° Pour que le banc ne soit pas trop éloigné de la table, il faut que le rebord postérieur de celle-ci se trouve dans le même plan vertical que le bord antérieur du siège.

2° Pour que le pupitre ne soit pas trop éloigné en hauteur, ni trop rapproché du banc, il faut que le bord postérieur de la table se trouve à la hauteur du creux de l'estomac de l'élève assis. Le siège sera lui-même à une hauteur telle que les pieds de l'enfant reposent naturellement sur le sol ou mieux encore sur une planche inclinée fixée au-dessous de la table. La largeur du banc doit être suffisante pour supporter presque toute la longueur de la cuisse.

3° Un dossier droit sera fixé au bord postérieur du banc, de façon à arriver à la hauteur des reins, au-dessus des hanches.

4° L'inclinaison des pupitres sera d'environ 20 degrés au-dessus de l'horizontale. Une disposition avantageuse consiste à placer sur le pupitre une planchette pouvant se relever à volonté au moyen d'un support, de façon à faire un angle de 45 degrés au-dessus de l'horizontale. Cette planchette n'est ainsi relevée que pour la lecture. Il est indispensable que les élèves externes retrouvent chez eux pour travailler une table et un siège construits suivant ces principes.

Les chapeaux, pardessus, parapluies, caoutchoucs, sabots ne doivent pas être introduits dans les salles de classe, où ils porteraient des souillures et de l'humidité. Il serait utile de pouvoir les laisser dans un vestiaire avec portemanteaux.

Les planchers et les vitres des classes ont besoin de lavages fréquents; il faudrait balayer les planchers

chaque jour avec de la sciure de bois humide et non
à sec. Malheureusement, faute de crédits prévus, cette
charge incombe actuellement aux maîtres ou aux
élèves, qui ne peuvent y consacrer le temps nécessaire.

Le maître peut donner d'utiles principes d'hygiène
à ses élèves en exigeant d'eux qu'ils ne crachent pas
à terre, qu'ils tiennent les cabinets parfaitement propres, qu'ils n'y montent pas sur le siège.

HYGIÈNE DE L'ÉCOLIER

Après avoir passé en revue ce que nous avions à
dire de l'hygiène des locaux et du mobilier scolaires,
il faut aborder la question de l'hygiène des élèves, et
étudier successivement leur hygiène physique, leur
hygiène intellectuelle et les moyens de prévenir les
maladies qu'ils peuvent contracter à l'école.

Le maître peut donner d'excellentes habitudes de
propreté à ses élèves. Il suffit qu'un lavabo soit installé
à l'école et que les enfants soient tenus de se laver les
mains et au besoin la figure, lorsqu'ils se sont salis
pendant la récréation ou à un autre moment. La plupart d'entre eux prennent un repas à l'école ; il faudrait
en profiter pour leur donner l'habitude de se laver les
mains soigneusement avant de manger. Cette simple
précaution a certainement pour résultat de prévenir
bien souvent l'introduction dans l'organisme avec les
aliments des germes de maladies contagieuses. Il serait
à désirer que des bains-douches soient annexés à chaque
école, pour que les élèves puissent faire fréquemment
des ablutions générales. En tout cas les bains-douches
sont indispensables dans les internats où chaque élève

devrait être soumis à des ablutions générales au moins trois fois par semaine. Il faut veiller à la stricte application des mesures de propreté concernant la bouche et les dents des élèves, leurs oreilles, leurs ongles et leur cuir chevelu, telles qu'elles sont indiquées au chapitre des soins corporels (p. 232). Cette branche de l'éducation, relative à la propreté du corps, a une haute portée, car elle parviendrait à améliorer grandement la santé publique.

L'école n'est pas seulement faite pour garnir la mémoire et cultiver l'intelligence des élèves, mais aussi pour fortifier leur organisme, développer et endurcir leur corps par des exercices physiques.

Le maître qui comprend bien sa mission doit organiser pendant les récréations des *jeux* destinés à développer la force, l'agilité, l'endurance et la hardiesse des élèves. Quelques séances de *gymnastique* très simple, consacrées à l'exécution de mouvements rationnels, de sauts et d'un petit nombre d'exercices aux agrès, viendront compléter cette éducation physique.

D'autre part il faut compenser la dépense physique et intellectuelle par des périodes de repos suffisantes et assurer aux écoliers neuf heures de sommeil au moins.

Si dans ces dernières années l'hygiène physique a fait des progrès notables dans les établissements scolaires, peut on en dire autant de l'*hygiène intellectuelle*? On s'est sans doute préoccupé de diminuer la durée démesurée des classes et des études. Mais ce n'est pas là une solution entièrement satisfaisante. Il est certain que l'enfant ne peut longtemps fixer son attention sur le même sujet et cela d'autant moins qu'il est plus jeune. Il faut donc varier souvent les matières des études et interrompre fréquemment le travail pour laisser souffler l'intelligence, en lui accordant des repos d'autant plus répétés, que l'élève est moins avancé en âge.

Que signifie d'ailleurs la limitation officielle de la durée du travail dans les classes élevées de l'enseignement secondaire, si les programmes des examens et des concours pour les écoles spéciales restent aussi chargés, sinon plus, que par le passé? L'élève ne sera-t-il pas dans l'obligation d'empiéter sur les heures théoriquement réservées au repos, pour arriver à acquérir une somme de connaissances dont l'étendue n'a pas diminué? C'est d'aileurs ce qu'ont démontré les enquêtes impartialement conduites. On peut se demander quel temps reste réservé dans ces conditions, non pas seulement à la détente de l'esprit, mais à la réflexion, c'est-à-dire à la digestion intellectuelle de cet amas de connaissances accumulées.

Tant que les programmes n'auront pas été sérieusement allégés, on observera encore fréquemment chez les élèves, surtout chez les adolescents, ces céphalalgies, cet abattement intellectuel, cette dépression nerveuse, ces troubles neurasthéniques, qui finissent par rendre tout travail utile impossible et qui ne sont que l'expression du *surmenage intellectuel*. Celui-ci, d'ailleurs, peut encore avoir des répercussions à longue échéance et rendre inaptes au travail durant plusieurs années des intelligences qu'a fourbues l'effort trop considérable exigé par la préparation de certains concours.

On a bien proposé de donner aux écoliers plus de temps pour satisfaire aux exigences des programmes et de réduire le travail de chaque jour en diminuant la durée des vacances qui, a-t-on dit, sont trop longues et faites surtout pour les professeurs et les parents. Le bénéfice quotidien qui résulterait pour les élèves de cette prolongation de la durée de l'année scolaire, nous semble bien maigre à côté des avantages des vacances qui permettent de mettre l'intelligence au vert et de remonter, grâce à un séjour prolongé au plein air, l'organisme débilité par la claustration de l'école.

Pour apprécier d'ailleurs les avantages physiques, intellectuels et moraux des vacances, il suffit de voir le succès obtenu par l'institution des colonies scolaires de vacances, qui ont permis d'étendre aux enfants du peuple le bénéfice d'un séjour à la campagne, à la montagne ou à la mer, pendant la durée de la fermeture des écoles en été.

La période la plus favorable pour les vacances, au point de vue de la santé des enfants, est incontestablement celle qui s'étend du commencement de juillet au milieu de septembre; car c'est le moment des fortes chaleurs pendant lesquelles le travail intellectuel devient par trop pénible.

Nous allons maintenant indiquer les moyens de prévenir les *troubles de la santé* qui résultent plus ou moins directement du séjour des enfants dans les établissements scolaires, soit par suite des conditions physiques auxquels ils sont soumis, soit par suite de l'agglomération des élèves facilitant la transmission de certaines maladies contagieuses.

Nous avons vu que lorsque le mobilier scolaire n'était pas disposé conformément à certains principes l'élève prenait des attitudes vicieuses (inclinaison de la tête et du tronc en avant, torsion de la colonne vertébrale) qui pouvaient à la longue déterminer des modifications de l'œil, entraînant la myopie et des déviations de la colonne vertébrale connues sous le nom de scolioses. D'autres facteurs contribuent à faire prendre à l'enfant une position défectueuse qui peut amener les mêmes déformations. L'écriture inclinée, dite écriture anglaise, incite les élèves à placer le bord inférieur du papier obliquement ou même perpendiculairement à celui de la table et à se pencher de côté. Il vaudrait mieux, au point de vue de l'hygiène, habituer les enfants à conserver leur papier perpendiculairement au bord de la table, en traçant les caractères fermes et nets de l'écriture droite dite française. Enfin les ouvrages d'étude qui ne sont pas imprimés en caractères bien nets, ni suffisamment gros, obligent les lecteurs à se pencher en avant et à se tenir trop près de leur livre.

Quelques maladies nerveuses sont en quelque sorte contagieuses par imitation ; car les enfants sensibles se trouvent parfois incités malgré eux à en reproduire certains symptômes : les crises nerveuses hystéro-épileptiques, les mouvements incoordonnés de la danse de Saint-Guy, les grimaces des tics. Mieux vaut ne pas conserver à l'école ceux qui sont atteints de ces maladies, si les autres élèves paraissent en être impressionnés.

Les *maladies contagieuses* qui menacent le plus les enfants et qui peuvent donner lieu à des épidémies scolaires sont les suivantes : les fièvres éruptives, la diphtérie, la coqueluche, les oreillons, les teignes, la gale et la tuberculose pulmonaire.

La *rougeole* est particulièrement contagieuse, à un moment où il est difficile, sinon impossible, de soupçonner la nature de la maladie; aussi est-ce la fièvre éruptive qui donne lieu au plus grand nombre d'épidémies scolaires. C'est d'ailleurs une maladie si répandue qu'il serait utile à la rentrée des classes d'établir une liste des élèves qui n'ont pas encore eu la rougeole; on les exclurait des classes pendant quelques jours dès qu'ils présenteraient un rhume avec coryza et larmoiement. Même quand ils restent bien portants, il est prudent de s'enquérir fréquemment si leurs frères ou sœurs n'ont pas la rougeole, et dans ce cas de les garder en observation chez eux pendant deux semaines.

Dès qu'il éclate un cas de rougeole dans une classe, on renvoie le malade chez lui. S'il a des frères ou sœurs à l'école, on leur interdit l'accès des classes en les tenant en observation pendant deux semaines. Le convalescent ne pourra être admis de nouveau à l'école qu'après un délai de 16 jours, à partir du début de la maladie.

La faible contagiosité de la *scarlatine* dans les premiers jours en rend les épidémies beaucoup plus rares que celles de rougeole. Aussi n'y aura-t il pas lieu de prendre des mesures spéciales vis-à-vis des frères et sœurs d'un scarlatineux convenablement isolé. Il faut surtout compter avec la très longue persistance du contage. Un scarlatineux ne pourra être mis en contact avec d'autres enfants que quarante jours, au moins, après le début de sa maladie, et il sera prudent d'attendre davantage avec les convalescents qui présentent des complications suppuratives et conservent plus longtemps le germe virulent.

Le même isolement de quarante jours est prescrit pour le *varioleux*. Des revaccinations immédiates et générales constituent la meilleure mesure prophylactique à y joindre.

Le *diphtérique*, qui souvent conserve encore dans la convalescence des bacilles virulents dans la gorge et dans le nez, est également maintenu à l'écart pendant quarante jours et il sera prudent de tenir ses frères et sœurs éloignés de l'école pendant une semaine et de ne les y laisser revenir qu'après soigneux examen de la gorge et du nez par un médecin.

Un enfant qui a la *coqueluche* ne doit plus être reçu à l'école tant que les quintes persistent. Ses frères et sœurs seront éloignés de l'école provisoirement au moindre rhume.

Pour les *oreillons*, l'isolement réglementaire est de seize jours, bien que le contage persiste parfois beaucoup plus longtemps durant la convalescence.

Un enfant atteint de *teigne* ne doit plus être admis à l'école tant que le médecin traitant ne le considère pas comme guéri depuis six semaines. Encore est-il nécessaire de faire contrôler la guérison par un nouvel examen microscopique des cheveux au bout d'un mois.

La *gale* est devenue une affection assez rare; cependant il sera prudent de faire examiner par un médecin tout enfant présentant des démangeaisons suspectes. S'il s'agit bien de la gale, l'enfant sera exclu de l'école jusqu'à guérison.

Tout élève atteint de *tuberculose pulmonaire* sera soumis à l'examen d'un médecin. Si celui-ci considère que les lésions sont de nature contagieuse, il sera indispensable de prononcer l'exclusion du malade.

Quand les fièvres éruptives, la diphtérie, la coqueluche ou les oreillons affectent une allure épidémique et frappent un assez grand nombre d'enfants dans une école, on a souvent recours au *licenciement des élèves*. Cette mesure, trop tardive pour les maladies à contagiosité précoce, comme la rougeole, la coqueluche et les oreillons, devient inutile pour les autres affections transmissibles, d'autant que les écoliers rendus à leur famille, échappant souvent à toute surveillance, trouvent moyen de se réunir et que, par suite, le licenciement de l'école ne contribue en rien à diminuer les occasions de dissémination de la maladie.

CHAPITRE IX

MALADIES CONTAGIEUSES

CONTAGION

Les maladies contagieuses ont pour caractère d'être produites, dans l'organisme de l'homme et des animaux malades, par la présence d'un parasite qui s'y reproduit de diverses façons.

Ce parasite crée la maladie. Il crée aussi la *contagion*, en passant de l'individu malade à l'individu sain ou de son cadavre à l'individu sain. Il y a différents modes de passage que nous étudierons plus loin.

A chaque maladie contagieuse correspond un parasite spécial qui possède des caractères et une individualité propre, qu'il s'agisse de maladies microbiennes, c'est-à-dire causées par des microorganismes végétaux, ou de maladies parasitaires proprement dites, provoquées par des parasites animaux.

Les microbes sont des végétaux microscopiques, ayant la forme de points ou de bâtonnets. Il n'y a, à l'heure actuelle, qu'un petit nombre de maladies contagieuses dont on ne connaisse pas l'agent causal. Les fièvres éruptives, variole, scarlatine et rougeole, sont dans ce cas. Ces lacunes seront sans doute rapidement comblées, si l'on réfléchit que de 1880 à 1907 on a découvert presque tous les microbes actuellement connus.

La façon dont se fait la contagion n'est pas non plus éclaircie dans tous les cas, et l'on est réduit, pour un certain nombre de maladies, à des hypothèses. Il n'en est pas moins vrai qu'en appliquant les règles usitées pour combattre les maladies où le mécanisme intime de la contagion est connu, on arrive à établir des mesures préventives suffisantes pour entraver le développement de ces affections.

Les agents des maladies contagieuses sont, pour la plupart, des végétaux infiniment petits, des microbes qui, habituellement, reposent à la surface de la terre, leur habitat normal. La partie la plus superficielle de la croûte terrestre, la terre végétale, est l'endroit le plus riche en microbes qui soit connu. De là ils sont soulevés, soit par le vent, soit par les mouvements des animaux et de l'homme, et voltigent dans l'air avec les poussières. Comme, malgré leur extrême petitesse, ils ont une pesanteur spécifique, ils retombent au bout d'un certain temps à la surface de la terre. C'est le plus souvent durant leur séjour dans l'air, ou lorsqu'ils se sont déposés sur l'homme ou sur ses aliments, rarement par les voies respiratoires, qu'ils pénètrent dans l'organisme et déterminent la contagion.

Les modes de pénétration dans l'organisme sont au nombre de trois principaux :

1° Par une solution de continuité de la peau (piqûre, coupure, écorchure). C'est ce qu'on appelle l'inoculation accidentelle : par exemple, un ouvrier en brosses se pique avec un poil provenant d'un animal mort du charbon, et portant le microbe du charbon, la bactéridie charbonneuse. Il contractera une pustule maligne, manifestation cutanée du charbon chez l'homme. La tuberculose, le tétanos, se transmettent fréquemment aussi par une solution de continuité de l'épiderme, par inoculation accidentelle.

C'est également par effraction cutanée que peuvent se contracter vraisemblablement presque toutes les autres maladies infectieuses. Mais il s'agit alors plutôt de piqûres non accidentelles, de celles qui sont faites par les insectes. Le rôle des insectes dans la propagation des maladies infectieuses devient de plus en plus évident. Il a été démontré pour un grand nombre d'entre elles, surtout pour les maladies des pays chauds. On sait que ce sont les moustiques qui inoculent la malaria ainsi que la fièvre jaune. Les puces provenant de rats pesteux inoculent la peste à l'homme. On peut grouper les faits, déjà bien établis sur ce point, de la façon suivante :

1. Transmission par les insectes parasites de l'homme : Peste (puce), typhus récurrent (punaise), typhus exanthématique, lèpre (puces, punaises, parasites de la gale).

2. Transmission par les moustiques : Paludisme, fièvre jaune, filariose.

3. Transmission par les mouches : Maladie du sommeil, choléra, filariose, tuberculose.

En dehors de ces maladies où le mécanisme de la contagion par un insecte a été bien démontré, il est certain que les autres maladies contagieuses peuvent se communiquer par cet intermédiaire. Une puce peut aussi bien infecter son suçoir avec le parasite de la rougeole, de la scarlatine, ou de la fièvre typhoïde, par exemple, qu'avec celui de la peste. Ce mode de propagation explique bien des cas restés mystérieux ou incompréhensibles, et, bien que non encore démontré, il doit être admis sans hésitation. La propreté des locaux et la destruction de la vermine mettent à l'abri de ces agents de contagion.

2° Par les voies respiratoires. On respire par la bouche ou le nez de l'air contenant un microbe dangereux qui va se fixer dans les bronches ou dans les poumons. Ce mode de contagion est particulièrement fréquent dans la tuberculose.

3° Par les voies digestives. On absorbe par la bouche un aliment ou de l'eau contenant un germe contagieux. Celui-ci pénètre dans l'intestin, y pullule, passe dans le sang et infecte l'individu.

Il est d'autres modes de contagion accessoires qu'il faut connaître. En déposant sur les muqueuses, même non écorchées, ni ulcérées, un microbe virulent, on peut contagionner l'organisme. C'est ainsi que l'œil, ou plutôt la conjonctive, s'infecte fréquemment (ophtalmie).

Nous allons maintenant passer en revue les principales maladies contagieuses et la façon de les combattre. Le tableau ci-joint indique la durée de l'incubation [1] dans chacune d'elles.

Durée de la période d'incubation.

	En moyenne.	Minima.	Maxima.
MALADIES INFECTIEUSES :			
Variole inoculée	7 à 8 jours.		
— *par contagion.*	10 à 12 j.		14 jours.
Varicelle	14 jours.		

1. L'incubation est le temps qui s'écoule entre le moment où le germe d'une maladie a pénétré dans l'organisme et celui où éclatent les premiers signes de la maladie.

	En moyenne.	Minima.	Maxima.
Scarlatine	4 à 5 jours.	24 heures.	10 à 15 jours.
Rougeole.........	13 à 14 jours.		
Rubéole..........	Mal connue 12 à 14 j.		
Suette miliaire ...	2 jours.	Quelques h.	
Fièvre typhoïde...	2 sem. envir.		
Grippe	1 à 2 jours.	Quelques h.	
Dengue	4 jours.		
Coqueluche.......	7 jours.		15 jours.
Paludisme........	variable 10 à 12 j.		
Oreillons........	3 semaines.		
Érysipèle........	Impossible à déterminer.	Quelques h.	Une semaine.
Choléra asiatique..	1 à 2 jours.	Quelques h.	5 à 6 jours.
Fièvre jaune	2 à 5 jours.		
Peste	10 à 72 h.		4 jours.
Typhus exanthéma-tique..........	12 j. envir.	5 jours.	21 jours.
Charbon	2 à 3 jours.		
Tétanos.........	Quelques j.		
Psittacose.......	6 à 10 jours.		
Morve	3 à 5 jours.		
Rage	2 à 3 mois	13 jours.	
Tuberculose	?		
Actinomycose.....	?		
Lèpre	Fort longue.		

MALADIES VÉNÉRIENNES. :

Syphilis	3 à 4 sem.		
Chancre mou.....	2 jours.		
Blennorragie	3 à 5 jours.		

Variole, petite vérole. — La variole est la plus grave des fièvres éruptives. Elle est caractérisée par l'apparition successive (après quatre jours environ d'une période d'invasion marquée par de la fièvre, un violent mal de reins, de forts maux de tête et des vomissements) de boutons qui, pleins d'abord, se remplissent d'un liquide qui devient purulent et forment une croûte en se desséchant. C'est surtout au visage que l'éruption est le plus marquée. Les croûtes tombent et laissent une marque indélébile qui dure toute la vie. La *varioloïde* est une variole atténuée où les boutons n'arrivent pas à suppuration.

La variole est contagieuse à toutes les périodes de son évolution. Elle l'est surtout au début de l'éruption et au moment où les croûtes se dessèchent. Ces croûtes contiennent le contage et disséminent la maladie. Il en est de même du pus des boutons.

Le virus varioleux est très tenace et reste longtemps fixé dans une pièce (aux murs, sur les meubles, etc.) sans rien perdre de sa virulence.

L'incubation de la variole, c'est-à-dire le temps qui s'écoule depuis le moment où le germe variolique a pénétré dans l'organisme et celui où la maladie éclate, est d'environ 12 jours. Il semble que la variole se propage par les voies aériennes, à la suite de l'inspiration de particules très fines venant des croûtes ou du pus desséché.

La variole se transmet d'une façon indirecte, lorsque le germe variolique a été transporté loin du lit du malade par une personne restée indemne parce qu'elle était vaccinée ou qu'elle avait eu la variole antérieurement. Les mains, les vêtements de cet individu servent d'intermédiaire entre le varioleux et des personnes qui contractent ainsi la maladie sans avoir approché le malade. La contagion indirecte se fait aussi loin des locaux infectés par l'intermédiaire des linges souillés par le varioleux. Les blanchisseuses prennent assez souvent la variole de cette façon.

Les sujets de race blanche n'ont la variole qu'une fois, sauf exceptions très rare. On sait cependant que le roi Louis XV succomba à une deuxième atteinte de variole. Au contraire chez certaines peuplades nègres, et chez les Chinois, elle récidive souvent.

La prévention de la variole s'obtient d'une façon certaine à l'aide de la vaccine.

Scarlatine. — La scarlatine s'accompagne le plus souvent d'une éruption cutanée comme la rougeole ; elle frappe avec une fréquence, et surtout une gravité particulière, les races anglo-saxonnes. En France elle est moins grave.

Elle débute par de la fièvre et un violent mal de gorge suivis, au bout d'un jour, d'une éruption couleur de pourpre, rouge vif, qui couvre toute la surface du corps.

L'éruption passée, la peau du malade pèle sous forme d'écailles qui aux pieds et aux mains forment des rouleaux de peau morte. Cette période, appelée desquamation, dure fort longtemps et se prolonge jusqu'à la convalescence.

On n'a qu'une fois la scarlatine, sauf exception très rare.

On ne connaît pas le microbe de la scarlatine, mais on sait que cette fièvre est très contagieuse, et que le contage en est très subtil. Le scarlatineux est dangereux dès le début de la maladie, au moment de l'éruption et pendant la desquamation. Il est admis que ce sont les produits épidermiques, les petites écailles recouvrant la peau qui propagent surtout la scarlatine. Le linge qui a servi aux malades, les draps, les effets, sur lesquels ces écailles se sont déposées, peuvent propager la maladie d'une façon indirecte. Mais le contage peut certainement être transmis aussi par les produits

de sécrétion de la bouche et du pharynx. Le scarlatineux est donc dangereux pendant tout le temps de la
maladie, c'est-à-dire pendant six semaines environ. Le
germe encore inconnu de la scarlatine est très résistant.

Il y a des cas où la maladie a été transmise par des
lettres écrites par des scarlatineux ou dans leur
chambre. Des livres ont dans certains cas également
transporté le contage. Un assez grand nombre d'observations montrent que le lait de vache peut transmettre
la scarlatine.

Rougeole. — La rougeole est une des maladies les
plus connues et les plus répandues en France. Peu de
personnes ne l'ont pas eue pendant leur enfance. Le
microbe de la rougeole, ainsi que le mécanisme intime
de la contagion, sont encore inconnus. On sait seule
ment que la rougeole est très contagieuse, surtout
pendant sa première période. Celle-ci, après une incubation de 14 à 15 jours, débute par du larmoiement,
de la toux, des éternuements et de la fièvre. Cela dure
4 ou 5 jours, après quoi se montre l'éruption (seconde
période) sous forme de placards de rougeole, de petites
taches rouges, qui apparaissent sur tout le corps.
Le rougeoleux est donc capable de transmettre la
maladie dès le début, avant l'éruption, et c'est une
notion d'autant plus utile à connaître que souvent,
quand la rougeole est bénigne, le malade ne montrant
encore que les signes d'un enchifrènement, d'un
rhume de cerveau, va et vient, semant l'affection tout
autour de lui. A la fin de la maladie, le malade des-
quame, la peau se couvre de fines écailles farineuses,
reliquat de l'éruption.

On n'a en général la rougeole qu'une seule fois.

On pense que l'agent contagieux de la rougeole réside dans les sécrétions des yeux, les crachats, le jetage muqueux qui sort du nez. Les écailles épidermiques de la desquamation, le mucus nasal et les larmes des-séchées, répandus sur le linge ou les vêtements, les crachats desséchés doivent également jouer un rôle important dans la propagation de la maladie.

L'agent contagieux de la rougeole peut être trans-porté loin du malade par des personnes ou des objets sortant de sa chambre. Si quelque enfant entre en contact avec ces objets ou ces personnes qui n'ont aucun symptôme de rougeole, il est exposé à gagner la maladie. C'est ce qu'on appelle la contagion indi-recte, c'est-à-dire par le fait d'intermédiaires. Elle est beaucoup plus rare pour la rougeole, que pour la variole et la scarlatine.

C'est vraisemblablement par les voies respiratoires, par le nez, peut-être par les conjonctives, que pénètre le virus rougeoleux, sous forme de poussière ténue et impalpable. Les fosses nasales sont en effet prises les premières.

Coqueluche. — La coqueluche est presque aussi répandue que la rougeole. Elle débute par une période de catarrhe, de bronchite, à laquelle succède la période des quintes de toux. Ces quintes, plus ou moins répétées et séparées par une reprise caractéristique, constituent l'accès. La durée de la coqueluche est très longue. L'agent infectieux semble être contenu dans les sécrétions bronchiques.

La coqueluche est éminemment contagieuse dès le

début de la maladie, et le contage en est subtil. Le contact d'un enfant sain avec un coquelucheux détermine presque fatalement la contagion. La coqueluche récidive très rarement, c'est-à-dire qu'on n'a qu'exceptionnellement deux fois la coqueluche dans sa vie.

Oreillons. — Les oreillons, qu'on observe chez l'adulte aussi bien que chez l'enfant, sont constitués par le gonflement de glandes salivaires situées derrière l'angle de la mâchoire, au-dessous de l'oreille, sur les côtés du cou.

Cette affection est très contagieuse dès le début de la maladie. Son microbe et le mécanisme de la contagion sont encore inconnus. L'incubation dure 3 semaines.

Diphtérie. — Commune à tous les âges de la vie, mais fréquente surtout dans l'enfance, la diphtérie se manifeste sous forme d'angine couenneuse ou angine diphtérique, et de *croup* ou laryngite diphtérique. L'arrière-gorge dans le premier cas, le larynx dans le second se tapissent de fausses membranes, blanches, grises, ou noires. L'obstruction du larynx amène la suffocation et l'asphyxie si les membranes ne disparaissent pas, ou ne sont pas rejetées dans un effort de toux.

La diphtérie est très contagieuse. Son microbe est connu. C'est un petit bâtonnet microscopique (fig. 37) qui siège dans les membranes. Souvent, au début, la diphtérie est assez bénigne pour permettre au petit malade de sortir et de semer la contagion. Il est rare que dans une famille de plusieurs enfants, un seul soit atteint. Le plus souvent, le premier pris contagionne ses frères et sœurs ou ses parents.

L'agent contagieux est dans les fausses membranes, dans les produits d'expectoration. Il persiste assez longtemps sur les muqueuses, même après disparition de la fausse membrane, en particulier dans la bouche.

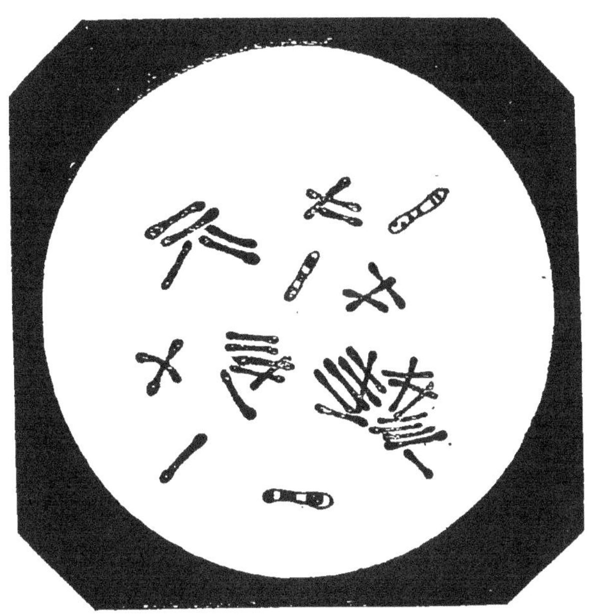

Fig. 37. — Bacilles de la diphtérie.

Il faut donc isoler longuement et rigoureusement les petits malades (voy. *Isolement*).

Le bacille de la diphtérie est très tenace et conserve longtemps son pouvoir virulent. Dans les locaux (une salle d'école par exemple) où il y a eu des élèves atteints de diphtérie, s'il n'a pas été fait de désinfection, on peut voir éclater de nouveaux cas au bout d'un temps très long, après des mois et des années même. La désinfection est indispensable.

Tuberculose. Phtisie pulmonaire. — La tuberculose est une maladie extrêmement répandue sur toute la surface du globe, puisqu'elle tue un septième de l'humanité. Un individu sur 7 meurt de la poitrine (phtisie pulmonaire). C'est une maladie commune aux animaux et à l'homme. Le lait des vaches tuberculeuses est d'après les plus récentes données l'agent de contagion le plus fréquent. Mais l'homme tuberculeux contagionne aussi l'homme sain.

Un individu atteint de phtisie pulmonaire maigrit, perd ses forces, devient pâle, crache le sang, et est atteint au début d'une petite toux sèche. A mesure que la maladie fait des progrès, le poumon se détruit, la toux augmente, ainsi que les crachats, et si un traitement approprié n'intervient pas, la mort arrive au bout d'un temps plus ou moins long.

La tuberculose est très contagieuse, et l'agent de la contagion, contenu dans les produits de sécrétion des tuberculeux, est un bacille (fig. 38) très résistant. Le séjour prolongé, le contact répété avec un tuberculeux, même au début, surtout lorsqu'il tousse et qu'il crache, exposent à la tuberculose. Les époux peuvent se transmettre la maladie; cela arrive fréquemment. Ils peuvent aussi contagionner leurs enfants. Les domestiques tuberculeux contaminent trop fréquemment les enfants laissés à leurs soins, le plus souvent en les embrassant.

Le mécanisme de la contagion est très simple. Il se fait fréquemment par l'intermédiaire des crachats desséchés qui contiennent le bacille, et qui, très résistants, très vivaces, voltigent dans l'air avec les poussières et sont respirés par les personnes bien portantes. En outre, les gens atteints de la poitrine, quand ils toussent, quand ils éternuent, projettent à distance de[s] particules de salive qui contiennent des bacilles tuberculeux; si ces particules arrivent sur la figure ou les mains d'une personne saine, il y aura danger de con-

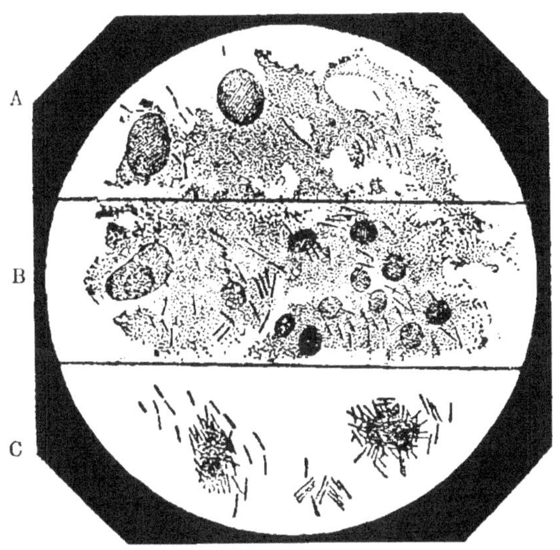

Fig. 38. — A et B, bacilles tuberculeux dans les crachats; C, dans les cultures.

tagion. C'est de la même manière que le baiser peut contagionner.

Il y a des milliards de bacilles dans l'expectoration quotidienne d'un tuberculeux. Aussi doit-on strictement l'empêcher de cracher par terre, surtout dans un lieu fermé et fréquenté par beaucoup de monde (salles publiques, voitures, omnibus, wagons). Cette prescription est, on le sait, souvent méconnue, et il existe tellement de bacilles dans les villes qu'on peut affirmer que tout le monde a inhalé une fois ou l'autre un ou plusieurs bacilles tuberculeux. Fort heureusement l'organisme se défend contre cette invasion, sans quoi tout le monde serait poitrinaire. Pour que la graine germe il faut que le terrain soit bon ; or, il est nécessaire qu'il y ait une prédisposition pour que, sur le terrain que représente l'organisme humain, le bacille tuberculeux fructifie. L'alcoolisme joue ici un rôle prépondérant. Il prédispose, de la façon la plus notoire, à la tuberculose. A tous les méfaits de l'alcool il faut encore ajouter celui-là.

Maladies infectieuses transmises par les déjections humaines. — La *fièvre typhoïde* est très répandue en France. C'est une maladie de durée assez longue, avec de fréquentes complications et dont le microbe siège dans l'intestin de l'individu malade.

Les garde-robes et les urines contiennent donc l'agent de la contagion qui est connu sous le nom de bacille typhique (fig. 39).

C'est en introduisant dans sa bouche, puis dans son estomac et dans son intestin le bacille de la fièvre typhoïde qu'un individu sain contracte la maladie. Ceux qui soignent les typhiques se salissent les doigts au contact des matières fécales, des draps, de la chemise, en lavant les linges du malade. Ces doigts, non lavés ou mal lavés, sont les agents directs ou indirects de contagion. La souillure de l'eau potable par les infiltrations des fosses d'aisance est la cause la plus commune de cette maladie (quatre-vingt-dix fois sur cent). Les grandes épidémies aussi bien que les épidémies de village, de hameau, reconnaissent généralement cette même cause.

Il est de règle qu'on n'ait la fièvre typhoïde qu'une fois.

Tout ce que nous venons de dire de la propagation de la fièvre typhoïde s'applique à la transmission de la *dysenterie*. Cette maladie, dans nos pays, est due à un bacille qui se multiplie dans le gros intestin et est expulsé avec les selles. La contagion directe est rare.

Fig. 39. — Bacille typhique.

Presque toutes les épidémies sont dues à l'ingestion d'eau contaminée par des matières fécales de dysentériques.

La fatigue, la misère, l'insuffisance de l'alimentation, les refroidissements brusques de la température, l'abus des fruits, des viandes salées, des corps gras, prédisposent à cette maladie. Contrairement à ce qui se passe pour la fièvre typhoïde, les récidives de la dysenterie sont très fréquentes.

Le *choléra asiatique* est également une maladie qui se propage par l'eau, souillée par les matières fécales lorsqu'elles proviennent de cholériques. On sait qu'un des principaux symptômes du choléra est, avec les vomissements, la diarrhée. Cette diarrhée aqueuse, extrêmement abondante, contient le bacille du choléra, qui est fixé au niveau de l'intestin grêle, où il pullule et d'où il est entraîné au dehors par le flux du ventre.

Les draps, le linge du cholérique sont donc souillés par la diarrhée et ceux qui soignent le malade, s'ils ne prennent pas des précautions rigoureuses au point de vue de la propreté des mains, pourront contracter la maladie en portant leurs doigts souillés à leur bouche ou simplement en touchant leur pain avant de le manger. C'est de cette façon que le microbe du choléra pénètre souvent dans le tube digestif. Mais c'est surtout par l'eau de boisson souillée par des matières cholériques que l'on contracte le choléra. Les grandes épidémies ne reconnaissent pas d'autre cause. Les puits infectés ont très souvent donné lieu à de petites épidémies de maison ou de famille. L'éclosion et l'extension de ces épidémies varient suivant le nombre de personnes qui ont bu l'eau infectée. L'eau propage d'autant mieux le choléra que le microbe du choléra vit fort bien dans l'eau et y reste longtemps virulent.

Tétanos. — Le tétanos est une maladie fort grave qui se contracte à la suite d'une plaie (écorchure, piqûre, etc.) souillée par le bacille du tétanos (fig. 40). Il faut savoir que ce bacille existe normalement dans la terre. Les plaies souillées par de la terre sont donc particulièrement dangereuses. Nous indiquerons plus

loin les mesures spéciales à prendre à ce sujet. Les blancs
sont, fort heureusement, peu réceptifs au tétanos.

Teignes. — Il y a deux espèces de teignes : la teigne
tonsurante et la teigne faveuse. Les deux variétés sont

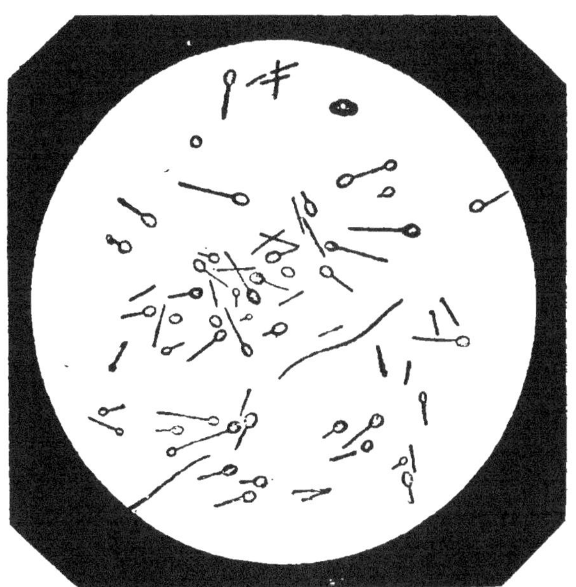

Fig. 40. — Bacille du tétanos.

contagieuses. Les agents de la contagion sont des champignons, sortes de moisissures qui attaquent le cheveu
et se logent dans la cavité d'où le cheveu prend racine.
C'est par les coiffures, les tondeuses, les ciseaux, les
peignes et les brosses que s'opère la transmission des
différentes variétés de teigne. Les rayons X guérissent
la teigne tonsurante et ce traitement a singulièrement
abrégé la durée de la maladie et simplifié sa prophylaxie.

Maladies parasitaires non microbiennes. — La *gale* est une affection de la peau déterminée par la présence d'un parasite animal, l'*acarus* de la gale. La gale détermine des démangeaisons très vives et des éruptions sur la peau. Elle débute par les mains, les interstices des doigts, et de là gagne tout le corps si on n'intervient pas; car la multiplication de l'acare est extrêmement rapide. La gale se gagne surtout par le contact et la cohabitation avec une personne galeuse.

Dans les maladies de nos pays provoquées par la présence de *vers intestinaux* dans l'organisme humain, le parasite est toujours introduit par des aliments (sauf parfois l'ankylostome duodénal, comme nous le verrons plus loin).

Les larves qui se développent dans l'intestin de l'homme sous forme de *vers solitaires* y ont été introduites par l'ingestion de viande de porc ladre (ténia armé), de viande de bœuf ladre (ténia inerme) ou de chair de certains poissons d'eau douce tels que le brochet, la lotte, la perche, le saumon, etc. (bothriocéphale).

La *trichinose* est une maladie qui se montre chez l'homme à la suite de l'absorption de viande crue et fraîche de porc trichiné. Cette viande contient les larves enkystées d'un ver minuscule, la Trichine spirale (fig. 34), qui se développe dans l'intestin de l'homme, où il produit des larves qui vont s'enkyster à leur tour dans le système musculaire.

L'*anémie des mineurs* est due à la pénétration, dans le tube digestif, des larves d'un petit ver, l'ankylostome duodénal, qui s'introduisent dans l'organisme soit par ingestion avec les aliments, soit par inhalation, soit même à travers la peau et gagnent le duodénum, où ils prennent la forme adulte, se fixent et aspirent incessamment le sang du malade.

Dans d'autres cas ce sont les œufs des parasites qui pénètrent dans le tube digestif de l'homme avec l'eau de boisson, les légumes crus ou les fruits. C'est ainsi qu'apparaissent dans l'intestin les *lombrics* et différents petits vers blancs (*oxyures* et *trichocéphales*). C'est de cette façon que l'œuf du ténia armé provoque la ladrerie de l'homme (*cysticercose*), que l'œuf du ténia échinocoque du chien ou du chat produit chez l'homme les kystes hydatiques (*échinococcose*).

PROPHYLAXIE DES MALADIES CONTAGIEUSES

On appelle prophylaxie la manière de prévenir une maladie et de se préserver contre elle. La connaissance des causes des maladies contagieuses a fait faire un progrès immense à leur prophylaxie. Nous allons passer successivement en revue les principales maladies que nous venons d'examiner.

Prophylaxie de la variole. — La variole est une maladie contagieuse qu'on peut éviter à coup sûr. Grâce à la vaccine jennérienne, les populations peuvent en effet être désormais mises à l'abri de la variole. La vaccination et les revaccinations obligatoires, conformément aux prescriptions de la loi du 15 avril 1902, doivent fatalement aboutir à l'extinction de la variole, si la loi est rigoureusement appliquée. Nous reviendrons plus loin sur ce sujet (p. 281).

Le varioleux est contagieux à toutes les périodes de

la maladie, aussi bien lorsqu'il est couvert de papules
et de pustules que lorsque les croûtes se sont formées.
Ces croûtes sont contagieuses, et peuvent être emportées par leur légèreté à une certaine distance (50 mètres)
du lit du malade lorsqu'un courant d'air les soulève et
les fait voltiger dans l'air. La désinfection soigneuse
du malade, de sa chambre et de tous les objets qui y
sont contenus, pendant le cours de la maladie, est donc
une mesure capitale qu'on renouvellera plusieurs fois.
La maladie terminée, on enverra les objets de literie à
l'étuve et on fera une dernière et complète désinfection.

**Prophylaxie de la rougeole, de la scarlatine, de
la coqueluche.** — La meilleure façon d'empêcher un
enfant atteint de rougeole, de scarlatine ou de coqueluche, de propager l'affection dont il est atteint, c'est
d'empêcher qu'il n'ait de contact avec d'autres enfants.
L'isolement est la mesure qui est pratiquement la
plus efficace; il devra être assuré aussitôt que les premiers symptômes de la maladie ont été constatés.
Cela est surtout important dans les milieux scolaires.
Tout enfant doit être écarté de l'école, au premier
signe de fièvre éruptive ou de coqueluche. Il est aisé
de reconnaître ces maladies dès que l'éruption ou les
quintes ont apparu.

L'enfant atteint de rougeole a les yeux rouges et lar-
moyants, le visage couvert d'un petit piqueté de
taches rouges; — le scarlatineux est couvert d'une
éruption en nappe rouge, à teinte foncée, uniforme; —
le varioleux a des boutons saillants, durs, rouges, dis-
séminés au front et sur la face. Lorsqu'un enfant se
présente un matin avec une de ces manifestations, alors

que la veille il était indemne et ne montrait aucune éruption, il faut le renvoyer sur-le-champ et prévenir le médecin. L'isolement devra durer jusqu'après la convalescence, et être prolongé pour les scarlatineux pendant 40 à 45 jours.

La désinfection dans la rougeole et la coqueluche est surtout efficace contre les germes de certaines complications de ces maladies, notamment de la broncho-pneumonie. Elle doit être appliquée dans la scarlatine pour détruire dans les locaux infectés ou sur les objets souillés le contage longtemps persistant de cette affection.

Prophylaxie de la diphtérie. — Si, pour combattre une épidémie de rougeole, de scarlatine ou de coqueluche, on est réduit à des mesures générales, et, il faut l'avouer, médiocrement efficaces dans l'état actuel de la science, il n'en est pas de même de la diphtérie. Il existe en effet un remède spécifique de la diphtérie qui est à la fois curatif et préventif. Ce remède, c'est le sérum antidiphtérique de Behring, vulgarisé en France par M. Roux. Ce sérum a une double propriété : 1° inoculé dès le début, à un enfant atteint de diphtérie, il le guérit, et cela d'une façon d'autant plus sûre que l'injection aura été faite d'une façon plus précoce; 2° inoculé à des enfants qui n'ont pas encore la diphtérie, mais qui pourraient la contracter au contact d'un diphtérique, il *prévient* la maladie. De tous les sérums préventifs que l'on a préconisés depuis la découverte de Behring, c'est celui de Behring qui a le mieux fait ses preuves et c'est le seul dont l'efficacité soit hors de doute.

La vaccination préventive antidiphtérique de tous les enfants qui ont été en contact avec un diphtérique est donc devenue une mesure courante, et c'est à elle qu'est dû l'avortement de centaines d'épidémies depuis quinze ans.

L'isolement et la désinfection doivent lui être associés. Il faut se rappeler que le germe de la diphtérie est tenace, qu'il vit longtemps dans les locaux où les malades l'ont disséminé, et qu'une désinfection rigoureuse s'impose dans ces cas, plus que pour toute autre maladie infectieuse.

Prophylaxie des maladies infectieuses transmises par les déjections humaines. — Nous avons vu que ce sont les déjections qui contiennent l'agent du contage de la *fièvre typhoïde*. Il faut donc les désinfecter avec le plus grand soin. Tout ce qui a pu être en contact avec ces déjections, les récipients, les draps, le linge, les matelas, les mains des gardes-malades, devront être également désinfectés. Ce sont les doigts des personnes qui ont soigné les malades qui présentent le plus de danger : 1° soit pour ces personnes elles-mêmes qui peuvent gagner la maladie en portant involontairement leur main à leur bouche ou en touchant un aliment (le pain par exemple) avec ces doigts souillés ; 2° soit pour d'autres personnes mangeant ces aliments qu'ont manipulés ces doigts souillés. Le lavage, la désinfection la plus rigoureuse des mains s'imposent donc pour toutes les personnes qui approchent un typhique. Nous savons aussi que l'eau potable est le véhicule ordinaire du bacille de la fièvre typhoïde. C'est l'eau qui dissémine rapidement une épidémie.

Donc, toutes les fois qu'une eau est suspecte, ou en temps d'épidémie, il faut filtrer l'eau potable sur un bon filtre ou mieux la faire bouillir.

Il faut également faire bouillir ou filtrer l'eau avec laquelle on fait la toilette de sa bouche et de ses dents.

En temps d'épidémie, il faut s'abstenir de légumes consommés à l'état cru, et surtout de cresson et de salades, de radis et de fraises.

Il faut être circonspect sur le choix des huîtres, certains parcs pouvant être contaminés et les huîtres qui en proviennent pouvant transmettre la fièvre typhoïde.

En voyage, il convient de ne boire que du thé ou des eaux minérales, quand on n'est pas sûr de la pureté de l'eau, et d'éviter de manger des légumes crus. De même on ne consommera pas d'huîtres d'origine inconnue ou suspecte.

La *dysenterie* se transmettant presque exclusivement par l'eau potable contaminée, le mieux, en temps d'épidémie, est de ne consommer que de l'eau bouillie ou de l'eau minérale. On proscrira les fruits, les légumes crus et les aliments qui peuvent favoriser l'apparition de la diarrhée. La désinfection rigoureuse des selles dysentériques et des objets souillés par le malade, celle des mains des personnes qui le soignent, compléteront les précautions à prendre en pareil cas.

Le *choléra* asiatique se propage exactement de la même façon que la fièvre typhoïde. Il faudra donc prendre les mêmes mesures préventives. La désinfection des selles et des vomissements cholériques, des vêtements, linges et objets souillés par les malades, le lavage rigoureux des mains, pour toutes les personnes qui auront touché à ces objets, ou qui auront soigné le malade, sont rigoureusement indiqués. Il en est de même de l'ébullition de l'eau destinée à la boisson. De plus on se rappellera qu'en temps de choléra, beaucoup de personnes saines portent dans leur intestin le microbe du choléra sans éprouver aucun malaise. C'est ce qu'on a appelé le microbisme latent. Sous l'influence de la moindre cause de congestion de l'intestin, ce microbe peut pulluler et déterminer le choléra. Il faudra donc éviter toute cause de fatigue ou d'irritation de l'estomac et de l'intestin, ne faire aucun excès, ne pas trop boire, ni boire glacé, ni manger trop de fruits, ni prendre aucun aliment susceptible d'amener une indigestion.

Prophylaxie de la tuberculose. — La prophylaxie de la tuberculose est un des problèmes les plus importants et malheureusement un des plus difficiles que puisse soulever l'hygiène sociale. On sait la fréquence extrême de cette maladie, qui est répandue sur toute la surface du globe, où elle tue un septième de l'humanité. Chaque crachat que les poitrinaires sèment autour d'eux sans précaution aucune contient des millions de bacilles. Ceux-ci desséchés voltigent avec les poussières et contaminent d'autres individus. La précaution de ne pas cracher à terre, mais dans un crachoir ou dans un linge dont le contenu sera ébouillanté ou désinfecté, est donc la mesure prophylactique la plus importante. En effet, si l'on supposait qu'elle fût observée d'une façon idéale par tout le monde, le nombre des bacilles circulant à l'état vivant sur la surface de la terre serait diminué dans des proportions prodigieuses. C'est surtout dans les endroits clos (chambres, omnibus, cafés), que la dégoûtante habitude de cracher par terre peut faire courir des dangers à la santé publique; on ne saurait trop insister sur ce point. Le public a d'ailleurs fait des progrès depuis quelques années à cet égard.

Il ne faut pas s'imaginer cependant que le fait de cracher dans un crachoir de poche, où les bacilles seront stérilisés, rende le tuberculeux complètement inoffensif pour son entourage. Car lorsqu'il tousse ou qu'il éternue, lorsqu'il parle, il projette hors de sa bouche des particules bacillifères qui peuvent encore contagionner les personnes voisines. Il est donc de première importance de ne pas s'approcher trop près du visage d'un tuberculeux lorsqu'on lui parle. Laisser embrasser les enfants par eux constitue une coupable imprudence.

Chez des personnes soupçonnées ou menacées de tuberculose, enfants ou adultes, le séjour prolongé à la campagne, au grand air, est une mesure préventive de la plus grande valeur.

Nous avons déjà indiqué (p. 5 et 6) qu'inversement c'est dans les logements encombrés, sombres et humides, insuffisamment aérés et éclairés, que sévit surtout la tuberculose. Les Anglais sont parvenus à réduire considérablement la tuberculose chez les adultes, en s'attachant à assurer la salubrité des habitations ouvrières et des ateliers.

Prophylaxie du tétanos. — Une asepsie rigoureuse au cours des opérations obstétricales ou chirurgicales est la mesure préventive la plus efficace à opposer au tétanos. Mais les plaies accidentelles des mains ou des pieds, lorsqu'elles sont profondes et anfractueuses, se compliquent souvent de tétanos; la maladie est particulièrement fréquente dans les régions tropicales. En pareil cas l'emploi préventif du sérum de Behring-Kitasato donne de bons résultats. On n'hésitera donc pas à injecter immédiatement de ce sérum chaque fois que le siège ou la nature de la blessure semblent favorables à l'éclosion du tétanos. En campagne, surtout pendant les expéditions coloniales, il serait très utile de pouvoir faire une injection préventive à tout blessé ou à toute personne devant être soumise à une opération.

Prophylaxie des teignes. — Nous avons déjà indiqué à propos de l'hygiène de l'école (p. 253) les mesures prophylactiques à prendre vis-à-vis des sujets atteints de *teigne*.

Prophylaxie des maladies parasitaires non microbiennes. — On évitera la cohabitation avec une personne atteinte de *gale* tant qu'elle ne sera pas guérie et que ses vêtements n'auront pas été soigneusement désinfectés.

Pour ne pas contracter les maladies qui sont la conséquence de l'ingestion des larves ou des œufs des différents *vers intestinaux*, dont nous avons parlé plus haut (p. 272 et 273), il faut ne manger les viandes de porc (trichine, ténia armé) ou de bœuf (ténia inerme) ou la chair des poissons d'eau douce (botriocéphale), qu'après cuisson suffisante; on ne doit consommer à l'état de crudité aucun fruit, aucun légume, qui n'ait été au préalable soigneusement lavé et surtout ne pas boire d'eau qui n'ait été longuement bouillie ou mieux filtrée [1] (cysticerques, échinocoques, lombrics, oxyures, tricocéphales). Dans les mines où sévit l'ankylostomose, on n'admettra pas d'ouvrier déjà atteint, on veillera à ce que les matières fécales ne soient déposées que dans des latrines, qui seront désinfectées chaque jour; on habituera les travailleurs à observer une propreté rigoureuse et surtout à se laver les mains avant chaque repas, et à ne jamais déposer leurs aliments à terre.

VACCINE. VACCINATION ET REVACCINATION

Lorsqu'on inocule à un être humain la sérosité d'un bouton provenant d'une génisse atteinte d'une maladie appelée *cow pox* (et qui est spéciale à la race bovine), il se produit au point d'inoculation un bouton qui dure huit jours environ. A la suite de cette éruption, le sujet vacciné ne peut plus contracter la variole pendant une dizaine d'années environ, et souvent beaucoup plus.

Tel est le principe de la vaccine et de la vaccination qui furent découverts par Jenner il y a un siècle.

La vaccination est obligatoire actuellement dans la plupart des pays civilisés. Elle avait été précédée par la *variolisation*, qui consistait à inoculer une croûte ou du pus varioleux, provenant d'une variole légère ou varioloïde, aux personnes saines. Cette variolisation

---

1. Il est à remarquer que, contrairement à ce qui passe pour les microbes, les œufs des vers intestinaux, étant très résistants, peuvent ne pas être détruits par une courte ébullition de l'eau qui les contient, tandis qu'ils sont toujours retenus par les filtres usuels.

rendit de grands services, mais elle avait comme principaux inconvénients de provoquer parfois des varioles graves ou même mortelles et de créer de nouveaux foyers de la maladie.

En France, la loi du 15 avril 1902 prescrit la vaccination chez les nouveau-nés et deux revaccinations, une à la dixième année et l'autre à la vingtième année.

La vaccination du nouveau-né peut se faire dès la naissance ; c'est la pratique courante dans les maternités de Paris. On fait les scarifications au bras ou à la cuisse, en faisant deux scarifications espacées de 2 centimètres à chaque membre. On a soin, lors du bain de l'enfant, d'éviter le contact des pustules vaccinales avec l'eau.

On attend souvent l'âge de deux mois pour pratiquer la vaccination. Sauf en temps d'épidémie où l'inoculation doit se faire dès la naissance, cette pratique n'a pas d'inconvénient.

La première revaccination se fait au cours de la dixième année, pendant que l'enfant est à l'école, ce qui assure un contrôle efficace de cette mesure hygiénique. Ce contrôle est encore exercé, pour la deuxième revaccination, chez les hommes à la vingtième année, lors de leur premier appel sous les drapeaux. Il n'existe pas pour la portion féminine adulte de la population ; c'est une lacune de la loi.

En dehors de ces vaccinations, obligatoires de par la loi, il est prudent de se faire revacciner systématiquement tous les six ans et de ne pas attendre ce terme, en cas d'épidémie. Il ne faudrait pas croire, comme beaucoup de personnes le pensent à tort, qu'une revaccination, restée sans résultat, indique nécessairement que l'organisme ne soit pas susceptible de contracter la variole. Au cours des épidémies de variole, on en observe en effet des cas chez des sujets qui ont été récemment revaccinés sans succès. Il ne faut donc pas hésiter à se faire revacciner chaque fois qu'il survient un cas de variole dans la localité où on habite ou dans son voisinage, alors même qu'on se serait soumis à une revaccination, restée sans résultat, quelques mois auparavant.

Autrefois, on vaccinait de bras à bras, c'est-à-dire qu'on prélevait du vaccin sur les pustules d'un enfant en pleine éruption vaccinale, et on inoculait séance tenante ce vaccin à d'autres enfants ou à des adultes. Ce procédé, outre qu'il présente certains dangers, est incommode; il exige en effet un grand nombre d'enfants vaccinifères. Il a cédé la place à l'usage exclusif de la *vaccine animale*.

On obtient cette vaccine en inoculant à des génisses du vaccin, au moyen de nombreuses scarifications sur la peau préalablement rasée et aseptisée. Ces scarifications donnent le sixième jour autant de pustules de *cow pox* artificiel. On les gratte avec une curette tranchante et on les inocule à l'homme, séance tenante, ou bien on les conserve en broyant les produits enlevés, en les mêlant à la glycérine et en les mettant dans de fins tubes de verre fermés à la lampe; on peut ainsi les garder pendant six semaines ou deux mois. Des boutons de vaccine de la génisse servent en outre à en inoculer d'autres, et l'on entretient ainsi, dans des Instituts vaccinaux, en série indéfinie, le *cow pox* artificiel ou, en d'autres termes, la vaccine animale. Ces Instituts vaccinaux sont sous le contrôle de l'Académie de médecine.

Nécessité de la vaccination. — Il arrive tous les ans, à Paris (et nous avons été souvent témoins de ce fait), que dans une maison où il y a eu un cas de variole, mortel ou non, une personne refuse, à l'encontre de tous les autres habitants, de se faire revacciner. Elle contracte la variole, et elle en meurt. Ce fait s'observe surtout chez des personnes âgées, qui disent qu'elles ont été vaccinées à plusieurs reprises sans résultat, que cela ne servirait à rien, et que d'ailleurs leur âge les met à l'abri de l'affection. C'est là l'exemple le plus frappant que l'on puisse donner de l'utilité de la vaccine. On perd la vie après une maladie douloureuse faute d'avoir pris une précaution des plus simples. Il faut avouer cependant que les préjugés contre la vaccine ont beaucoup diminué en France et que, surtout en temps d'épidémie, il est peu de personnes qui hésitent à se faire revacciner avec toute leur famille. Il n'en a pas toujours été ainsi, et la variole, *qui est la maladie évitable entre toutes*, a causé en France des morts innombrables, depuis la découverte de Jenner. En 1870-1871, l'armée française a perdu, de ce fait, 23 469 hommes. Pendant cette même période l'armée allemande, où la vaccination était obligatoire, n'en perdait que 314.

On ne doit pas mourir de la variole, quand on a pour la combattre et la prévenir une arme aussi efficace que la vaccination. Il est permis d'espérer qu'en France l'application de la nouvelle loi amènera l'extinction de cette redoutable maladie et que bientôt, comme en Allemagne, la variole ne figurera plus chez nous sur les statistiques mortuaires.

CHAPITRE X

LA DÉCLARATION ET L'ISOLEMENT DANS LES MALADIES TRANSMISSIBLES

DÉCLARATION DES MALADIES TRANSMISSIBLES

En application de l'article 4 de la loi du 15 février 1902, et dans le but d'arrêter l'extension des maladies transmissibles, le décret du 10 février 1903 a fixé ainsi qu'il suit la liste des maladies soumises à la déclaration :

I. — *Maladies pour lesquelles la déclaration est obligatoire ainsi que la désinfection* : 1° Fièvre typhoïde ; 2° Typhus exanthématique ; 3° Variole et varioloïde ; 4° Scarlatine ; 5° Rougeole ; 6° Diphtérie ; 7° Suette miliaire ; 8° Choléra et maladies cholériformes ; 9° Peste ; 10° Fièvre jaune ; 11° Dysenterie ; 12° Infections puerpérales et ophtalmie des nouveau-nés, (lorsque le secret de l'accouchement n'a pas été réclamé); 13° Méningite cérébro-spinale épidémique.

II. — *Maladies pour lesquelles la déclaration est facultative* : 14° Tuberculose pulmonaire ; 15° Coqueluche ; 16° Grippe ; 17° Pneumonie et broncho-pneumonie ; 18° Érysipèle ; 19° Oreillons ; 20° Lèpre ; 21° Teignes ; 22° Conjonctivite purulente et ophtalmie granuleuse.

On remarquera que ces deux listes ne comprennent

pas indistinctement toutes les maladies contagieuses. Pour être soumise à la déclaration, il faut qu'une maladie constitue d'abord une véritable menace pour la santé publique, que sa contagiosité soit marquée, qu'elle puisse devenir un danger pour une collectivité. De plus, il faut que cette maladie soit de telle nature que l'intervention des pouvoirs publics soit justifiée par l'efficacité même des mesures prophylactiques applicables.

La division des maladies en deux classes : l'une à déclaration obligatoire, l'autre à déclaration facultative, a eu pour point de départ l'hésitation des autorités compétentes vis-à-vis des difficultés qu'entraînerait actuellement l'obligation de la déclaration de la tuberculose pulmonaire à sa période contagieuse.

Ces difficultés seraient à la fois d'ordre moral, par suite de la répugnance des intéressés à accepter cette déclaration, et d'ordre matériel à cause de l'impossibilité où se trouveraient les services publics d'assurer, pour le présent, une désinfection suffisamment fréquente des locaux et des objets souillés par les phtisiques.

Dans ces conditions, il a paru prématuré d'inscrire la tuberculose pulmonaire à sa période contagieuse parmi les maladies pour lesquelles la déclaration et la désinfection sont imposées. D'autre part, il était inacceptable que la tuberculose, qui est dans notre pays la plus meurtrière des maladies transmissibles, échappât à tout contrôle sanitaire et à toute prophylaxie générale. En autorisant sa déclaration facultative, on a tenu à la soumettre à l'action publique chaque fois que celle-ci pourra intervenir utilement et sans heurter des intérêts privés respectables.

On a également placé dans la seconde liste, pour des raisons analogues, la coqueluche ; cette maladie, si répandue et si meurtrière, a une durée beaucoup trop prolongée pour que dans l'état actuel on puisse assurer à chaque malade un isolement convenable, des désinfections suffisamment répétées. Le bénéfice d'une intervention sanitaire administrative ne peut être réservé actuellement qu'aux cas dans lesquels le médecin juge qu'elle pourrait être particulièrement efficace.

La lèpre, à cause de sa rareté et de sa faible contagiosité en France, n'est encore soumise qu'à la déclaration facultative. L'extension limitée ou la gravité peu marquée des autres maladies contagieuses, comprises dans la seconde liste, y justifie leur inscription.

Lorsqu'elle est obligatoire, la déclaration reste à la charge exclusive des médecins, officiers de santé ou sages-femmes.

Il est de toute nécessité que la déclaration soit précoce, c'est-à-dire qu'elle soit faite dès que le médecin a reconnu la nature de la maladie, afin qu'on puisse opposer immédiatement à la contagion des mesures prophylactiques efficaces.

Il ne s'agit pas seulement de signaler les maladies lorsqu'elles sévissent à l'état épidémique. Il faut encore faire la déclaration de tout cas isolé, qui peut devenir le point de départ d'une épidémie ; celle-ci sera d'ailleurs d'autant mieux enrayée à ce moment qu'il est plus facile de circonscrire l'extension du contage lorsqu'il n'est pas encore largement répandu.

Au reçu de la déclaration, le maire fait appliquer les mesures prophylactiques prescrites par le règlement sanitaire de sa commune; après entente préalable avec le médecin traitant, il fait appel, s'il y a lieu, aux services de désinfection ou de vaccination; il facilite, dans la mesure de ses moyens d'action, l'isolement du malade et prend les mesures d'assainissement nécessaires.

La déclaration est faite non seulement au maire, mais encore au sous-préfet ou au préfet, qui intervient dans le cas où le maire négligerait de prendre les mesures prophylactiques nécessaires et surveille, avec le concours du médecin des épidémies, les foyers de maladies contagieuses s'étendant à plusieurs communes.

La déclaration devient ainsi la base du bon fonctionnement du service des épidémies. Sans déclaration, ce service n'est plus guidé que par des communications plus ou moins précises des représentants de l'autorité ou de la force publique locale, des instituteurs ou institutrices, voire même par la rumeur publique. On comprendra sans peine combien de telles indications sont sujettes à caution.

La loi du 30 novembre 1892 stipule que la déclaration « n'engage pas le secret professionnel », du moins en ce qui concerne les maladies pour lesquelles la déclaration est légalement obligatoire. Le médecin, qui néglige de se conformer à cette exigence de la loi sanitaire, s'expose à une amende de 50 à 200 francs.

ISOLEMENT

L'isolement de tout malade atteint d'une affection contagieuse est la première des mesures à prendre, au point de vue de la prévention, afin d'éviter la diffusion de la maladie. L'isolement est un acte de préservation, de défense sociale, sans lequel toutes les mesures de désinfection deviennent inutiles. Il existe différentes espèces d'isolement.

Isolement à l'hôpital. — A l'hôpital l'isolement idéal est l'isolement individuel, qui nécessite un local spécial pour chaque malade. C'est le plus parfait de tous, à condition qu'il soit rigoureux, ce qui est assez difficile dans les conditions ordinaires. Aussi le réserve-t-on pour des cas spéciaux, lorsqu'il s'agit d'une maladie très grave et transmissible (diphtérie), ou dans les cas suspects lorsqu'on ne sait pas encore à quelle maladie l'on a affaire. L'isolement peut être collectif dans une salle d'hôpital distincte, ainsi que cela se pratique dans les hôpitaux d'enfants, où sont réunis tous ceux qui sont atteints de la même affection (rougeole, scarlatine, coqueluche).

Isolement individuel à domicile. — Dans les villes qui possèdent un hôpital, on devra de préférence, si les circonstances le permettent, évacuer sur l'hôpital, le plus vite possible, tout malade atteint d'une maladie contagieuse, puis faire désinfecter de suite le logement du malade avec les objets qui lui ont servi.

Mais, dans un grand nombre de cas, le transport est

impossible, soit qu'il n'existe pas d'hôpital à proximité, comme dans un village écarté, soit que le transport ne soit pas accepté par le malade ou par son entourage. De plus, le malade n'est pas toujours transportable. Comment faut-il donc s'y prendre pour éviter, par l'isolement du malade, que la contagion ne gagne du terrain, et pour limiter le mal le plus énergiquement possible? L'isolement à domicile doit porter sur le malade et les personnes qui le soignent, sur les objets à proximité du malade aussi bien que sur ceux qui auront été souillés par lui. Au cours de la maladie l'isolement doit être combiné avec la désinfection; enfin l'isolement doit commencer dès le début de la maladie jusqu'à la fin de la convalescence, où seront alors appliquées les mesures de désinfection terminales, la désinfection proprement dite.

Il y a, dans l'isolement à domicile, différents cas à examiner suivant la condition sociale des malades.

1° *Familles riches.* — Supposons un cas de diphtérie survenant chez un enfant, soit dans un vaste appartement, soit dans une maison particulière. Si l'enfant a des frères ou des sœurs, sans perdre de temps, on devra, quand cela est possible, les emmener et leur faire quitter l'appartement ou la maison, jusqu'à la fin de la maladie. Quant à l'isolement du malade, il devra être pratiqué de la façon suivante. S'il existe une chambre de malade, on devra de suite y transférer le patient. Sinon le médecin fera immédiatement choix d'une pièce retirée ou indépendante, à la condition expresse que cette chambre soit attenante à un cabinet de toilette ou à toute autre pièce qui servira d'*entrée unique*. En réalité, il faut, non pas une, mais deux pièces.

La chambre choisie pour coucher le malade devra être spacieuse et munie d'une cheminée. On enlèvera tout meuble inutile, tentures, rideaux, tapis, meubles capitonnés, tableaux, objets d'art. Les murs devront être débarrassés de tout ornement, être *absolument nus*. S'il existe des meubles qu'on ne peut déplacer, on les recouvrira d'une cotonnade grossière qu'on pourra, si cela est nécessaire, arroser d'une solution antiseptique. Mêmes précautions s'il y a des tapis cloués.

S'il n'y a pas de tapis, on mettra du linoléum ou des toiles cirées sur le parquet.

Mobilier de la chambre d'isolement. — Le mobilier limité au strict nécessaire, se composera d'un lit en fer, sans rideau, placé, comme lit de milieu, c'est-à-dire loin des murs, de façon à ce qu'on puisse circuler tout autour, facilement, sans déranger le malade. Il y aura une table en fer, un guéridon de fer, (la table de nuit des hôpitaux de Paris est un excellent modèle), une ou deux chaises cannées, en bois, facilement nettoyables. On peut y joindre, pour le garde-malade, une chaise à bascule (rocking chair) cannée et en bois, ou bien un fauteuil en moleskine recouvert d'une housse en toile. Il y aura également, dans cette chambre, une cuvette avec un broc, un seau, un vase de nuit et un bassin, ainsi qu'un urinal.

La pièce voisine sert de cabinet de toilette. On la transforme, si besoin est, en enlevant comme dans la chambre du malade tout le superflu. On nettoie tout de fond en comble. On retire les tablettes, on vide et on lave les tiroirs, en ne laissant rien que les objets nécessaires : seaux, cuvettes, brocs à solution antiseptique, le tout en porcelaine ou en grès, grosses brosses à mains en chiendent, savons et cure-ongles.

La brosse à dents, la brosse et le peigne du malade tremperont dans une solution antiseptique. Sur une table spéciale recouverte de linges on placera les serviettes et le linge de rechange pour le malade et son lit. Les sarraux, les blouses destinés au médecin ou au garde-malade seront pendus à des crochets.

Il y aura également les instruments de nettoyage : un balai (de crin de préférence), des morceaux de toile de coton pour garnir le balai, des brosses et éponges (le tout ne devra jamais être porté en dehors de la chambre du malade ou du cabinet de toilette); deux seaux, contenant une solution antiseptique, seront destinés, l'un au linge, l'autre aux déjections du malade.

Il y aura aussi des chaussures de chambre pour la garde. Elle les mettra en même temps que son sarrau et qu'un bonnet couvre-tête avant de pénétrer dans la chambre d'isolement.

Tout linge, *tout objet* sortant de la chambre et du cabinet de toilette devront être désinfectés. De même les latrines seront désinfectées tous les jours. On placera dans les cabinets d'aisance des brocs remplis d'une solution antiseptique forte dont on versera une bonne quantité dans le seau contenant les matières. On attendra un quart d'heure avant de vider le seau dans la cuvette des cabinets.

Le plancher sera lavé au moins une fois par jour en passant dessus un balai recouvert d'un torchon imbibé d'une solution antiseptique. Comme partout ailleurs le balayage à sec devra être proscrit. Un bon procédé de balayage consiste à répandre de la sciure de bois mouillée ou de l'herbe verte coupée menue et imbibée d'une solution antiseptique. On met les balayures au feu. Sur les murs, on passe une éponge.

Aucune provision de bouche ne devra rester dans la chambre. Les vases contenant des liquides, tels que bouillon, tisanes, destinés au malade, seront bouchés avec un tampon de ouate ou une rondelle de carton renouvelée tous les jours.

Garde-malades. — On affichera dans le cabinet de toilette une instruction pour le garde-malade, qui, lorsqu'il viendra du dehors, ne devra entrer dans le cabinet de toilette qu'après avoir quitté tout vêtement superflu (pardessus, chapeau, etc.). Là il devra tout d'abord quitter ses chaussures de ville, les placer sur une tablette élevée où elles ne pourront pas être contaminées, mettre des chaussures de chambre, restant à demeure dans le local infecté, puis passer un sarrau ou une grande blouse fermée au col et aux poignets. Les femmes se couvriront les cheveux d'un bonnet; les hommes porteront un calot. Avant d'entrer, ils se laveront les mains soigneusement, avec du savon antiseptique, et se cureront les ongles.

A la sortie de la chambre d'isolement, le garde-malade quittera le sarrau, le calot et les chaussures de chambre puis se lavera soigneusement les mains.

Il devra également se laver la barbe et passer une brosse imbibée d'une solution antiseptique dans ses cheveux. Les femmes quitteront leur bonnet, les hommes leur calot. Les dents seront lavées et la bouche soigneusement rincée avec une solution antiseptique telle que le thymol. Les semelles et empeignes des chaussures de ville seront essuyées avec un chiffon imbibé d'une solution antiseptique. Cette recommandation est essentielle. Nombre d'épidémies de dysenterie ont été propagées par les semelles de souliers ayant touché à des matières fécales dysentériques.

Les garde-malades devront sortir une à deux heures par jour pour que leur santé ne souffre pas d'une claustration trop prolongée. Ils ne prendront aucun aliment, ni aucune boisson soit dans la chambre du malade, soit dans le cabinet de toilette attenant.

Médecins et visiteurs. — Toute visite devrait être proscrite. En tout cas, il y aura le moins possible de visiteurs. Ceux-ci, comme le médecin, devront quitter leurs vêtements de dessus ainsi que leurs chapeaux et leurs gants avant de pénétrer dans le cabinet de toilette. Ils revêtiront un sarrau dans le cabinet de toilette et ne toucheront à rien dans la chambre. En sortant, ils prendront les mêmes soins que les gardes, se lavant la figure et les mains et se rinçant la bouche. On passera un chiffon mouillé sur leurs chaussures particulièrement sur les semelles.

Ces précautions, qui semblent fastidieuses et qui sont cependant nécessaires, réduiront au minimum les chances de contagion et de propagation de la maladie.

2° *Hôtels de voyageurs. Garnis.* — On y prendra les mêmes précautions que pour une maison particulière en choisissant de même deux chambres les plus retirées possible. Il faut, bien entendu, qu'il n'y ait qu'un seul accès par le cabinet de toilette, sans quoi toute précaution prise devient illusoire. La vérité est que, par-dessus tout, il est préférable de faire transférer le malade, s'il est transportable, dans une maison de santé ou à l'hôpital, puis de faire désinfecter dans le plus bref délai possible.

3° *Familles pauvres.* — Le domicile se compose d'une pièce unique. Dans ce cas, si fréquent à la ville et à la campagne et qui constitue un problème en apparence insoluble, on peut faire un isolement relatif *et il faut le faire quand même*.

Voici comment on doit procéder. On éloigne les enfants, dans la mesure du possible, en les envoyant chez des parents ou chez des voisins. On place le lit en dehors des allées et des venues et on l'isole du reste de la chambre, en tendant des cordes tout autour, à la hauteur d'homme. On posera sur ces cordes des draps tombant jusqu'à terre; le lit sera ainsi enfermé dans une petite chambre intérieure.

S'il y a deux lits on pourra asperger d'une solution antiseptique les draps qui les sépareront. Dans la chambre intérieure, il y aura un seau et un broc rempli d'une solution antiseptique. Une seule personne de la famille doit rester pour soigner et veiller le malade. Si la maladie dont il s'agit est une de celles où la récidive est très rare ou exceptionnelle (fièvres éruptives, coqueluche, fièvre typhoïde), on choisira de préférence une personne ayant déjà eu cette maladie. Elle revêtira par-dessus ses vêtements une blouse qu'elle quittera quand elle sortira. Elle se lavera les mains dans une solution antiseptique chaque fois qu'elle les aura infectées ou au moment de sortir.

Il faudra que personne, en dehors du malade, ne mange ou ne boive dans la chambre et, s'il est possible, on n'y fera pas cuire d'aliments.

Toutes ces pratiques, si minutieuses et si compliquées en apparence, mais toujours exécutables, demandent une conscience et une attention de tous les instants. Elles ont trait à ce qui entoure le malade. Les soins donnés au malade, la désinfection des germes contenus dans ses sécrétions (déjections, crachats) compléteront l'œuvre de préservation sociale, et empêcheront la maladie de se propager.

Le malade sera lavé au réveil. On lui fera rincer la bouche avant et après chaque repas. L'anus et le siège seront nettoyés après chaque selle, avec une solution antiseptique. On se servira de tampons d'ouate hydrophile, que l'on jettera aux cabinets après immersion dans une solution antiseptique. Si on emploie une éponge, elle sera désinfectée après chaque usage.

Les crachoirs, les vases de nuit seront tenus dans un état parfait de propreté et garnis d'une solution antiseptique. Le malade ne devra jamais cracher dans un mouchoir.

S'il n'y a pas de fosses d'aisances dans la maison, on devra se garder d'aller jeter les déjections dans la fosse à fumier. Il faudra se procurer un tonneau rempli d'une solution antiseptique, où les matières séjourneront au moins un jour avant de les enfouir dans la terre loin des habitations, des sources et des puits.

Durée de l'isolement. — La durée de l'isolement est variable, suivant les maladies. Les soins de désinfection devront, dans certains cas, être maintenus pendant la convalescence, surtout pour les selles et les urines des typhiques qui devront être mises à part et désinfectées avant d'être déversées dans les latrines communes, longtemps même après que le malade sera sorti du lit.

Un isolement de 40 jours pour un scarlatineux semble un minimum. Un individu atteint de diphtérie porte encore, après guérison le bacille de la diphtérie dans sa gorge et son nez : aussi ne doit-on cesser de l'isoler que quand l'examen bactériologique montre qu'il n'a plus de bacilles dans la gorge ou le nez.

La durée de la contagiosité est d'environ 7 semaines pour la variole, la scarlatine, la diphtérie et la fièvre typhoïde, de 2 à 3 semaines pour le choléra, les oreillons et la rougeole.

CHAPITRE XI

DÉSINFECTION

La désinfection a pour but la destruction des germes des maladies contagieuses. Tandis que l'isolement du malade est destiné à éviter la transmission directe, la désinfection s'oppose à la contagion indirecte en arrêtant la diffusion des agents pathogènes contenus dans les sécrétions ou les excrétions morbides.

Nous avons vu (p. 285) que les autorités compétentes ont établi une liste de maladies pour lesquelles la désinfection est obligatoire, et une seconde liste comprenant les maladies pour lesquelles la désinfection n'est pratiquée qu'à la demande des intéressés.

Les procédés de désinfection appliqués, les appareils destinés à la désinfection doivent être approuvés par le ministère de l'intérieur, après avis du Conseil supérieur d'hygiène publique de France.

Dans tous les cas, la désinfection peut être pratiquée indifféremment par un service public, par l'industrie privée ou par les intéressés eux-mêmes, pourvu que les conditions requises par la loi soient scrupuleusement observées et que l'efficacité des mesures prises puisse être vérifiée par un contrôle officiel.

Avant d'étudier les procédés de désinfection, il convient d'indiquer le *siège habituel des germes morbides à détruire* dans chacune des maladies transmissibles.

Ce sont les matières fécales qui contiennent et diffusent l'agent pathogène du choléra et des maladies cholériformes, de la dysenterie et de la fièvre typhoïde. De plus les matières vomies dans le choléra, les urines et parfois les crachats dans la fièvre typhoïde servent aussi de véhicule au contage.

Dans un groupe important de maladies, la transmission se fait par l'intermédiaire des sécrétions des voies respiratoires : tel est le cas pour la tuberculose pulmonaire, la coqueluche, la grippe, la pneumonie et la broncho-pneumonie, la peste pneumonique, la diphtérie, la scarlatine, la rougeole, la suette miliaire, les oreillons et la méningite cérébro-spinale.

Ajoutons que l'agent infectieux est contenu encore dans les matières fécales et les produits de suppuration des tuberculeux; dans les squames épidermiques des scarlatineux. Ce mode de transmission par les squames épidermiques se retrouve dans l'érysipèle et dans les teignes.

C'est par les produits de suppuration que se propagent la variole, la peste bubonique, les infections puerpérales, l'ophtalmie purulente des nouveau-nés et la conjonctivite purulente. La transmission de l'ophtalmie granuleuse se fait également par l'intermédiaire des sécrétions oculaires.

Enfin, dans certains cas, les petits animaux, hôtes habituels des habitations humaines, ou des insectes parasites transportent le contage dans leur organisme et deviennent ainsi les agents de diffusion de quelques maladies transmissibles. C'est ainsi que les rats, atteints de peste, provoquent des épidémies humaines, par l'intermédiaire de puces, qui, après avoir aspiré le sang des rongeurs malades, l'inoculent par piqûre à l'homme.

C'est de même en transportant et en inoculant du sang infecté que les moustiques transmettent la fièvre jaune et la fièvre palustre; que les puces, les punaises et les poux provoquent le typhus exanthématique, la peste, le typhus récurrent et très probablement la lèpre.

Les mouches peuvent se souiller au contact des sécrétions ou des excrétions morbides, transporter ainsi et transmettre les germes de nombre de maladies.

Les produits morbides que nous avons énumérés plus haut restent pour la plupart longtemps dangereux à la surface des objets qu'ils souillent et sur lesquels ils se fixent : le corps du malade en est presque toujours infecté en quelque partie et plus spécialement au niveau des régions pileuses, difficiles à nettoyer, et de la cavité buccale, où les germes se conservent longtemps à l'état virulent et sont facilement projetés au dehors.

Le linge du malade (chemises, mouchoirs, etc.); sa literie (draps, matelas, couvertures, oreillers, traversins, sommiers); ses objets de toilette (éponges, linge, brosses, peignes, etc.); ses pièces de pansement; ses vêtements; ses ustensiles de ménage (verres, tasses, cuillers, fourchettes, assiettes); les objets qu'il a fréquemment en mains (livres, jouets, etc.), conservent aussi et transmettent le contage. La contamination des objets par les excrétions ou les sécrétions infectées peut encore s'étendre plus loin : au mobilier de la chambre du malade, surtout au lit, aux tentures, aux rideaux, aux tapis et aux parois (murs, boiseries, planchers, etc.). C'est ainsi que peut se produire l'infection des sièges des cabinets et des fosses d'aisances, des fosses à fumier ou à purin, dans lesquelles sont déversées les déjections des malades. Ces souillures contaminent aussi fréquemment les mains, la figure, la barbe, les cheveux des personnes qui se trouvent en contact avec les malades, ainsi que leurs vêtements; de là une source de transmission nouvelle des germes de la maladie.

SUBSTANCES DÉSINFECTANTES

La désinfection peut être réalisée par des agents physiques ou chimiques. Ils doivent avoir une action antiseptique rapide et certaine; il ne faut pas qu'ils détériorent les objets soumis à leur action, et il serait désirable qu'ils ne soient ni caustiques, ni toxiques (les désinfectants chimiques réalisent rarement cette dernière condition); enfin leur emploi ne doit pas être coûteux et leur maniement doit être très aisé.

La *désinfection par les agents physiques* se confond dans la pratique avec la désinfection par la chaleur humide, qui est le seul désinfectant en profondeur réellement efficace. L'aération, l'insolation, la dessiccation sont des procédés de désinfection que la nature met à notre disposition; mais ils sont trop lents pour suffire à eux seuls et ne peuvent guère être utilisés qu'à titre d'adjuvants.

La chaleur sèche, qu'il faut porter à 150° ou 160° pour obtenir une simple désinfection de surface, détériore la plupart des objets. Le feu est un moyen radical de purification, qu'on ne peut guère appliquer qu'à des objets sans valeur.

On obtient aisément une chaleur humide suffisante pour désinfecter dans un temps plus ou moins long par l'immersion dans de l'eau à 100°. Il suffit de maintenir l'eau à cette température, de 15 minutes à une heure, suivant l'épaisseur de l'objet à désinfecter. Malheureusement un grand nombre d'objets ne peuvent séjourner sans inconvénient dans l'eau bouillante.

Aussi est-ce la chaleur humide de la vapeur d'eau qui constitue le mode le plus sûr et le plus pratique de désinfection profonde. Pour que la désinfection par la vapeur d'eau donne des résultats satisfaisants il est indispensable que certaines conditions soient observées. La vapeur ne doit pas être mélangée d'air, qui empêcherait sa condensation ; celle-ci est en effet un des facteurs les plus indispensables de la désinfection. En se condensant la vapeur détermine autour d'elle un vide ; l'air emprisonné dans les mailles des tissus, dans la profondeur des matelas se trouve ainsi aspiré et remplacé par de la vapeur d'eau. Sans condensation de la vapeur, les points où séjourne de l'air ne seraient pas désinfectés.

La pénétration de la vapeur d'eau dans la profondeur des objets est trois fois plus rapide quand la vapeur les traverse sous forme de courant (vapeur fluente) que lorsqu'elle reste immobilisée (vapeur dormante).

En employant la vapeur sous pression on la porte aisément à 110° ou 115° et on obtient ainsi une stérilisation beaucoup plus rapide. Si pendant l'opération on diminue brusquement de temps à autre la pression (décompression), on obtient un résultat qui complète celui que donne la condensation : les bulles d'air encore emprisonnées dans les mailles des tissus éclatent et la vapeur entre en contact plus intime avec toutes les parties des objets à désinfecter, échauffant ainsi plus rapidement la profondeur des objets.

Les *désinfectants chimiques* ne paraissent pas avoir de propriété antiseptique bien efficace à l'état solide. Ce n'est guère qu'à l'état liquide ou gazeux qu'ils acquièrent un pouvoir stérilisant marqué.

Nous n'indiquerons ici que les *solutions désinfectantes* dont l'efficacité est éprouvée, et, en première ligne, les substances qu'on se procure le plus facilement. D'une façon générale ces solutions[1] ont une action antiseptique bien plus forte quand elles sont employées à chaud (40 ou 50°).

Les solutions de soude ou de potasse sont, grâce à leur alcalinité, des antiseptiques très énergiques. La lessive de soude en solution aqueuse à 10 p. 100, est très efficace pour la désinfection des crachats, spécialement chez les tuberculeux. Les lessives de ménage à la cendre de bois ou au carbonate de soude (à 2 p. 100), les solutions de savon (à 3 ou 4 p. 100) sont d'excellents désinfectants du linge, des vêtements, des objets de literie, des ustensiles de ménage lorsqu'elles sont employées à chaud. L' « eau seconde » des peintres, dans les proportions de 5 à 10 parties de potasse d'Amérique pour 100 d'eau, nettoie parfaitement à froid les planchers et parois peintes sans les altérer et

1. Il est prudent de colorer légèrement les solutions désinfectantes pour ne pas les confondre avec de l'eau.

les désinfecte en même temps d'une façon très satisfaisante. L'eau de Javel (hypochlorite de soude) s'emploie étendue de 50 fois son poids d'eau pour la désinfection des produits sécrétés ou excrétés par les malades, pour celle de leur linge, de leurs vêtements, de leurs ustensiles, des parois, des planchers et des meubles.

Il en est de même pour les solutions savonneuses de crésol ou crésylol. Les crésols[1] sont des phénols supérieurs doués de propriétés désinfectantes très énergiques, qui constituent la meilleure partie (75 p. 100) de l'acide phénique brut. En solution savonneuse, le crésol présente une activité au moins aussi grande que l'acide phénique ; il est à la fois moins toxique et moins cher ; il doit donc lui être toujours préféré. Il ne présente qu'un inconvénient, c'est son odeur phéniquée. Sa valeùr antiseptique est assez grande pour qu'il puisse remplacer tous les autres désinfectants liquides. On emploiera de préférence le crésylol sodique en solution aqueuse forte à 4 p. 100 et en solution faible à 1 p. 100. Sa formule est :

Crésylol officinal......................... 1 000 gr.
Soude caustique liquide................. 1 000 —

Le mélange se fait dans un récipient de grès ou de métal, car la réaction dégage beaucoup de chaleur et pourrait provoquer la rupture de récipients en verre épais.

On peut également appliquer aux mêmes cas la solu-

---

1. Les produits commerciaux connus sous les noms de créoline ou crésyl, solutol, solvéol, lysol, ne sont que des solutions ou des émulsions de crésols.

tion commerciale d'aldéhyde formique (formol à 40
p. 100) en ajoutant 40 grammes de cette solution par
litre d'eau. Mais il faut éviter de l'employer dans un
local où l'on doit séjourner immédiatement après l'opération, car l'application de cette solution donne lieu à
un dégagement de vapeurs de formol, très irritantes
pour les muqueuses, dont on ne peut se débarrasser
que par une large ventilation longtemps prolongée.

Le lait de chaux [1] fraîchement préparé à 20 p. 100
constitue le désinfectant par excellence du sol, des
parois qui ne sont recouvertes ni de papiers, ni de
peintures, ni de plâtre. Le badigeonnage des murs
avec ce produit se fait très rapidement et à peu de
frais. De plus, les produits de sécrétion et d'expectoration, ainsi que les déjections, après addition de 5 à
7,5 p. 100 de lait de chaux, sont fort bien désinfectés.

---

1. Pour préparer du lait de chaux très actif, on prend de la
chaux de bonne qualité, on la fait se déliter en l'arrosant petit à
petit avec la moitié de son poids d'eau. Il faut avoir soin de ne
pas ajouter l'eau trop rapidement, car on « noierait » la chaux,
qui ne se déliterait plus. Quand la délitescence est effectuée, on
met la poudre ainsi obtenue dans un récipient bien bouché qu'on
conserve dans un endroit sec et exempt d'acide carbonique (ne
pas placer cette poudre dans une cave) Il faut que le lait de
chaux soit toujours fraîchement préparé, car, même lorsqu'il est
enfermé dans un vase soigneusement bouché, il s'altère au bout
de quelques jours. On le prépare donc au fur et à mesure des
besoins. Comme 1 kilogr. de chaux qui a absorbé 500 gr. d'eau
pour se déliter a acquis un volume de 2 litres 200, il suffit de
délayer cette dernière quantité d'hydrate de chaux dans le double
de son volume d'eau, soit 4 litres 400, pour obtenir un lait de
chaux qui soit environ à 20 p. 100.

A défaut de chaux vive, on peut préparer le lait de chaux
avec de la chaux éteinte, comme celle dont se servent les maçons,
et la mélanger à l'eau dans la proportion de 1 litre de chaux
(2 kilogr.) pour 1 litre 1/2 d'eau.

La solution usuelle de sublimé à 1 p. 1 000 est assurément un antiseptique très énergique, mais elle présente de nombreux inconvénients. Même en solution faible, le sublimé reste caustique pour la peau et surtout les muqueuses; sa toxicité est considérable et il est imprudent de le laisser entre des mains inexpérimentées; il attaque aussi les objets métalliques. Enfin, mis en contact avec les matières organiques riches en albumine, il détermine une coagulation de cette substance, ce qui enferme les microbes dans une enveloppe protectrice et les met à l'abri de l'action antiseptique de la solution mercurielle. On diminue, il est vrai, cet inconvénient en ajoutant, à chaque litre de la solution, soit 10 grammes de chlorure de sodium, soit 1 gramme d'acide tartrique ou chlorhydrique. Il n'en reste pas moins acquis que le sublimé ne peut plus être considéré comme le meilleur désinfectant des matières fécales, des matières vomies, des produits d'expectoration qui constituent les principales causes de souillure des planchers et des parois des locaux, ainsi que des téguments des malades et de leur entourage.

Le chlorure de chaux en solution fraîchement préparée à 2 p. 100 peut servir à désinfecter les déjections et les produits de sécrétion et d'expectoration.

Le sulfate de cuivre (vitriol bleu) à 5 p. 100 est employé pour la désinfection des matières fécales, ainsi que des produits de sécrétion et d'expectoration. La solution de sulfate de cuivre sus-indiquée est connue sous le nom d' « eau bleue »; sa faible toxicité, son prix minime, ses qualités désodorisantes en font un des antiseptiques les plus couramment employés pour la désinfection des matières fécales; on verse deux ou trois grands verres d'eau bleue dans un litre de déjection. On l'emploie aussi pour la désinfection du sol.

On recommande, pour stériliser un terrain fortement souillé ou des matières animales en décomposition, de pratiquer des arrosages avec une solution contenant de 2 à 5 p. 100 d'un mélange, à parties égales, d'acide phénique impur du commerce et d'acide sulfurique du commerce.

Parmi les substances chimiques, on n'utilise guère comme *désinfectants gazeux* que les vapeurs d'acide sulfureux sulfurique et les vapeurs d'aldéhyde formique.

On a beaucoup employé autrefois pour la désinfection des locaux les vapeurs d'acide sulfureux provenant de la combustion du soufre. Mais il est certain que l'acide sulfureux ne détruit pas toujours tous les germes des maladies contagieuses. En revanche il tue parfaitement les petits animaux et les insectes.

Au contraire, la puissance antiseptique de l'aldéhyde formique sous forme gazeuse est beaucoup plus marquée; ses gaz ne détériorent aucun objet et ne présentent aucune toxicité. Ils ont l'inconvénient de persister malgré la plus large aération, en assez grande quantité, dans les locaux désinfectés, pour que ceux-ci demeurent inhabitables pendant 24 heures au moins, et souvent plus, à cause de l'action irritante qu'ont les vapeurs de formol sur les muqueuses (picotement très marqué des yeux et du nez). De plus le formol n'est qu'un désinfectant de surface et n'offre aucune garantie pour la désinfection tant soit peu profonde des matelas, couvertures, tapis, tentures et vêtements. Il reste le désinfectant par excellence des parois des locaux, de la surface des meubles, aux conditions expresses qu'on puisse laisser les locaux désinfectés inhabités pendant tout le temps nécessaire pour que les vapeurs irritantes soient complètement chassées par l'aération, et qu'on ait recours aux étuves ou aux lavages antiseptiques appropriés pour les objets qui, par leur conformation, exigent une désinfection plus profonde.

Pour abréger le temps de cette aération indispensable, on a bien conseillé de projeter dans la pièce, immédiatement après que le temps nécessaire à la désinfection est écoulé, des vapeurs d'ammoniaque (8 centimètres cubes d'une solution à 25 p. 100 par mètre cube du local); ces vapeurs se combinent à celles du formol pour former un composé inerte et inodore. La vaporisation d'ammoniaque demande 20 minutes. On attend ensuite 30 minutes que la combinaison soit terminée, puis on aère. Les résultats n'ont pas été aussi satisfaisants dans la pratique qu'on pouvait l'espérer, l'odeur incommodante de l'ammoniaque persistant encore très longtemps.

PRATIQUE DE LA DÉSINFECTION

L'entourage du malade peut à lui seul considérablement simplifier les opérations de désinfection en disposant, dès le début de la maladie, la chambre du malade de façon que la désinfection en soit facilitée le plus possible (voir *isolement*, p 291). Nous ajouterons seulement que le matelas, le traversin et l'oreiller du lit du malade doivent être recouverts d'une toile caoutchoutée ou au moins de papier imperméable (papier vernissé, journaux) pour les mettre à l'abri des déjections et autres souillures. On évitera souvent ainsi la nécessité de faire pratiquer une désinfection profonde des objets de literie, opération très difficile et compliquée là où on ne peut disposer d'étuves à vapeur. On ne doit jamais, avant de l'avoir désinfecté, jeter, secouer ou exposer aux fenêtres aucun linge, vêtement, objet de literie, tapis ou tenture ayant servi au malade ou provenant des locaux occupés par lui.

Les opérations de désinfection seront instituées par le médecin traitant, dès qu'il aura reconnu un cas de maladie transmissible. Tout retard apporté dans l'exécution des désinfections nécessaires permet aux germes nuisibles de se répandre et de créer des cas nouveaux. De plus la désinfection au cours de la maladie doit être pour ainsi dire continue, la nécessité de détruire les agents de contagion répandus en dehors de l'organisme, par l'intermédiaire des sécrétions ou excrétions du malade, se reproduisant plusieurs fois par jour.

Le médecin aura encore à examiner dans chaque cas quel est le degré d'infection des objets à désinfecter, si les opérations d'une désinfection de surface suffisent à écarter tout danger de contamination, ou s'il faut au contraire faire pénétrer profondément l'action des agents désinfectants sur tout ou partie des objets souillés.

Tout en ne perdant pas de vue la sauvegarde des intérêts généraux, le médecin s'efforcera toujours d'obtenir les résultats recherchés par les moyens les moins incommodes et les plus simples, de façon à faire accepter de plus en plus aisément par le public les opérations de désinfection.

Celles-ci diffèrent suivant que la maladie est en

cours ou qu'elle est terminée, suivant qu'on dispose d'appareils de désinfection, ou qu'on se trouve réduit à opérer sans le concours si précieux d'une étuve ou d'un appareil formolateur. Ce dernier cas étant de beaucoup le plus fréquent en dehors des grandes villes, c'est lui que nous envisagerons en première ligne et sur lequel nous insisterons le plus.

Désinfection sans appareil, au cours de la maladie. — Dans ces conditions la désinfection doit porter : 1° sur les produits morbides ; 2° sur les objets de pansement, linges, vêtements du malade et sur tous les objets qu'il a maniés ; 3° sur la chambre ; 4° sur le malade lui-même et son entourage ; 5° dans certains cas sur des parasites, capables de transporter le contage.

1° *Désinfection des produits morbides.* — Les selles, les vomissements, les urines des malades, tout particulièrement dans la fièvre typhoïde, la dysenterie, le choléra et les maladies cholériformes, la tuberculose, doivent être reçus dans des vases dans lesquels on aura préalablement versé deux ou trois grands verres d'une des solutions désinfectantes à l'eau de Javel, au chlorure de chaux, au lait de chaux, au crésylol sodique à 4 p. 100 ou au sulfate de cuivre, dont nous avons donné plus haut les proportions. On laissera ces produits en contact avec les substances désinfectantes deux ou trois heures avant de les jeter dans les cabinets d'aisances ou de les enfouir dans le sol, à distance des puits, des sources ou des conduites d'eau potable. Les vases seront ensuite soigneusement nettoyés avec l'une des solutions désinfectantes précitées.

Les crachats, les produits de sécrétion de la bouche
et de la gorge, les fausses membranes doivent être
recueillis dans des récipients contenant une petite quantité de lessive de soude en solution à 10 p. 100, de
façon que ces produits morbides ne puissent se des-
sécher. Cette prescription est particulièrement utile
dans la tuberculose pulmonaire, la coqueluche, la
grippe, la pneumonie et la broncho-pneumonie, la
peste pneumonique, la diphtérie, la scarlatine, la
suette miliaire, les oreillons et la méningite cérébro-
spinale épidémique. Toutes les vingt-quatre heures, les
récipients et leur contenu seront placés dans un grand
vase plein d'eau qu'on fera bouillir pendant une heure,
ou plongés pendant deux ou trois heures dans une
solution de lessive de soude à 10 p. 100 ou dans une
des solutions désinfectantes sus-indiquées : crésylol
sodique à 4 p. 100, eau de Javel, eau de chaux, sulfate
de cuivre, chlorure de chaux. L'eau bouillante ou la
solution employée pour cette désinfection sera enfin
jetée aux latrines ou enfouie dans la terre loin des
habitations, des sources et des puits.

D'une façon générale, les pièces de pansement ayant
servi, les squames cutanées, les croûtes, les sécrétions,
le sang et les matières purulentes qu'on aura préalablement recueillis ou enlevés au moyen de tampons
d'ouate imbibés d'une des solutions antiseptiques
recommandées plus haut, seront jetés au feu ou brûlés
après avoir été arrosés d'alcool ou de pétrole. Dans le
cas où ces produits morbides auront souillé le plancher,
un meuble ou une paroi, on lavera soigneusement
avec une des solutions désinfectantes sus-indiquées la
surface contaminée qu'on laissera, si c'est possible,

baigner dans le liquide antiseptique pendant deux ou trois heures. Ce mode de désinfection s'applique plus particulièrement aux squames de la scarlatine ou des teignes, aux croûtes de la variole, aux sécrétions, purulentes ou non, de l'infection puerpérale, de l'ophtalmie des nouveau-nés, de la conjonctivite purulente ou granuleuse, des suppurations chirurgicales, tuberculeuses ou non, des matières provenant des ulcérations ou des bubons dans la peste.

Il n'est pas inutile de rappeler ici que l'emploi du sublimé n'est pas indiqué pour la désinfection des produits morbides que nous venons de passer en revue.

2° *Désinfection du linge, des vêtements, des différents objets qu'a manipulés le malade.* — Le linge ayant servi aux malades ne doit jamais être envoyé aux lavoirs ou aux blanchisseries avant d'avoir été désinfecté. Le linge de corps, de toilette et de table sera désinfecté en le faisant bouillir pendant une heure dans une lessive ou dans de l'eau savonneuse. On peut encore le laisser séjourner douze heures au moins dans une solution désinfectante (crésylol sodique à 4 p. 100, formol), en le faisant tremper ensuite pendant une ou deux heures dans l'eau pure; mais, si le coton ou la toile sont colorés, les couleurs peuvent être altérées par un long séjour dans les solutions antiseptiques.

Les vêtements de drap ou de laine, souillés, peuvent être maintenus pendant une heure dans l'eau bouillante; mais alors ils sont le plus souvent déformés et parfois ils déteignent. Cet inconvénient serait encore bien plus marqué, si on utilisait des solutions antiseptiques. Les objets en laine non décatis, les chemises de laine, les gilets ou les ceintures de flanelle se rétrécissent beaucoup après immersion dans l'eau bouillante; on se contentera, sans espérer obtenir une désinfection certaine, de les laver à l'eau tiède, légèrement savonneuse et additionnée d'une petite quantité d'ammoniaque (un verre à liqueur d'ammoniaque pour une grande cuvette d'eau); de plus on ne tordra pas ces objets pour les essorer.

Lorsque les vêtements de laine ou de drap ne sont souillés que superficiellement, on peut les désinfecter suffisamment en les exposant aux vapeurs de formol dans une petite pièce ou une armoire bien close, en suivant la technique que nous donnons à propos de la désinfection des locaux sans appareil (voir p. 321). On aura soin préalablement de les suspendre en les étalant pour que toute leur surface se trouve en contact avec les gaz désinfectants. On traitera de même les chapeaux en soie ou en feutre, les tissus délicats de soie, de velours, de peluche, les fourrures et les plumes qui ne supportent pas l'eau bouillante. Il sera prudent de détruire par le feu les vêtements trop profondément souillés.

Les chaussures, les objets en cuir ou en caoutchouc seront nettoyés avec un linge imbibé d'une solution désinfectante.

Les ustensiles de table des malades (assiettes, verres, tasses, cuillers, fourchettes) seront maintenus une demi-heure dans l'eau bouillante, ou deux ou trois heures dans une solution désinfectante (eau de Javel, formol), puis bien rincés à l'eau pure.

Les objets de toilette doivent être désinfectés différemment suivant leur nature. Les peignes et les brosses seront lavés à l'eau savonneuse, puis maintenus pendant trois heures dans une solution antiseptique. Les instruments métalliques, comme les ciseaux ou les rasoirs seront plongés pendant un quart d'heure dans l'eau bouillante. Les éponges de toilette, les brosses à ongles et à dents seront lavés dans de l'eau à 50°, puis maintenues trois heures dans une solution antiseptique, à la condition de les rincer à grande eau avant d'en faire usage de nouveau.

Les autres objets qu'a manipulés le malade (fournitures de bureau, porte-monnaie, jouets) peuvent être désinfectés en passant dessus un linge imbibé d'une substance antiseptique. Les livres seront exposés aux vapeurs de formol en local clos, en ayant soin d'écarter le mieux possible les feuillets les uns des autres. Il est toujours beaucoup plus sûr de détruire ces objets par le feu. On fera de même pour les aliments ayant séjourné dans la chambre infectée.

3° *Désinfection de la chambre du malade.* — Si on éloigne de la chambre une certaine quantité de meubles et de tentures, pour en réduire le nombre au strict nécessaire et faciliter plus tard les opérations de désinfection, les meubles enlevés seront lavés avec une solution désinfectante; les rideaux, tentures on tapis seront maintenus pendant trois heures dans l'eau bouillante ou exposés aux vapeurs d'aldéhyde formique en local clos, si leur tissu est trop délicat pour résister à l'ébullition. On passera chaque jour sur tout le plancher, sur tous les meubles et sur les parois, au voisinage immédiat du malade, un linge imbibé de solution antiseptique (eau de Javel, crésylol sodique à 4 p. 100).

On peut aussi balayer le plancher avec de la sciure de bois imbibée de la même solution et détruire ensuite les balayures par le feu. Si des produits morbides, tels que déjections, crachats, pus, sang, etc., ont souillé le plancher, les parois, un meuble ou tout autre objet, on arrose la surface contaminée avec une solution désinfectante et on essuie ensuite avec des linges imbibés de la même solution.

4° *Désinfection du corps du malade et de son entourage.* — Il faut tenir les malades très proprement et veiller à la désinfection immédiate de toutes les parties du corps qui ont pu être souillées. Le mieux est dans ce cas de pratiquer des ablutions soigneuses et répétées avec une solution savonneuse tiède, et de plonger ensuite les linges qui auront servi à ce lavage dans une solution désinfectante pendant une heure.

Comme il a été dit déjà à propos de l'isolement, les personnes qui approchent ou qui soignent les malades ne pénétreront dans la chambre qu'après avoir revêtu une longue blouse de toile destinée à protéger leurs vêtements, et après avoir mis des chaussures spéciales, de préférence des caoutchoucs faciles à nettoyer et à désinfecter.

Chaque fois qu'il y aura eu contact avec le malade ou des objets souillés, ces personnes savonneront leurs mains, puis les tremperont dans une solution désinfectante (sublimé). Elles ne prendront jamais aucun aliment ni aucune boisson dans la chambre du malade. Avant de quitter celle-ci, elles déposeront à la porte leur blouse et leurs caoutchoucs, savonneront et désinfecteront leurs mains et leurs visages, ainsi que leurs cheveux et leur barbe.

5° *Destruction des parasites.* — Les mouches pouvant transporter les germes contenus dans les produits d'expectoration et de sécrétion du malade, ainsi que dans les déjections, il sera prudent de placer dans la chambre et dans les cabinets d'aisances des papiers ou des appareils destinés à détruire ces insectes. La projection dans la fosse d'aisance d'huile de schiste (1 kilog. par mètre superficiel) détruit les larves des mouches.

Les petits animaux, hôtes habituels de l'habitation, et les insectes parasites de l'homme peuvent jouer un rôle dans la propagation de certaines maladies (peste, typhus exanthématique et récurrent, lèpre, fièvre jaune, fièvre palustre). On les détruit dans les locaux fermés en employant des gaz asphyxiants, notamment l'acide sulfureux. Une petite quantité de pétrole, 10 centimètres cubes par mètre carré, répandue à la surface des eaux stagnantes se trouvant dans le voisinage de l'habitation, empêche le développement des larves de moustiques.

Désinfection sans appareil quand la maladie est terminée ou que le malade est transporté ailleurs. — Si, au cours de la maladie, les prescriptions que nous venons d'indiquer ont été scrupuleusement observées, il suffira, quand la maladie sera terminée ou que le malade aura été transporté ailleurs, de désinfecter le malade lui-même, sa literie et le local contaminé. Mais trop souvent, surtout chez les indigents, le médecin n'a été appelé que lorsque la maladie était déjà avancée; les mesures de désinfection n'ont pu être prises que tardivement et sont restées incomplètes; de sorte que dans bon nombre de cas il faut encore désinfecter du linge, des vêtements, des tentures et des tapis, les cabinets et les fosses d'aisances, les amas de fumiers sur lesquels on a déversé des déjections non aseptisées, des éviers, des vidoirs, des dalles, des caniveaux qui auront été infectés de façon analogue. Pour le linge, les vêtements, les tentures, les tapis, les meubles, on se rapportera à ce que nous avons déjà indiqué plus haut.

1° *Désinfection du convalescent.* — Les convalescents de maladies transmissibles et particulièrement ceux qui ont été atteints de variole, scarlatine, fièvre typhoïde, diphtérie ou rougeole, conservent des germes de la maladie qu'ils viennent d'avoir. Dès leur sortie de la chambre infectée ils doivent donc prendre un grand bain savonneux, ou tout au moins faire des ablutions savonneuses générales, comprenant la face, la barbe et les cheveux. On versera une solution antiseptique dans ces eaux avant de les écouler. Ils pratiqueront aussi des lavages répétés de la gorge et de la bouche, avec une solution antiseptique (solution d'acide salicylique à 1 p. 1 000 ou encore d'oxycyanure de mercure à 1 p. 1 000). Après ces lavages les convalescents revêtiront du linge propre et des vêtements qui seront restés à l'abri de l'infection au cours de la maladie, ou tout au moins qui auront été préalablement désinfectés.

2° *Désinfection de la literie.* — On n'enverra qu'après désinfection les matelas au cardage, les objets de literie et les couvertures au blanchissage. La désinfection de la literie (couvertures, matelas, paillasses, oreillers et traversins) est très difficile à réaliser lorsqu'on ne dispose pas d'étuve à vapeur, si l'infection de ces objets a été profonde. Aussi ne faut-il jamais négliger de protéger les matelas, traversins et oreillers dès le début de la maladie en les recouvrant d'une toile caoutchoutée ou de papier imperméable.

Au contraire, les sommiers sont faciles à désinfecter. Les sommiers entièrement métalliques sont lavés avec une solution antiseptique; on procède de même pour le cadre et les ressorts des sommiers d'ancien modèle et on passe leur enveloppe de toile à la lessive.

A défaut d'étuve et dans le cas d'infection profonde, voici comment on peut arriver à désinfecter le reste de la literie. Les couvertures sont plongées dans une solution de savon mou, préparée avec un quart de kilogramme de savon pour 10 litres d'eau et qui est, après deux heures de contact, portée à l'ébullition; on les y remue de manière à déplacer l'air retenu dans les plis du tissu et on les fait bouillir dans le bain recouvert d'un couvercle.

Les enveloppes des matelas, traversins, oreillers, édredons, couvre-pieds, coussins sont décousues après avoir été largement arrosées avec une solution désinfectante (eau de Javel, crésylol sodique à 4 p. 100, formol). Ces toiles sont mises à la lessive ou plongées pendant trois heures dans une solution désinfectante. La laine, le crin ou la plume sont désinfectés au moyen d'un trempage et d'un lavage à froid dans une solution désinfectante (de préférence la solution de crésylol sodique à 4 p. 100); l'action de ce bain est lente; le crin ou la laine devront y rester douze heures au moins, au cours desquelles ils seront fréquemment agités avec un bâton, de manière à déplacer l'air retenu dans leur épaisseur; ils seront ensuite rincés dans de l'eau pure pendant une ou deux heures, puis séchés. Quand il y aura eu infection profonde des parties rembourrées des meubles, il faudra agir comme pour les matelas et désinfecter séparément le crin du rembourrage et l'étoffe qui le recouvre.

Les vieilles couvertures hors d'usage et les paillasses fortement souillées seront de préférence incinérées dans le voisinage après arrosage au pétrole.

Dans le cas d'épidémie, et si le nombre des objets de literie à désinfecter était considérable, on pourrait établir, à très peu de frais, une étuve à vapeur fluente sans pression, avec des matériaux qu'on a partout sous la main; il suffit d'une marmite de 80 centimètres de diamètre et d'un tonneau haut d'environ 1 m. 50 et de diamètre un peu supérieur à celui de la marmite. On perce la paroi inférieure du tonneau de trous faits au vilebrequin pour l'entrée de la vapeur, et la paroi supérieure d'un orifice pour la sortie de la vapeur. On fait du feu sous la marmite pleine d'eau, qui devient le générateur de vapeur. Le tonneau chargé des objets à désinfecter a été placé sur la marmite. L'espace entre les bords des deux récipients a été hermétiquement obturé au moyen de terre glaise et de linge mouillé. Dès que l'eau bout dans la marmite, la vapeur d'eau s'élève et traverse le tonneau, y maintenant une température d'environ 100°. A partir du moment où cette température est marquée par le thermomètre qu'on a fixé à l'orifice supérieur du tonneau, on prolonge l'opération pendant une heure au moins. Une étuve ainsi construite ne coûte pas plus de 20 francs, et on peut faire une désinfection avec 0 fr. 75 de charbon seulement. Les résultats obtenus sont suffisants, mais fréquemment les objets soumis à la désinfection sortent trop mouillés par l'eau de condensation.

3° *Désinfection des locaux.* — Après le départ du malade,
il est indispensable de désinfecter les locaux où il a
séjourné et où il a pu laisser des germes de son affection.

Il est certain que la désinfection est d'autant plus
efficace que les souillures les plus grossières auront été
préalablement enlevées. On pratiquera donc d'abord
un lessivage des planchers, des parois peintes à l'huile,
des meubles en bois, avec une solution de potasse
d'Amérique à 5 ou 10 p. 100 (eau seconde des peintres),
en ayant soin de ne pas frotter trop fort pour ne pas
enlever la peinture. Si les murs sont blanchis à la
chaux, un badigeonnage au lait de chaux les désinfec-
tera parfaitement ; s'ils sont recouverts de papier peint,
on renouvellera ce papier ; s'ils sont peints à la colle,
on les recouvrira d'une nouvelle couche de peinture ;
on obtiendra ainsi d'une façon satisfaisante l'asepsie des
parois. Ces mesures très simples suffisent le plus souvent à la désinfection du local, non compris, bien
entendu, le mobilier, les tentures et les tapis ; elles
constituent ce que les architectes appellent la « mise
en état » et sont généralement appliquées chaque fois
qu'un locataire nouveau occupe une maison ou un
appartement dont le loyer est suffisamment élevé.

Il est toujours prudent cependant de pratiquer en
même temps la désinfection par l'aldéhyde formique.
On peut y avoir recours sans appareil fourni par
l'industrie. Mais il faut qu'on puisse aérer largement
les locaux pendant un ou plusieurs jours après l'opération, car les vapeurs de formol les rendront inhabitables durant ce temps. De plus il est inutile de
recourir à ce moyen de désinfection si l'on ne peut
obturer hermétiquement les plus petits orifices du

local, en les calfeutrant avec de l'ouate et des bandes
de papier collées.

On obtient un dégagement suffisant de vapeurs
d'aldéhyde formique par la décomposition à chaud du
trioxyméthylène, qui se vend dans le commerce en
pastilles toutes préparées, qu'on chauffe dans un petit
récipient métallique au moyen d'une lampe à alcool.
Il faut obtenir, pour que l'opération ait une efficacité
suffisante, un dégagement d'au moins 4 grammes
d'aldéhyde formique pure
par mètre cube du local.

On vend aussi de petits
cylindres de cuivre (fig. 41)
très minces, remplis d'une
substance à base de trioxyméthylène et fermés par un
couvercle perforé, avec simple obturation à la paraffine.
Le cylindre est enduit, sauf
sur le couvercle, d'une pâte
spéciale qui, lorsqu'on y met
le feu, brûle lentement sans
flamme, et porte rapidement
le trioxyméthylène à une
température suffisante pour

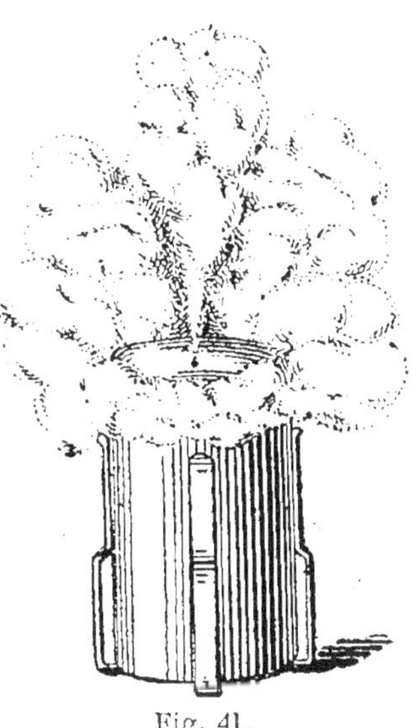

Fig. 41.

le volatiliser. La désinfection de surface est suffisante
au bout de 7 heures, en brûlant un cylindre renfermant 55 grammes de trioxyméthylène par 13 mètres
cubes du local; les cylindres doivent être placés sur
une plaque métallique et espacés dans la pièce.

Mieux vaut encore adopter la technique indiquée
par Flügge et chauffer, dans un récipient plat et large,

une solution composée de la solution d'aldéhyde formique du commerce (formol à 40 p. 100), étendue de trois fois son volume d'eau. Ce récipient est fermé par un couvercle, muni d'ouvertures permettant le dégagement de vapeurs désinfectantes. Pour un local de 50 mètres cubes, il faut vaporiser environ trois litres de la solution ; la dépense ne dépasse pas 5 francs. Il ne faut ouvrir le local qu'après quatorze heures.

Avant de pratiquer le dégagement des vapeurs de formol, on a pris la précaution d'obturer les plus petits orifices et de tout disposer dans le local de façon à ce que les objets à désinfecter soient exposés à l'action des gaz par toute leur surface. Le lit et les meubles adossés au mur en sont écartés; les portes des armoires, commodes et placards sont ouvertes; les tiroirs sont complètement tirés et posés sur le plancher.

La personne qui pratique ces opérations a eu soin de revêtir dès le début une grande blouse de toile. Au moment de quitter la pièce à désinfecter et après avoir allumé le foyer qui doit donner lieu au dégagement de vapeurs de formol, elle retire sa blouse et l'étale sur un support. Puis elle se lave les mains, la figure et la barbe avec une solution antiseptique et sort en fermant la porte dont elle obture avec soin les joints et le trou de la serrure.

Lorsque le temps suffisant pour la désinfection est écoulé, les portes et les fenêtres sont ouvertes et le local est largement aéré pendant 24 heures au moins.

Dans le cas où il est impossible d'avoir recours à l'aldéhyde formique, soit qu'on ne puisse laisser le local inhabité un ou plusieurs jours, soit pour toute autre raison, on pratiquera le lavage des planchers et des parois avec une solution désinfectante[1]. Mais ce procédé, très suffisant pour les parois en bois et les parois recouvertes de peinture à l'huile (surtout les peintures vernissées) ou de toiles vernissées, est inapplicable lorsque les murs sont recouverts de papier peint. En effet les papiers peints couramment en usage ne supportent pas les lavages. Les pulvérisations de liquides antiseptiques sur ces papiers ne donnent qu'une garantie bien faible ; mieux vaut changer complètement les papiers après avoir lavé avec une solution antiseptique le papier contaminé, qui se trouvera ainsi sacrifié.

Pour pratiquer convenablement les lavages antiseptiques des parois et des planchers, il faut se munir de deux seaux, l'un pour le liquide désinfectant, l'autre pour l'eau pure destinée à rincer les brosses et les linges employés. Ces lavages s'exécutent méthodiquement à la main. Après avoir passé le linge, la brosse à main ou le pinceau, de haut en bas, sur une partie de la paroi, on les rince dans l'eau pure, puis on les trempe à nouveau dans le liquide désinfectant et l'on passe à la surface voisine. L'eau qui sert à rincer les pinceaux et les brosses doit être renouvelée très souvent ; cette eau sale sera recueillie dans un récipient où elle sera additionnée de moitié de son volume de solution de sulfate de cuivre à 50 p. 1000. Après 3 heures de contact, le tout sera déversé dans la fosse d'aisances ou enfoui dans la terre loin des habitations, des puits et des sources.

Dans certaines habitations de campagne le plancher

1. Le local aura été évacué et restera clos 2 ou 3 heures au moins avant le début des opérations, pour laisser déposer toutes les poussières en suspension dans l'air.

ou le carrelage sont remplacés par le sol battu, très difficile à désinfecter convenablement. On l'arrose copieusement avec du lait de chaux, en ayant soin d'en répandre dans tous les angles et les recoins. On gratte ensuite le revêtement sur une épaisseur de plusieurs millimètres et on fait un nouvel arrosage au lait de chaux.

Il est indispensable, dans la plupart des maladies transmissibles, particulièrement dans celles dont le le contage est propagé par les matières fécales (fièvre typhoïde, dysenterie, choléra et affections cholériformes), de nettoyer par des lavages à l' « eau seconde », à l'eau de Javel ou au crésylol sodique à 4 p. 100, les parois et le siège des cabinets d'aisances, de désinfecter par des lavages au moyen de solutions antiseptiques (crésylol sodique à 4 p. 100, lait de chaux, sulfate de cuivre) la cuvette et la conduite d'écoulement des déjections. Il sera prudent de prendre les mêmes précautions vis-à-vis des dalles, des éviers, des vidoirs, des caniveaux qui peuvent avoir reçu des eaux infectées par des souillures morbides.

Même après une désinfection complète il ne sera pas inutile de laisser pénétrer pendant plusieurs jours dans les locaux le soleil et l'air, ces excellents désinfectants naturels, par les fenêtres largement ouvertes.

4° *Désinfection des fosses d'aisances et des fosses à fumier.* — La désinfection des fosses d'aisance et des fosses à fumier sur lesquelles on a déversé des déjections provenant d'un malade atteint de fièvre typhoïde, de dysenterie, de choléra, s'impose, surtout si les selles n'ont pas été régulièrement désinfectées au cours de la maladie. La désinfection des fosses d'aisances est très difficile à réaliser d'une façon satisfaisante [1]. Le moyen le plus pratique, bien qu'il ne donne pas toujours un résultat certain, consiste à déverser dans la fosse d'aisances une grande quantité de lait de chaux, qu'on mélange le mieux possible avec la matière en agitant la masse avec une longue perche. Il faut déverser 5 litres de lait de chaux par mètre cube de matières de vidange. S'il est impossible d'évaluer la quantité de matières contenues dans la fosse, on y versera du lait de chaux, jusqu'à ce que le contenu de la fosse présente une réaction fortement alcaline.

Les fumiers contaminés seront détruits par le feu si c'est possible ou sinon largement arrosés de crésylol à 4 p. 100, de lait de chaux ou d'une solution de sulfate de cuivre.

Désinfection avec appareils. — Lorsqu'on dispose d'appareils appropriés, il est bien plus aisé d'obtenir une désinfection satisfaisante.

La désinfection profonde devient une opération rapide et très simple avec les étuves à vapeur. Les matelas, coussins, couvertures, vêtements, linges, y sont rapidement et complètement aseptisés, quel que soit leur degré de souillure. Les objets désinfectés avec les étuves à vapeur ne subissent pas de dégradation, pourvu que l'opération soit bien conduite et qu'on prenne la précaution, avant de les introduire dans l'étuve, de bien imbiber avec une solution antiseptique les taches de déjections, de sang, de pus, de graisse, de vin, etc., qui les souillent, faute de quoi ces taches

1. Pour désodoriser une fosse d'aisance on emploie une solution de sulfate de fer : 2 kilos 500 pour 10 litres d'eau, par mètre cube de matières à désodoriser.

resteraient indélébiles après leur passage à l'étuve. Aussi a-t-on tout avantage à laisser tremper pendant 24 heures au domicile du malade le linge sale dans un récipient contenant une solution antiseptique et à le débarrasser ainsi des souillures grossières avant de l'envoyer à l'étuve. Après cette immersion, le linge est placé dans un sac en toile imperméable où il reste bien

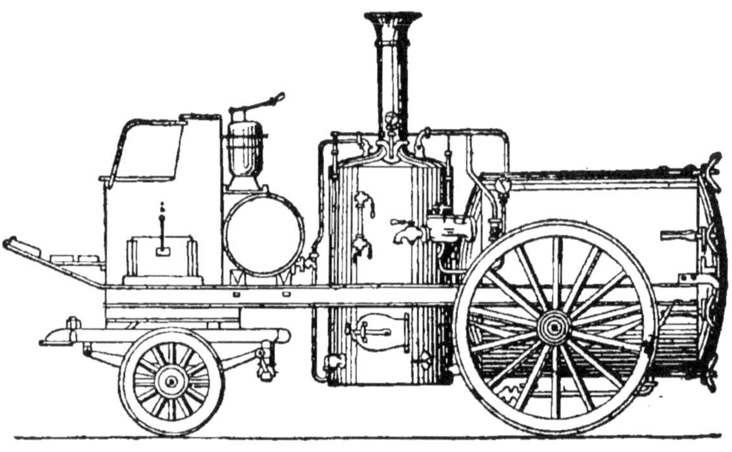

Fig. 42.

isolé jusqu'à ce que le désinfecteur le prenne pour le porter à l'étuve. Cependant la vapeur d'eau, comme l'eau bouillante, détériore les objets en cuir, en caoutchouc, en carton, en bois collé, les chapeaux de feutre ou de soie, les fourrures, les étoffes délicates.

Les *étuves à vapeur d'eau* se composent toutes d'un foyer (générateur de chaleur), d'une chaudière (générateur de vapeur) et d'une chambre à désinfection où pénètre la vapeur et qui est obturée par un couvercle. Celui-ci peut être percé d'un orifice qui laisse constamment écouler la vapeur à mesure qu'elle se forme ; on a alors l'étuve à vapeur fluente sans pression dont la température intérieure ne dépasse guère 100° et dont nous avons indiqué plus haut le fonctionnement. La désinfection y est lente ; mais l'appareil est de construction très simple, d'un prix peu élevé et sans risque d'explosion.

Les deux autres types d'étuves à vapeur varient suivant que le couvercle est hermétiquement obturé (étuve à vapeur dormante sous pression, fig. 42), ou qu'il est percé d'un orifice muni d'un clapet formant soupape (étuve à vapeur fluente sous pression). Ces deux types d'étuves élèvent la température intérieure au-dessus de 100° et assurent très rapidement la désinfection.

On construit aussi des étuves où la chambre à désinfection reçoit simultanément ou alternativement de la vapeur d'eau et des gaz antiseptiques (aldéhyde formique gazeuse, formacétone, etc.), combinaison

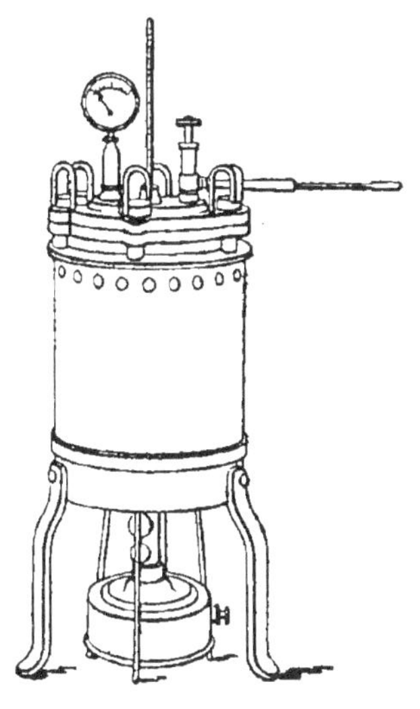

Fig. 43.

qui, d'ailleurs, ne donne pas des résultats sensiblement différents de ceux obtenus avec la vapeur d'eau seule.

Les matelas, les couvertures, les vêtements et tous les objets qui pourraient conserver de la vapeur d'eau dans leurs replis, doivent être secoués et aérés après leur passage à l'étuve afin d'empêcher la condensation de les mouiller.

L'emploi des *appareils formolateurs* qui dégagent

des vapeurs d'aldéhyde formique est très commode pour la désinfection en surface, particulièrement pour celle des locaux infectés. Plusieurs de ces appareils se placent en dehors des pièces dans lesquelles ils projettent des vapeurs désinfectantes (fig. 43); leur surveillance est donc possible pendant toute la durée de l'opération, ce qui est très avantageux. Dans tous ces appareils le gaz désinfectant est fourni par la solution commerciale de formol à 40 p. 100, soit pure, soit associée à divers produits (chloroformol, formacétone, etc.), destinés à empêcher l'aldéhyde formique de se transformer, au moment de sa condensation, en substances beaucoup moins antiseptiques qu'elle (substances polymères).

On construit des étuves, sortes d'armoires hermétiquement closes dans lesquelles on produit le dégagement de gaz d'aldéhyde formique pour désinfecter des étoffes délicates ou des livres. Pour ces derniers, des tringles sont disposées de façon à tenir les feuillets écartés, afin de permettre la pénétration du gaz désinfectant.

Les appareils qui pulvérisent des solutions antiseptiques (*pulvérisateurs*) ne sont plus guère utilisés que pour la désinfection des objets qui ne supportent pas les lavages, notamment des papiers peints dans les locaux où il est impossible d'employer l'aldéhyde formique. Il ne faut pas craindre de bien mouiller les parois et, pour les humecter d'une façon uniforme, il faut projeter le jet verticalement de bas en haut et de haut en bas, suivant des lignes parallèles assez rapprochées pour couvrir peu à peu toute la surface à désinfecter.

TABLE DES MATIÈRES

68-08. — Coulommiers Imp. PAUL BRODARD. — 9-08.

COLLECTION DE PRÉCIS MÉDICAUX

Cette nouvelle collection s'adresse aux étudiants, pour la préparation aux examens, et à tous les praticiens qui, à côté des grands Traités, ont besoin d'ouvrages concis, mais vraiment scientifiques, qui les tiennent au courant. D'un format maniable, élégamment cartonnés en toile anglaise souple, ces livres sont abondamment illustrés, ainsi qu'il convient à des livres d'enseignement.

Introduction à l'étude de la Médecine par G.-H. ROGER, professeur à la Faculté de Paris. *Quatrième édition, entièrement revue.* .

Physique Biologique par G. WEISS, agrégé à la Faculté de Paris, avec 543 figures. **7 fr.**

Physiologie par MAURICE ARTHUS, professeur à l'Université de Lausanne *Troisième édition,* avec 286 figures en noir et en couleurs. . . . . . . **10 fr.**

Chimie physiologique par MAURICE ARTHUS, *Cinquième édition,* avec 109 fig. et 2 planches hors texte. . . . . **6 fr.**

Dissection par P. POIRIER, professeur, et AMÉDÉE BAUMGARTNER, prosecteur à la Faculté de Paris, avec 169 figures. . . . . **6 fr.**

Microbiologie clinique par F. BEZANÇON, agrégé à la Faculté de Paris, avec 82 fig. **6 fr.**

Examens de Laboratoire *employés en clinique,* par L. BARD, professeur à l'Université de Genève, avec la collaboration de MM. G. MALLET et H. HUMBERT, avec 138 figures en noir et en couleurs. . . . . **9 fr.**

Diagnostic médical et exploration clinique par P. SPILLMANN et P. HAUSHALTER professeurs et L. SPILLMANN, professeur agrégé à l'Université de Nancy, avec 153 figures. . . **7 fr.**

Médecine infantile par P. NOBÉCOURT, agrégé à la Faculté de Paris, avec 77 figures et 1 planche en couleurs. . . . . **9 fr.**

Chirurgie infantile par E. KIRMISSON, professeur à la Faculté de Paris, avec 462 figures . . . . **12 fr.**

Médecine légale par A. LACASSAGNE, professeur à la Faculté de Lyon, avec 112 figures et 2 planches en couleurs. . . . . **10 fr.**

Ophtalmologie par le Dr V. MORAX, ophtalmologiste de l'hôpital Lariboisière, avec 339 figures et 3 planches en couleurs. . . . . **12 fr.**

Thérapeutique et Pharmacologie par A. RICHAUD, agrégé à la Faculté de Paris, avec figures . . . . **12 fr.**

MÉDECINE

G.-M. DEBOVE
Doyen de la Faculté de Médecine, Membre de l'Académie de Médecine.

Ch. ACHARD
Professeur agrégé à la Faculté,
Médecin des Hôpitaux.

J. CASTAIGNE
Professeur agrégé à la Faculté,
Médecin des Hôpitaux.

DIRECTEURS

Manuel
des
Maladies du Tube digestif

TOME I

BOUCHE, PHARYNX, OESOPHAGE, ESTOMAC

PAR

G. PAISSEAU, F. RATHERY, J.-Ch. ROUX

1 vol. grand in-8° de 725 pages avec figures dans le texte . . **14 fr.**

Cette première partie comprend les maladies de la bouche et du pharynx que M. Paisseau a décrites minutieusement, les affections de l'œsophage que M. Rathery a su présenter d'une façon aussi intéressante que pratique. Enfin l'étude des maladies de l'estomac, par M. J.-Ch. Roux, constitue la partie capitale de ce volume. Les chapitres consacrés à la sémiologie et à l'étude des dyspepsies rendront les plus grands services aux praticiens, ainsi que ceux relatifs aux rapports des maladies nerveuses avec les affections de l'estomac et à la question souvent si complexe des régimes et des médications au cours des dyspepsies.

TOME II

INTESTIN, PÉRITOINE, GLANDES SALIVAIRES, PANCRÉAS

PAR MM.

**M. LOEPER, Ch. ESMONET, X. GOURAUD, L.-G. SIMON, L. BOIDIN
et F. RATHERY**

1 vol. grand in-8° de 810 pages avec 116 figures dans le texte. **14 fr.**

Dans l'article de M. Simon sur les glandes salivaires se trouvent exposées les recherches si intéressantes poursuivies par l'auteur sous la direction du professeur Roger. De même, M. Rathery a su exposer tous les travaux récents qui ont transformé depuis quelques années l'étude clinique des maladies du Pancréas. L'article de M. Boidin est une mise au point de la pathologie du péritoine envisagée surtout au point de vue clinique et thérapeutique. Enfin la plus grande partie de l'ouvrage est consacrée à l'étude de la pathologie intestinale par M. le professeur agrégé Loeper. Bien que ce livre soit avant tout un manuel de pratique courante, le lecteur trouvera dans cet article l'exposé de toutes les recherches nouvelles.

TRAITÉ ÉLÉMENTAIRE
de
Clinique Médicale

PAR

G.-M. DEBOVE
Doyen de la Faculté de Médecine de Paris,
Professeur de Clinique médicale,
Médecin des hôpitaux,
Membre de l'Académie de Médecine.

ET

A. SALLARD
Ancien interne des hôpitaux.

1 volume grand in-8° de 1296 pages,
avec 275 figures, relié toile. . **25 fr.**

Condenser en un volume les principales notions théoriques et pratiques nécessaires au diagnostic, tel est le but de ce livre. Outre la description des procédés de recherche et d'exploration par lesquels le médecin s'efforce d'arriver à la rigueur scientifique, les auteurs y exposent, avec l'étude générale des grands syndromes propres à chacun des appareils organiques, le tableau clinique de chaque maladie.

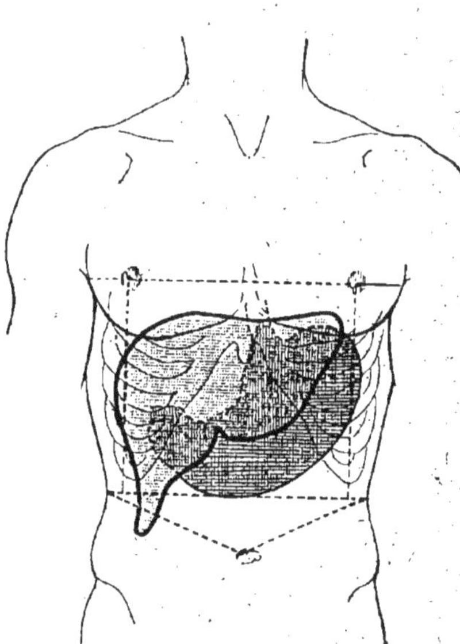

Fig. 168. — Rapports de l'estomac avec le foie et la cage thoracique. Repères permettant de les déterminer par la percussion.

Leçons sur les
Troubles fonctionnels du Cœur
(INSUFFISANCE CARDIAQUE — ASYSTOLIE)

PAR

Pierre MERKLEN
Médecin de l'hôpital Laënnec

PUBLIÉES PAR

le Dr Jean Heitz

1 volume in-8° de VIII-430 pages, avec figures. . . . . **10 fr.**

Vient de paraître :

Abrégé d'Anatomie

PAR

P. POIRIER
Professeur d'Anatomie
à la Faculté de Médecine de Paris.

A. CHARPY
Professeur d'Anatomie
à la Faculté de Médecine de Toulouse.

B. CUNÉO
Professeur agrégé à la Faculté de Médecine de Paris.

CONDITIONS DE PUBLICATION

L'*Abrégé d'Anatomie* formera trois volumes qui ne seront point vendus séparément.

Deux volumes sont en vente à la date de ce jour, le tome III paraîtra en mai 1908.

DÉTAIL DES VOLUMES

Tome I. — EMBRYOLOGIE — OSTÉOLOGIE — ARTHRO-LOGIE — MYOLOGIE.

1 vol. grand in-8° de 560 pages avec 402 fig. en noir et en couleurs.

Tome II. — CŒUR — ARTÈRES — VEINES LYMPHA-TIQUES — CENTRES NERVEUX — NERFS CRANIENS — NERFS RACHIDIENS.

1 vol. grand in-8° de 500 pages avec 248 fig. en noir et en couleurs.

Ces deux volumes pris ensemble, reliés toile anglaise. **35 fr.**
Reliure spéciale, dos maroquin. **38 fr.**

Pour paraître en Novembre 1908 :

Tome III. — TUBE DIGESTIF ET ANNEXES — ORGANES RESPIRATOIRES — APPAREIL URINAIRE — ORGANES GÉNITAUX DE L'HOMME ET DE LA FEMME — ORGANES DES SENS.

1 vol. grand in-8° d'environ 650 pages et 300 figures.

Ce volume sera mis en vente au prix de **15 fr.** *relié toile et de* **17 fr.** *relié maroquin.*

A dater de la publication du tome III, les tomes I et II ne seront plus vendus séparément.

TRAITÉ
de
GYNÉCOLOGIE
Clinique et Opératoire
PAR **Samuel POZZI**
Professeur de Clinique gynécologique à la Faculté de Médecine de Paris,
Membre de l'Académie de Médecine, Chirurgien de l'hôpital Broca.

QUATRIÈME ÉDITION ENTIÈREMENT REFONDUE
AVEC LA COLLABORATION DE F. JAYLE

---

*2 vol. grand in-8° formant ensemble 1500 pages avec 894 figures
dans le texte. Reliés toile* . . . . **40 fr.**

Tome I. — Asepsie et Antisepsie. — Anesthésie. — Moyens de
réunion et d'hémostase. — Exploration gynécologique. — Métrites. —
Adénomes et adénomyomes de l'utérus. — Cancer de l'utérus. —
Sarcomes et endothéliomes de l'utérus. — Tumeurs utérines d'origine
placentaire. — Déviations de l'utérus. — Prolapsus des organes génitaux. — Inversion de l'utérus. — Difformités du col de l'utérus. —
Atrésie. — Sténose. — Atrophie. — Hypertrophie.

Tome II. — Des troubles de la menstruation; inflammation des
annexes de l'utérus;
péri-métro-salpingite;
kystes de l'ovaire;
tumeurs solides de
l'ovaire; tumeurs des
trompes et des liga-
ments ; tuberculose
génitale; hématocèle
pelvienne; grossesse
extra-utérine; vagi-
nites; tumeurs du
vagin; fistules vagi-
nales; vaginisme; dé-
chirures du périnée;
inflammation; œdème

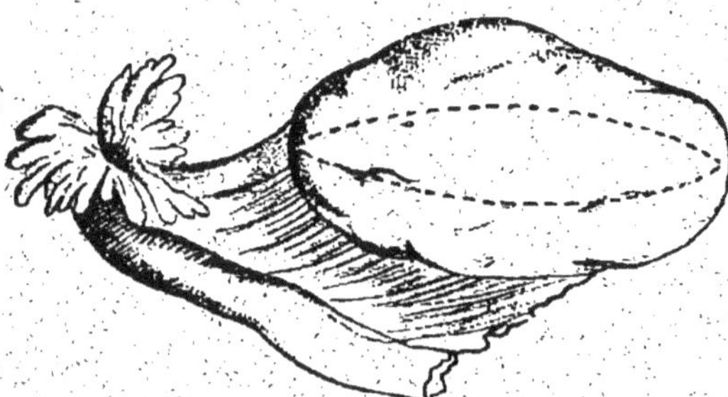

Fig. 583. — Résection de l'ovaire.
Tracé de l'incision au bistouri.

gangrène; érysipèle, eczéma, herpès de la vulve; esthiomène de la
vulve; tumeurs de la vulve; kystes et abcès des glandes de Bartho-
lin ; prurit vulvaire, coccygodynie; plaies de la vulve et du vagin;
sténoses et atrésies acquises, corps étrangers ; leucoplasie; krauro-
sis vulvæ; malformations des organes génitaux; accidents de rétention
consécutifs aux atrésies génitales; index analytique; table des noms
propres.

*Le tome II formant un volume de 733 pages avec 368 figures dans le
texte, relié toile, est vendu aux acheteurs du tome I.* . . . . **15 fr.**

A dater de ce jour le tome Ier n'est plus vendu séparément

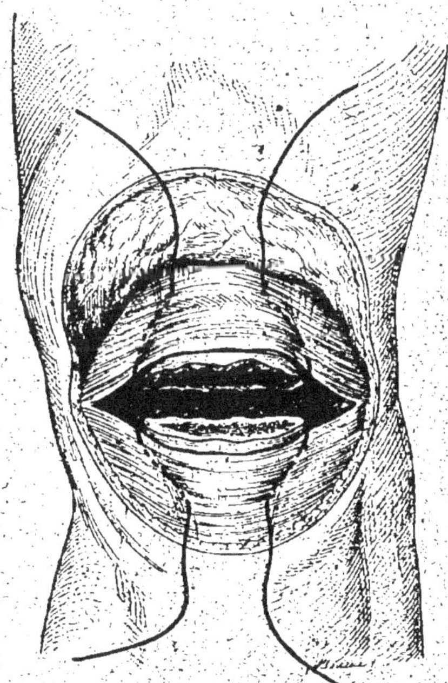

Fig. 256. — **Fracture** de la rotule. Double
suture fibro-périostique latérale (Blake).

DIVERS

BARD. — Précis d'Anatomie pathologique (*Deuxième édition*), par L. BARD, professeur à l'Université de Genève. 1 vol., avec 125 fig., cart. toile. **7** fr. **50**

BRISSAUD. — Leçons sur les Maladies nerveuses (*Deuxième série*; hôpital St-Antoine), par E. BRISSAUD, professeur à la Faculté de Paris, recueillies par HENRY MEIGE. 1 vol. grand in-8°, avec 165 figures. . . . . **15** fr.

BROCA. — Leçons cliniques de Chirurgie infantile, par A. BROCA, agrégé à la Faculté de Paris. *Deuxième série.* 1 vol. in-8°, avec 99 figures. **10** fr.

CALMETTE (A.). — Recherches sur l'Épuration biologique et chimique des Eaux d'égout, *effectuées à l'Institut Pasteur de Lille et à la station expérimentale de la Madeleine*, par A. CALMETTE, avec la collaboration de MM. E. ROLANTS, E. BOULLANGER, F. CONSTANT, L. MASSOL.

    Tome I. Avec la collaboration du Pʳ A. BUISINE. 1 vol. in-8° de IV-194 pages avec 39 figures et 2 planches hors texte. . . . . **6** fr.

    Tome II. 1 vol. gr. in-8°, de IV-314 pages, avec 45 figures et 11 graphiques dans le texte et 6 planches hors texte.. . . . . **10** fr.

CALOT. — Traité pratique de Technique Orthopédique, par le Dʳ CALOT, chirurgien en chef de l'hôpital Rothschild, etc.

    I. *Technique du Traitement de la Coxalgie*, avec 178 fig. 1 vol. . . **7** fr.

    II. *Technique du Traitement de la Luxation congénitale de la hanche*, avec 206 figures et 5 planches. 1 vol . . . . **7** fr.

    III. *Technique du Traitement des Tumeurs blanches*, avec 192 fig. 1 vol. **7** fr.

CHAPUT. — Les Fractures malléolaires du Cou-de-Pied et les Accidents du Travail par le Dʳ CHAPUT, chirurgien de l'hôpital Lariboisière. 1 vol. petit in-8° de 160 pages avec 73 figures dans le texte . . . . **3** fr. **50**

DUCLAUX. — Traité de Microbiologie, par E. DUCLAUX.

    Tome I. *Microbiologie générale.* — Tome II. *Diastases, toxines et venins.* — Tome III. *Fermentation alcoolique.* — Tome IV. *Fermentations variées des diverses substances ternaires.*

    Chaque volume grand in-8°, avec figures. . . . . **15** fr.

GAUTIER (A.). — Cours de Chimie minérale et organique, par ARM. GAUTIER, de l'Institut, professeur à la Faculté de Paris. 2 vol. gr. in-8°, avec fig.

    I. *Chimie minérale. Deuxième édition.* 1 vol. grand in-8°, avec 244 fig. dans le texte . . . . **16** fr.

    II. *Chimie organique. Troisième édition*, avec la collaboration de MARCEL DELÉPINE, agrégé à l'École supérieure de Pharmacie de Paris. 1 vol. grand in-8°, avec figures. . . . . **18** fr.

— Leçons de Chimie biologique, normale et pathologique. — *Deuxième édition*, publiée avec la collaboration de M. ARTHUS. 1 vol. in-8°, avec 110 figures. . . . . **18** fr.

HENNEQUIN et LŒWY. — Les Fractures des Os longs (*leur traitement pratique*), par les Dʳˢ J. HENNEQUIN, membre de la Société de chirurgie, et ROBERT LŒWY. 1 vol. grand in-8°, avec 215 fig. dont 25 planches représentant 222 radiographies originales. . . . . **16** fr.

DIVERS

KENDIRDJY. — **L'Anesthésie chirurgicale par la Stovaïne**, par le D' Léon Kendirdjy, ancien interne des hôpitaux. 1 vol. in-12 de 206 pages, broché. **3** fr.

KIRMISSON. — **Leçons cliniques sur les Maladies de l'appareil locomoteur** (*os, articulations, muscles*), par le D' Kirmisson, professeur à la Faculté de Paris. 1 vol. in-8°, avec figures dans le texte . . . . **10** fr.

— **Traité des Maladies chirurgicales d'origine congénitale**, par le P' Kirmisson. 1 vol. in-8°, avec 311 figures et 2 planches en couleurs . . . . . **15** fr.

— **Les Difformités acquises de l'appareil locomoteur pendant l'enfance et l'adolescence**, par le P' Kirmisson. 1 vol. in-8°, avec 430 figures **15** fr.

LANNELONGUE. — **Leçons de Clinique Chirurgicale**, par O. Lannelongue, professeur, membre de l'Institut et de l'Académie de médecine. 1 vol. grand in-8° de 594 pages, avec 40 figures et 2 planches . . . . **12** fr.

LAVERAN. — **Traité d'Hygiène militaire**, par le D' Laveran. 1 vol. in-8°, avec 270 figures . . . . **16** fr.

LETULLE. — **La pratique des autopsies**, par M. Letulle, professeur agrégé à la Faculté de Paris. 1 vol. in-8° cavalier de 548 pages, avec 136 figures. Broché, **10** fr. — Cartonné . . . . **12** fr.

MARFAN (A.-B.). — **Leçons cliniques sur la Diphtérie**, et quelques maladies des premières voies, par A.-B. Marfan, professeur agrégé à la Faculté de Paris. 1 vol. grand in-8° de IV-488 pages, avec 68 fig. dans le texte. **10** fr.

MEIGE (Henry) et **FEINDEL** (E.). — **Les Tics et leur Traitement**, par les D" Meige et Feindel. 1 vol. in-8° de 640 pages . . . . **16** fr

MENARD. — **Étude sur la Coxalgie**, par le D' V. Menard, chirurgien de l'hôpital maritime de Berck-sur-Mer. 1 vol. in-8° de IX-439 pages, avec 26 planches hors texte . . . . **15** fr.

RECLUS. — **L'Anesthésie localisée par la Cocaïne**, par P. Reclus, professeur à la Faculté de Paris. 1 vol. petit in-8°, avec 59 figures . . . . . . **4** fr.

ROGER. — **Les Maladies infectieuses**, par G.-H. Roger, professeur à la Faculté de Paris, 2 vol. grand in-8°, avec 117 figures . . . . **28** fr.

RUDAUX (P.). — **Précis élémentaire d'Anatomie, de Physiologie et de Pathologie**, par P. Rudaux, ancien chef de clinique à la Faculté de médecine de Paris. Avec préface de M. Ribemont-Dessaignes. 1 vol. in-16 avec 462 figures, cartonné toile . . . . **8** fr.

THIBIERGE — **Syphilis et Déontologie**, par Georges Thibierge, médecin de l'hôpital Broca. 1 vol. in-8°, broché . . . . **5** fr.

TRIPIER. — **Traité d'Anatomie pathologique générale**, par R. Tripier, professeur à la Faculté de Lyon. 1 vol., avec 230 fig. en noir et en couleurs **25** fr.

WEISS. — **Leçons d'Ophtalmométrie** (*Cours de perfectionnement de l'Hôtel-Dieu*), par G. Weiss, professeur agrégé à la Faculté de Paris. Avec Préface de M. le P' De Lapersonne. 1 vol. petit in-8°, avec 149 fig. . . . . . . **5** fr.

= 29 =

Extrait de la liste des 46 Périodiques scientifiques

Publiés par la Librairie MASSON et Cie

Revue de Gynécologie ✠ ✠ ✠ ✠ ✠ ✠ ✠ ✠
✠ ✠ ✠ et de Chirurgie Abdominale

paraissant tous les deux mois sous la direction de
S. POZZI
Professeur de clinique gynécologique à la Faculté de médecine de Paris.
Secrétaire de la Rédaction : **F. JAYLE**
Secrétaire adjoint : **X. BENDER.**

ABONNEMENT ANNUEL : France, **28** fr. Union postale, **30** fr.

Journal de Physiologie
et de Pathologie générale

PUBLIÉ TOUS LES 2 MOIS PAR MM. LES PROFESSEURS
BOUCHARD ET CHAUVEAU
Comité de Rédaction : MM. J. Courmont, E. Gley, P. Teissier.

Chaque numéro contient, outre les mémoires originaux, un index bibliographique de 30 à 40 pages comprenant l'analyse sommaire des travaux français et étrangers de physiologie et de pathologie générale. L'année forme un fort volume d'environ 1250 pages, avec nombreuses figures et planches hors texte.

ABONNEMENT ANNUEL : Paris et Départements, **35** fr. — Union postale, **40** fr.
Le numéro, **7** fr.

Archives de Médecine Expérimentale
et d'Anatomie pathologique

Fondées par J.-M. CHARCOT

Publiées tous les 2 mois par MM. JOFFROY, LÉPINE,
PIERRE MARIE, ROGER
Secrétaires de la rédaction : CH. ACHARD, R. WURTZ

Créées en 1889, les **Archives de Médecine expérimentale** *sont un recueil de mémoires originaux consacrés à la médecine scientifique. Éclairer la clinique par les recherches de laboratoire, tel est leur but.*

ABONNEMENT ANNUEL : Paris, **24** fr. — Départements, **25** fr. — Union postale, **26** fr.

REVUE D'ORTHOPÉDIE

PARAISSANT TOUS LES DEUX MOIS
SOUS LA DIRECTION DE
M. le Dr KIRMISSON
PROFESSEUR A LA FACULTÉ DE PARIS
CHIRURGIEN DE L'HÔPITAL DES ENFANTS-MALADES
Avec la collaboration des Professeurs
O. L. NELONGUE — A. PONCET — DENUCÉ — PHOCAS
Secrétaire de la Rédaction : Dr GRISEL

Paraît par fascicules grand in-8° d'environ 112 pages,
avec figures dans le texte et nombreuses planches hors texte.
ABONNEMENT ANNUEL : Paris, **15** fr. — Départ., **17** fr. — Union postale, **18** fr